高·等·学·校·教·材

Organic Chemistry Experiment

有机化学实验

史英博 杨 华 主 编
舒子斌 赖 欣 副主编

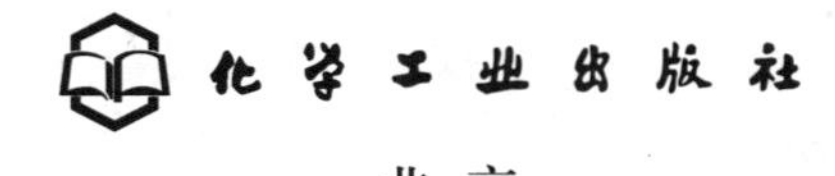

·北 京·

内容简介

《有机化学实验》共7章，包括：有机化学实验的一般知识、有机化学实验的基本操作、有机化合物制备、高分子合成实验、天然有机化合物的提取和有机化合物的性质实验以及综合性实验，书末附有常用的实验参考数据供查阅。合成实验附有标准谱图，供鉴定合成的产物用。

《有机化学实验》可用作化学、化学工程、应用化学、材料工程等专业的有机化学实验教材，也可供相关专业和实验技术人员参考使用。

图书在版编目（CIP）数据

有机化学实验 / 史英博，杨华主编；舒子斌，赖欣副主编. -- 北京：化学工业出版社，2024. 8
ISBN 978-7-122-45752-3

Ⅰ. ①有… Ⅱ. ①史… ②杨… ③舒… ④赖… Ⅲ. ①有机化学-化学实验-高等学校-教材 Ⅳ. ①O62-33

中国国家版本馆CIP数据核字（2024）第107624号

责任编辑：汪　靓　刘俊之
责任校对：李　爽
装帧设计：史利平

出版发行：化学工业出版社
（北京市东城区青年湖南街13号　邮政编码100011）
印　　刷：北京云浩印刷有限责任公司
装　　订：三河市振勇印装有限公司
787mm×1092mm　1/16　印张13¾　字数334千字
2024年9月北京第1版第1次印刷

购书咨询：010-64518888
售后服务：010-64518899
网　　址：http://www.cip.com.cn
凡购买本书，如有缺损质量问题，本社销售中心负责调换。

定　　价：38.00元

有机化学实验 编写组

主　编：史英博　杨　华

副主编：舒子斌　赖　欣

编　者：史英博　杨　华　舒子斌　赖　欣
　　　　冯　春　向仕凯　张成刚　戴汉松
　　　　白跃峰　杨泽林　孙定光

前言

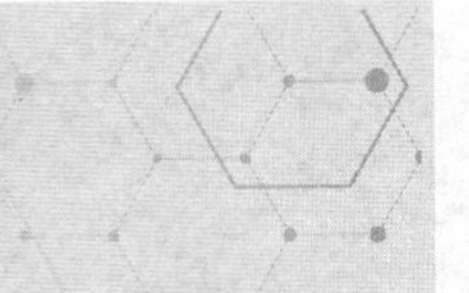

近年来，有机化学领域各类新反应、新试剂层出不穷，尤其是在不对称催化、惰性键活化、复杂天然产物合成等领域取得了很多新的突破，体现出绿色、高效、多学科交叉的趋势。与此同时，近年来高等教育教学改革不断推进，人才培养要求也不断提高，教学团队根据实践中收集到的意见和建议，在参阅了近些年出版的国内外有机化学实验教材的基础上，不断对实验教学内容进行改进和优化，筛选了一批可行性较好的实验项目应用到实际教学工作中。为了更好服务本科教学我们决定在以往教学积累的基础上编写一本符合新时期本科教学要求的教材。

本书的编写注重与理论课教学的重难点相呼应。在内容上坚持以耗时短、效果好且富含教学意义为标准，除编入一些经典的有机化学实验项目外，还加入了一些新的制备实验、多步骤合成实验以及综合性实验，以更好地体现出时代性。

全书主要由 7 章组成：第 1 章为有机化学实验的一般知识。除介绍实验室安全、常见仪器装置和课程学习要求等以外，还介绍了一些国内外有机化学相关辞典、手册、文献及其查阅方法。第 2 章为有机化学实验的基本操作。涵盖物理常数测定、液体和固体有机物的分离纯化，同时对色谱分离技术和波谱分析技术做了简单介绍。第 3 章和第 4 章分别为有机化合物制备和高分子合成实验。这部分内容和理论教学相呼应，涵盖了本科期间的重要有机化学反应以及相关化合物的制备方法。第 5 章为天然有机化合物的提取。包括咖啡因、橙油的提取，以及体现农副产品资源化利用的胆红素和果胶提取实验。第 6 章为有机化合物的性质实验。第 7 章为综合性实验。包括与日常生活密切相关的实验、天然产物提取及表征实验和多步骤有机合成实验，有利于培养学生的创新意识。书末附有常用元素原子量表、化学试剂纯度的分级、常用有机试剂的纯化、水的饱和蒸气压表、常用试剂的共沸混合物、常用酸碱溶液的质量分数、相对密度和溶解度表，以供查阅。

在本书编写过程中，史英博、杨华、舒子斌、赖欣老师负责了教材的修订和编排，冯春、向仕凯、张成刚、戴汉松、白跃峰、杨泽林、孙定光老师对书中实验项目进行了验证。全书由史英博、杨华老师统稿和审阅。本书在编写过程中得到了四川师范大学教务处和化学与材料科学学院的大力支持，在此表示衷心感谢！同时感谢化学工业出版社编辑为本书的出版给予的帮助和支持！

限于编者水平和对有机化学实验认识的不足，书中难免存在疏漏，欢迎各位读者批评指正。

编者

四川师范大学

2024 年 5 月

目录

7 综合性实验 179

附录 201

参考文献 209

1 有机化学实验的一般知识

1.1 有机化学实验目的

有机化学实验是化学学科的一个组成部分。尽管由于现代科学技术突飞猛进，有机化学已从经验科学走向理论科学，但它仍是以实验为基础的科学，特别是新的实验手段的普遍应用，使有机化学面貌焕然一新，在化学专业教学计划中，有机化学实验占的学时比重很大。通过实验操作、现象观察、化合物制备、分离提纯到鉴定的过程，可达到以下目的：①使学生在有机化学实验的基本操作方面获得较全面的训练；②验证、加深和巩固课堂讲授的基本理论和知识；③培养学生正确观察、缜密思考和分析以及诚实记录的科学态度、方法和习惯。

1.2 有机化学实验规则

为了保证实验的正常进行和培养良好的实验习惯，学生必须遵守下列实验室规则：

① 实验前应做好一切准备工作，如复习教材中有关的章节，预习实验内容等，做到心中有数，防止实验时边看边做，影响实验效果。还要充分考虑防止事故的发生和发生后所采用的安全措施。

② 进入实验室时，应熟悉实验室及周围的环境，熟悉灭火器材、急救药箱的使用和放置位置。严格遵守实验室的安全守则和每个具体实验操作中的安全注意事项。如有意外事故发生，应报请老师处理。

③ 实验室中应保持安静和遵守纪律。实验时，精神要集中，操作要认真，观察要细致，思考要积极。不得擅自离开，要安排好时间。要如实地认真做好实验记录，不允许用散页纸记录，以免散失。

④ 遵从教师的指导，严格按照实验指导书中所规定的步骤、试剂的规格和用量进行实验。学生若有新的见解或建议要改变实验步骤和试剂规格及用量时，须征得老师同意后才可改变。

⑤ 实验台面和地面要保持整洁，暂时不用的器材不要放在台面上，以免碰倒损坏。污水、污物、残渣、火柴梗、废纸、塞芯、坏塞子和玻璃碎屑等，应分别放入指定的地方，不

要乱抛乱丢，更不得丢入水槽，以免堵塞下水道。

⑥ 要爱护公物。公共器材用完后，须整理好并放回原处。如有损坏仪器，要办理登记换领手续。要节约水、电及消耗性药品，严格控制药品的用量。

⑦ 学生轮流值日。值日生应负责整理公用器材，打扫实验室，倒净废物缸，检查水、电并关好门窗。

1.3 实验室的安全

常用的化学药品，根据其危险性质可以大致分为易燃、易爆炸和有毒三类。

1. 易燃化学药品

可燃气体：乙胺、氯乙烷、乙烯、一氧化碳、氢气、硫化氢、甲烷、氯甲烷等。

易燃液体：汽油、乙醚、乙醛、二硫化碳、石油醚、苯、甲醇、乙醇、丙酮、甲苯、二甲苯、乙酸乙酯等。

易燃固体：红磷、三硫化二磷、萘、镁、铝粉等。

自燃物质：黄磷等。

(1) 火灾的预防

实验室中使用的有机溶剂大多数是易燃的，着火是有机实验室常见的事故。防火的基本原则有以下几点，必须充分注意。

1) 操作易燃溶剂时要特别注意：

① 应远离火源。

② 切勿将易燃溶剂放在广口容器（如烧杯）内直火加热。

③ 加热必须在水浴中进行，切勿使容器密闭，否则会造成爆炸。当附近有露置的易燃溶剂时，切勿点火。

2) 在进行易燃物质实验时，应养成先将乙醇等易燃物质移走的习惯。

3) 蒸馏易燃的有机化合物时，装置不能漏气，如发现漏气时，应立即停止加热，检查原因。若因塞子被腐蚀，则待冷却后才能更换塞子；若漏气不严重，可用石膏封口，但是不能用蜡涂口，因为蜡的熔点不高，受热后很容易熔融，不仅起不到密封的作用，还会被溶解于有机化合物中，引起火灾。所以，用蜡涂封不仅无济于事，还往往引起严重后果。从蒸馏装置接收瓶出来的尾气的出口应远离火源，并引入相应的尾气处理装置，处理达标后排入大气。

4) 回流或蒸馏易燃低沸点液体时，应注意：

① 应放数粒沸石或素瓷片或一端封口的毛细管，以防止暴沸，若在开始加热后才发觉未放入沸石这类物质时，绝不能急躁，不能立即打开瓶塞补放，而应停止加热，待被蒸馏的液体冷却后才能加入，否则会因暴沸而发生事故。

② 严禁直接使用明火加热。

③ 瓶内液量最多只能装至半满。

④ 加热速度宜慢，不宜快，避免局部过热。总之，蒸馏或回流易燃、低沸点液体时，

一定要谨慎，不能粗心大意。

⑤ 用油浴加热蒸馏或回流时，必须注意避免发生由于冷凝用水溅入热油浴中致使油外溅到热源上而引起火灾的危险。通常发生危险的原因主要是橡皮管套进冷凝管的侧管时不紧密，开动水阀过快，水流过猛，将橡皮管冲出，或者由于套不紧而漏水，所以要求橡皮管套入侧管时要很紧密，开动水阀也要慢，使水流慢慢通入冷凝管中。

⑥ 当处理大量的可燃液体时，应在通风橱中或在指定地点进行，室内应无火源。

⑦ 不得把正在燃烧或者带有火星的火柴梗或纸条等乱抛乱掷，也不得丢入废物缸中，否则很容易发生危险事故。

（2）火灾的处理

一方面为了防止火势扩大，应立即关闭煤气灯，熄灭其他火源，断开室内总电闸，移走易燃物质。

另一方面应积极着手灭火。有机化学实验室灭火，常采用使燃着的物质隔绝空气的办法，通常不能用水灭火，否则可能引起更大的火灾。在着火初期，必须使用灭火器、砂、毯等。若火势小，可用数层湿抹布把着火的仪器包裹覆盖起来。若在小器皿内着火（如烧杯或烧瓶内），可盖上石棉板使之隔绝空气而熄灭，绝不能用口吹。

如果油类物质着火，可用砂子或灭火器灭火，也可撒上干燥的固体碳酸钠或碳酸氢钠粉末灭火。

如果电器着火，必须先切断电源，然后再用灭火器灭火。

如果衣服着火，应立即将衣服脱掉，若着火较为严重应在地上打滚并盖上灭火毯等阻燃材料。

总之，当着火时应根据起火的原因和火场周围的情况，采取不同的方法扑灭火焰。无论使用哪一种灭火器材，都应从四周开始向火源进行扑灭。

2. 易爆炸化学药品

（1）爆炸的产生

许多放热反应开始之后会以较快速度进行，生成大量的气体，从而引起猛烈的爆炸，造成事故，而爆炸时往往还伴随着燃烧现象。

气体混合物反应速率随成分而异，当反应速率达到一定值时，将引起爆炸，如氢气与空气或氧气混合达一定比例，遇到火焰就会发生爆炸，乙炔与空气混合可能发生爆炸。汽油、二硫化碳、乙醚的蒸气与空气相混，也可因一小小火花或电火花导致爆炸。

实验室中经常使用的乙醚不仅其蒸气能与空气或氧气混合形成爆炸混合物，同时在光照下，乙醚还可以与氧气发生反应产生过氧化物。过氧化物不仅会导致副反应的发生，同时它的化学性质活泼，沸点比乙醚高，因此在蒸馏乙醚时，其浓度会逐渐升高从而引起爆炸。所以无论什么规格的乙醚，取用时均应鉴定其中是否含有过氧化物。鉴定方法是加入等体积2%碘化钾-乙酸溶液，如果含有过氧化物，就会发生反应游离出碘单质，使淀粉溶液显蓝紫色。向乙醚中加入约1/5体积的新配制好的硫酸亚铁溶液，则可破坏掉其中的过氧化物。此外，如久置的二氧六环、四氢呋喃等也会因为产生过氧化物而在蒸馏时引起爆炸。

一般来说，易爆炸物质的组分中大多含有以下基团：

—O—O—	臭氧、过氧化物
—O—Cl	氯酸盐、高氯酸盐
=N—Cl	氮的氯化物

—N═O	亚硝基化合物
—N═N—	重氮及叠氮化合物
—ON≡C	雷酸盐
$—NO_2$	硝基化合物（三硝基甲苯、苦味酸盐）
—C≡C—	乙炔化合物（乙炔金属盐）

单独自行爆炸的有：高氯酸铵、硝酸铵、浓高氯酸、雷酸汞、三硝基甲苯等。

混合发生爆炸的有：

① 高氯酸＋乙醇或其他有机化合物；

② 高锰酸钾＋甘油或其他有机化合物；

③ 高锰酸钾＋硫酸或硫；

④ 硝酸＋镁或碘化氢；

⑤ 硝酸铵＋酯类或其他有机化合物；

⑥ 硝酸铵＋锌粉＋水滴；

⑦ 硝酸盐＋氯化亚锡；

⑧ 过氧化物＋铝＋水；

⑨ 硫＋氧化汞；

⑩ 金属钠或钾＋水。

氧化物与有机化合物接触，极易引起爆炸。在使用浓硝酸、高氯酸、过氧化氢等时，必须特别注意。

（2）爆炸的预防

在有机化学实验中一般预防爆炸的措施如下：

① 回流、蒸馏等装置必须安装正确，否则往往有发生爆炸的危险。

② 切勿使易燃易爆的气体接近火源。有机溶剂如乙醚和汽油等的蒸气与空气相混时极为危险，可能会由一个热的表面或者一个火花、电火花而引起爆炸。

③ 使用乙醚时，必须检查有无过氧化物存在，如果发现有过氧化物存在，应立即用硫酸亚铁除去过氧化物后才能使用。

④ 对于易爆炸的固体，如重金属乙炔化物、苦味酸金属盐、三硝基甲苯等都不能重压或撞击，以免引起爆炸，对于废弃的危险化学品，必须小心销毁。例如，重金属乙炔化物可加浓盐酸或浓硝酸使其分解，重氮化合物可加水煮沸使其分解等。

⑤ 卤代烷勿与金属钠接触，因反应过于剧烈会发生爆炸。

3. 有毒化学药品

我们日常接触的化学药品，有个别的是剧毒药品，使用时必须十分谨慎；有的药品经长期接触或接触过多后，会造成人急性或慢性中毒，影响健康。但在提高警惕、加强防护等措施下，中毒是完全可以避免的。

（1）有毒化学药品侵入人体的途径

1）经由呼吸道吸入：有毒气体及有毒药品蒸气经呼吸道侵入人体，经血液循环而至全身，产生急性或慢性全身性中毒，所以有毒实验必须在通风橱内进行，并经常注意室内空气流通。

2）经由消化道侵入：这种情况不多，但在使用滴定管时，必须注意，不得用口吸，必须用洗耳球。任何药品均不得用口尝味，不得在实验室内进食，不用实验用具煮食，离开实验室时必须洗手，实验服不得穿到食堂、宿舍。

3）经由皮肤黏膜侵入：眼睛的角膜对化学药品非常敏感，因此在进行实验时，必须戴防护眼镜。一般来说，药品不易透过健康的皮肤，但经长期接触或皮肤有伤口时，药品侵入人体的风险大大增加。此外，用被药品污染的手取食，也能将其带入体内。腐蚀性化学品如浓酸、浓碱等会对皮肤造成化学灼伤。某些药品不仅会危害皮肤，引发过敏性皮炎，甚至会导致全身中毒，所以在实验操作时，应当注意勿使药品直接接触皮肤，必要时可戴手套。

（2）有毒化学药品的预防

1）有毒气体：如溴、氯、氟、氢氰酸、氟化氢、溴化氢、氯化氢、二氧化硫、硫化氢、光气、氨、一氧化碳等均为窒息性或刺激性气体。在使用以上气体或进行有以上气体产生的实验时，应在通风良好的通风橱中进行。产生有毒气体须设法吸收处理（如溴化氢）。如遇大量气体逸至室内，应立即关闭气体发生器，迅速停止一切实验，开窗以流通空气，断火、断电并离开现场。如遇中毒，须立即将中毒者抬至空气流通处，静卧、保温，必要时实施人工呼吸或给氧治疗，严重时须立即送往医院。

需要强调的是，实验室有很多危险气体是储存于钢瓶中的，例如易燃易爆的气体如氢气、乙炔等；有毒气体如氯气、氨气、光气等。因此必须将钢瓶标记清楚，将瓶体竖立存放在阴凉处，并做好固定措施，注意防止撞击，并且最好不要放在实验室内。不用时必须装上帽盖，搬运时必须用车推，严禁瓶体在地面上滚动。氧气及乙炔瓶减压阀上必须保证没有油脂性物质，同时还需注意氢气和氧气压力表不得混用。开启减压阀时必须使压力由小渐大，调节好气流速度后再使用。若氢气及可燃气体钢瓶周围着火或温度过高导致发热，应立即将火焰熄灭，关闭钢瓶阀门，用冷水冲钢瓶使之冷却。氯气瓶漏气时，应迅速移至下风处，用大量的水冲淋或将其置于水池内。

2）强酸和强碱：如硝酸、硫酸、盐酸、氢氧化钠、氢氧化钾等均刺激皮肤，有腐蚀性，会造成化学烧伤。吸入强酸烟雾会刺激呼吸道。使用时应倍加小心。

① 储存碱的瓶子不能用玻璃塞，以免腐蚀。

② 取用和研碎碱时必须戴防护眼镜及手套。配制碱液时，必须在烧杯中进行，不能在小口容器或量筒中进行，以防容器受热破裂造成事故。

③ 稀释硫酸时，必须将硫酸缓慢倒入水中，并不断搅拌，且不能在不耐热的厚玻璃器皿中进行。

④ 取用酸和碱时，必须用量筒或滴管。若酸碱等腐蚀药品洒在地上或桌面上，可先用砂或土吸附除去而后用水冲洗。一定不能用纸片、木屑、干草去除强酸。

⑤ 开启氨水瓶时，必须事先冷却，瓶口朝无人处，最好在通风橱内进行。

⑥ 若皮肤或眼睛受伤，可迅速用水冲洗。如受酸损伤，可用3%碳酸氢钠溶液冲洗。

（3）无机化学药品的预防

1）氰化物及氢氰酸：毒性极强，致毒作用极快，空气中氢氰酸含量达3/10000，即可数分钟内致人死亡；内服极少量氰化物，也可很快中毒死亡。取用时必须特别注意。

① 氰化物必须密封保存，因其易发生以下变化：

空气中：$KCN + H_2O + CO_2 \longrightarrow KHCO_3 + HCN$

或 $2KCN + H_2O + CO_2 \longrightarrow K_2CO_3 + 2HCN$

潮湿：$KCN + H_2O \longrightarrow KOH + HCN$

酸：$KCN + HCl \longrightarrow KCl + HCN$

② 要有严格的领用保管制度，取用时必须戴口罩、防护眼镜及手套，手上有伤口时不

得进行该项实验。

③ 粉碎氰化物时，必须用有盖研钵，在通风橱内进行（不抽风）。

④ 使用过的仪器、桌面均应收拾、用水冲净；双手及面部也应仔细洗净；工作服可能沾污，必须及时换洗。

⑤ 氰化物的销毁方法：使其与亚铁盐在碱性介质中反应生成亚铁氰酸盐。

$$2NaOH + FeSO_4 \longrightarrow Fe(OH)_2 + Na_2SO_4$$

$$Fe(OH)_2 + 6NaCN \longrightarrow 2NaOH + Na_4Fe(CN)_6$$

2）汞：在室温下可蒸发，毒性极强，能致急性中毒或慢性中毒，使用时必须注意通风，实验操作必须在通风橱内进行。实验时应尽量避免打翻或洒漏汞，如果泼翻，可用水泵减压收集；对于分散的小粒，可用硫粉、锌粉或三氯化铁溶液清除。

3）溴：溴液可致皮肤灼伤，蒸气刺激黏膜，甚至可使眼睛失明。使用时须在通风橱内进行，盛溴玻璃瓶须密塞后放在金属罐中，安置在妥当的地方，以免撞倒或打破。如打翻或打破，应立即用沙掩埋。若液溴灼伤皮肤，应立即用大量水冲洗并涂抹大量甘油按摩，并及时就医。

4）金属钠、钾：遇水即发生燃烧爆炸，故使用时必须戴防护眼镜，以免进入眼内引起严重后果。平时应保存在液体石蜡或煤油中，装入铁罐中盖好，放在干燥处。不能放在纸上称取，必须放在石蜡油或煤油中称取。

5）黄磷：剧毒，切不能用手直接取用，否则将引起严重持久性烫伤。

（4）有机化学药品的预防

1）有机溶剂：有机溶剂均为脂溶性液体，可能对皮肤黏膜有刺激作用，对神经系统或造血系统可造成破坏，对肝肾功能产生伤害。例如，苯不但刺激皮肤，易引起顽固湿疹，而且对造血系统及中枢神经系统均有严重损害。又如，甲醇对视神经特别有害。另外，大多数有机溶剂的蒸气易燃。在条件许可的情况下，最好用毒性较低的石油醚、醚类、丙酮、二甲苯代替二硫化碳、苯和卤代烷类溶剂。使用时注意防火，保持室内空气流通。一般用苯提取时应在通风橱内进行。绝不能用有机溶剂洗手。

2）硫酸二甲酯：经呼吸道吸入及皮肤侵入均可致中毒该化合物中毒有潜伏期，中毒后呼吸道感到灼痛，对中枢系统影响大，如果滴在皮肤上能引起皮肤坏死、溃疡，且恢复慢。

3）苯胺及苯胺衍生物：经呼吸道吸入或皮肤侵入均可致中毒。慢性中毒引起贫血，且其影响持久。

4）芳香硝基化合物：化合物中硝基越多，毒性越大。在硝基化合物中增加氯原子，也将增加毒性。这类化合物的特点是能迅速被皮肤吸收，中毒后引起顽固性贫血及黄疸，刺激皮肤引起湿疹。

5）苯酚：能够灼伤皮肤，引起皮肤坏死或皮炎，皮肤被沾染应立即用温水及95%乙醇清洗。

6）生物碱：大多数具有强烈毒性，可通过皮肤侵入，少量即可导致中毒，甚至死亡。

7）致癌物质：很多的烷基化试剂，如硫酸二甲酯、对甲苯磺酸甲酯、*N*-甲基-*N*-亚硝基脲、亚硝基二甲胺、偶氮乙烷以及一些丙烯酯类等，长期摄入有致癌作用，应注意。一些芳香胺类，如2-乙酰氨基芴、4-乙酰氨基联苯、2-乙酰氨基苯酚、2-萘胺、4-二甲氨基偶氮苯等，由于在肝脏中经代谢生成*N*-羟基化合物而具有致癌作用。部分稠环芳香烃化合物，如3,4-苯并蒽、1,2,5,6-二苯并蒽和9-甲基-1,2-苯并蒽或10-甲基-1,2-苯并蒽等都是致癌物，而 9,10-二甲基-1,2-苯并蒽则属于强致癌物。

使用有毒药品时必须小心，遇到疑问时应及时向老师询问。不要沾污皮肤、吸入蒸气及溅入口中。必须在通风橱内进行操作，戴防护眼镜及手套，小心开启瓶塞，避免倾倒，在使用安瓿瓶时还应防止瓶体破碎。使用过的仪器，必须冲洗干净，残渣废物须倒入专门的收纳容器中。随时保持实验室及实验台面整洁，也是避免发生事故的重要措施。

1.4 普通实验室仪器设备及简介

1. 常用的玻璃仪器

（1）普通仪器（图 1.1）

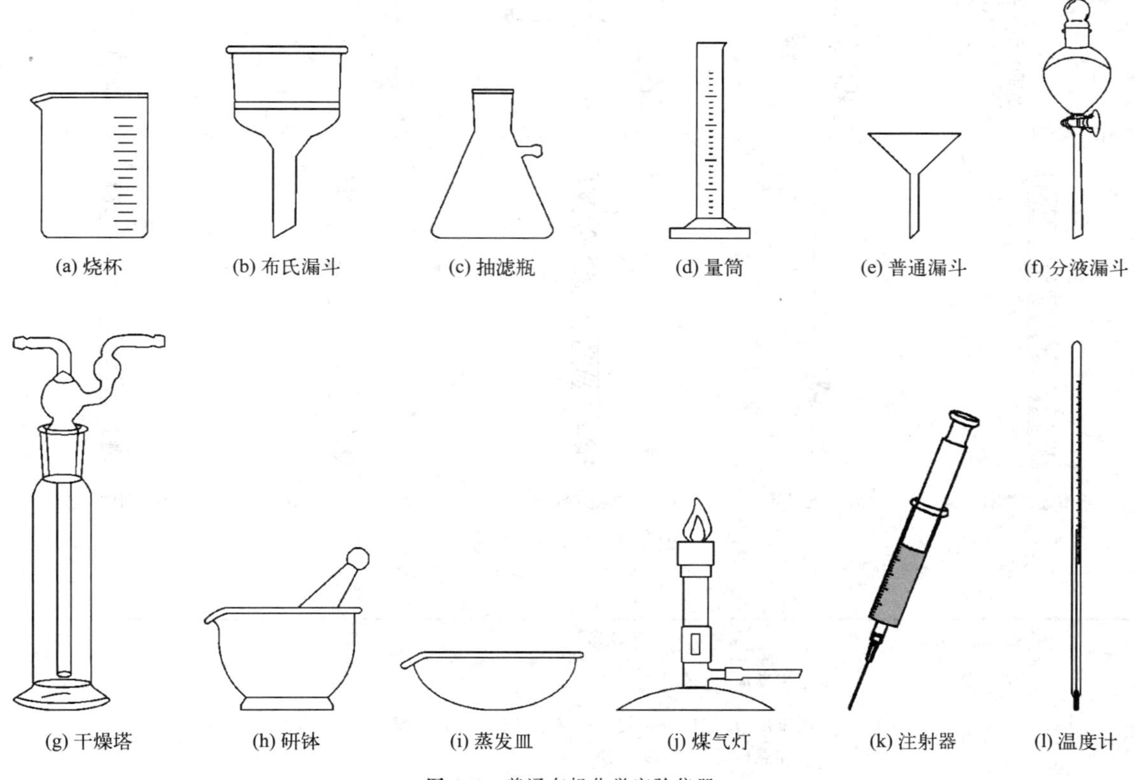

图 1.1 普通有机化学实验仪器

（2）标准磨口仪器（图 1.2）

（3）有机化学实验常用仪器的应用范围

温度计不能当作搅棒使用，也不能用于测量超过其刻度范围的温度。温度计用后要缓慢冷却，不可直接用水冲洗，以防炸裂。在用浓硫酸作浴液测量有机化合物的熔点（m. p.）和沸点（b. p.）后，应待其自然冷却后再用废纸把温度计上的浓硫酸拭净，再用水洗，否则沾有浓硫酸的温度计遇水发热会使温度计炸裂。常用仪器的应用范围见表 1.1。

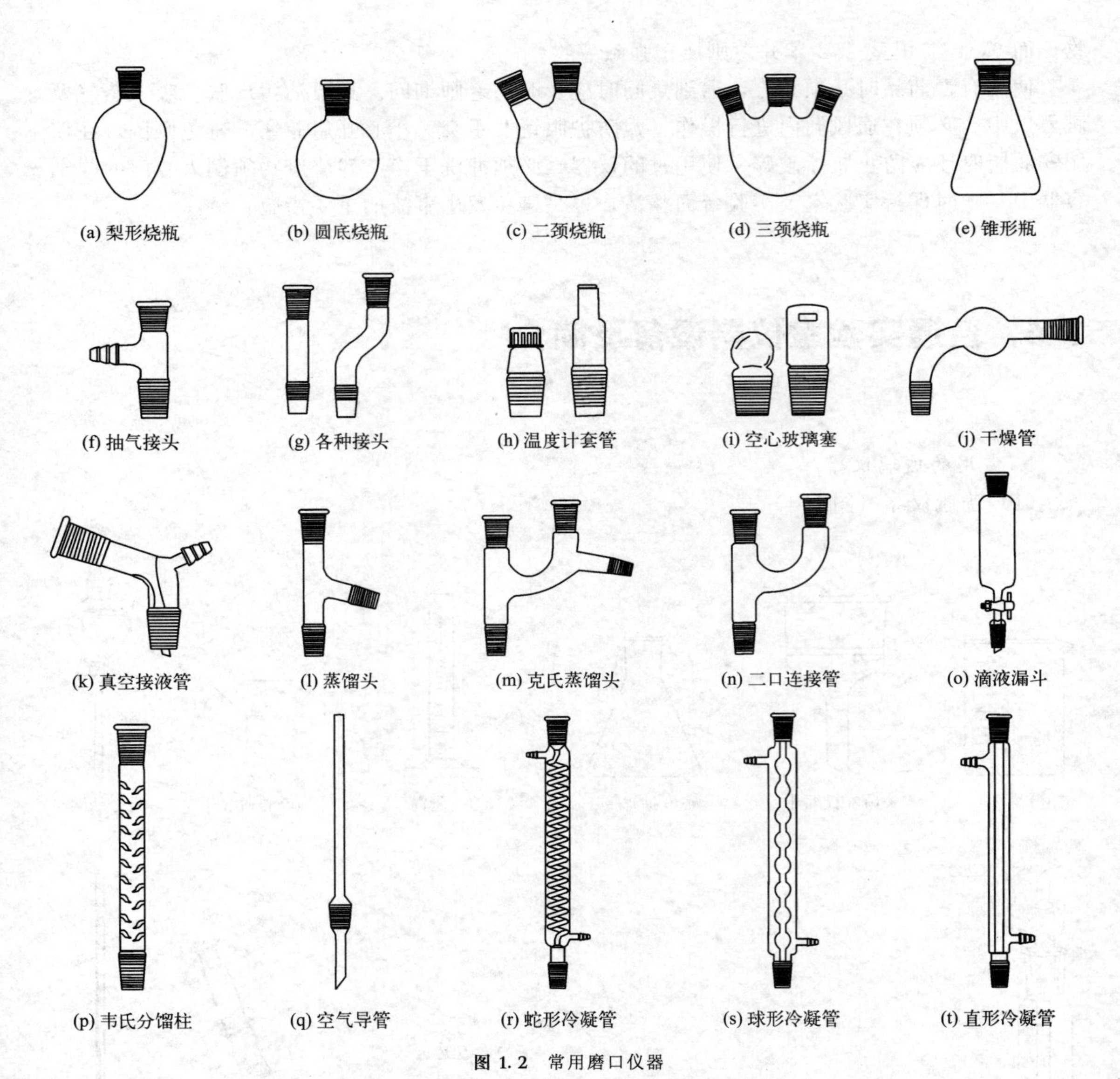

图 1.2 常用磨口仪器

表 1.1 有机化学实验常用仪器的应用范围

仪器名称	应用范围	备注
圆底烧瓶	用于反应、回流加热及蒸馏	
三颈烧瓶	用于反应，三口分别安装电动搅拌器、回流冷凝管和温度计等	
冷凝管	用于蒸馏与回流	
蒸馏头	与圆底烧瓶组装后用于蒸馏	
接液管	用于常压蒸馏	
真空接液管	用于减压蒸馏、常压蒸馏	
分馏柱	用于分馏多组分混合物	
恒压滴液漏斗	用于反应体系内有压力时，可使液体顺利滴加	

续表

仪器名称	应用范围	备注
分液漏斗	用于液体的萃取与分离	也可用于滴加液体
锥形瓶	用于储存液体、混合溶液及少量溶液的加热	不能用于减压蒸馏
烧杯	用于加热溶液、浓缩溶液及液体转移与混合	
量筒	量取液体	不能用火直接加热
抽滤瓶	用于减压过滤	不能用火直接加热
布氏漏斗(Büchner funnel)	用于减压过滤	瓷质
瓷板漏斗(Hirsch funnel)	用于减压过滤	瓷质,瓷质板为活动圆孔板
熔点管(Thiele tube)	测量熔点	内装石蜡油、硅油或浓硫酸
干燥管	装干燥剂,用于无水反应装置	

在使用带活塞的玻璃仪器时应在活塞上涂薄薄一层凡士林,以免漏液(但不可涂得太多,以免沾污反应物或产物)。使用后应洗净,并在活塞与磨口间垫上纸片,以免久塞后粘住。不要将塞好活塞的仪器放入烘箱内烘干,这样取出后常会粘住。若已粘住,可在活塞四周涂上润滑剂后用电吹风吹热,或置于冷水浴中,加热煮沸一段时间,再设法打开。

现在有机化学实验室中,标准磨口玻璃仪器的使用已十分普遍。为适应不同容量的玻璃仪器,有不同型号的标准磨口。通常应用的标准磨口有 10 号、14 号、19 号、24 号、29 号、34 号、40 号、50 号等多种。这里的数字是指磨口最大端直径的毫米数。相同数字的内外磨口可以紧密相接。若两玻璃仪器因磨口编号不同无法直接相连,可借助于不同编号的磨口接头(图 1.3)使之连接。一般学生实验中所使用的标准磨口玻璃仪器为 14 号或 19 号。

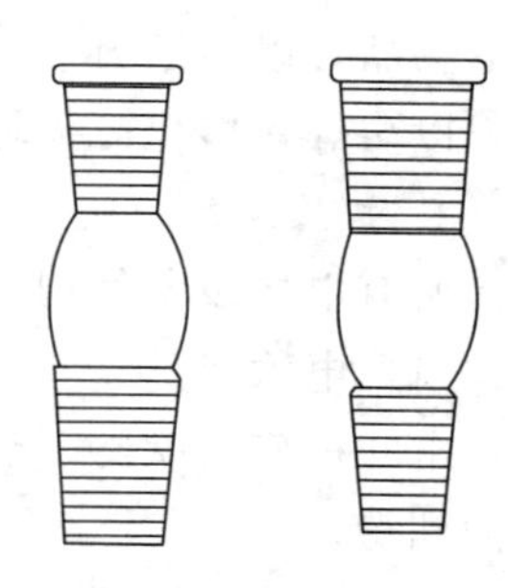

图 1.3 磨口接头

使用标准磨口玻璃仪器可免去选塞打孔等操作,也可避免因木塞、橡皮塞不洁或碎屑带来的污染。标准磨口玻璃仪器使用方便,但须注意下列事项:

① 磨口处必须洁净,若沾有固体杂物,会使磨口对接不密,导致漏气。杂物若很硬,用力旋转磨口,磨口很易损坏。

② 一般使用时无须在磨口处涂润滑剂,以免沾污反应物或产物。若反应中使用强碱,为避免磨口连接处因碱腐蚀粘住难以拆开,须涂以润滑剂。减压蒸馏时,若所需真空度较高,磨口处应涂真空脂。在涂润滑剂或真空脂时应细心地在磨口大的一端涂上薄薄一圈。切勿涂得太多,以免沾污产物。

③ 安装标准磨口玻璃仪器应注意整齐、正确,使磨口连接处不受歪斜的应力,否则容易将仪器折断。

④ 用后即应将仪器拆卸洗净。长期放置,磨口连接处会粘牢。

2. 金属用具

有机化学实验常用的金属用具有:螺旋夹、弹簧夹、十字夹、烧瓶夹、铁圈、铁架台、三脚架、镊子、剪刀、三角锉刀、圆锉刀、打孔器、热水漏斗、水浴锅、煤气灯、不锈钢刮刀、升降台、坩埚钳等。部分常用的金属用具如图 1.4 所示。

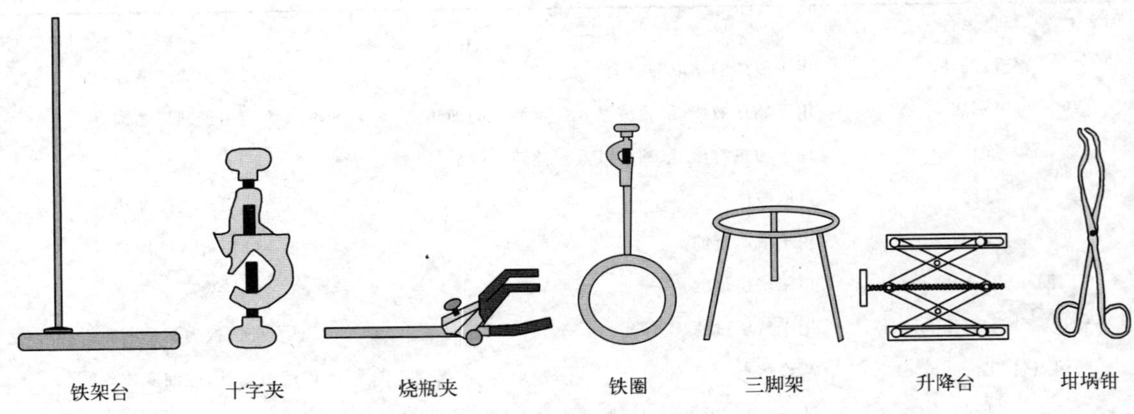

图 1.4 有机化学实验部分常用金属用具

铁架台、十字夹、烧瓶夹、三脚架等用来夹住实验仪器，如圆底烧瓶等；铁圈用来放置分液漏斗等；刮刀用来转移固体；螺旋夹、弹簧夹用于夹紧胶皮管。

以上金属用具应经常擦拭干净，存放于干燥处。有螺丝者（如十字夹、烧瓶夹、升降台等）每隔一段时间都要加点润滑油，以防锈牢。升降台上若放较重物品，在升起时须用手托一下物品，以免用力过大导致螺丝滑丝。水浴锅、热水漏斗在加热前需加水，切莫将水烧干，以防焊锡熔化而损坏。

3. 电器设备

所有电器设备使用前都应接好地线！

(1) 电吹风

电吹风应可吹冷、热风，供干燥玻璃仪器用。应放于干燥处，注意防潮、防腐蚀，定期加油润滑。

(2) 调压变压器

调压变压器是调节电源电压的一种仪器，常用来调节电动搅拌器的转速和电热套的温度。调节时应将旋钮缓慢旋转，防止因剧烈摩擦产生火花而使炭刷接触点受损。不宜长期负载使用，否则容易烧毁。使用完毕应将旋钮调回零位，再切断电源。应放于干燥处，注意防潮、防腐蚀。

(3) 电动搅拌器

电动搅拌器作搅拌用，以调压变压器控制转速。不适宜用于搅拌过于黏稠的反应物。若超负载使用，或通电后马达不转（由于负载过重，反应物太黏稠或装置安装不妥卡住）很容易发热烧毁。保管时要防潮、防腐蚀，注意加油润滑。

(4) 烘箱

实验室一般使用的是恒温鼓风干燥箱，用以干燥玻璃仪器或烘干无腐蚀性、加热时不分解的药品。挥发性易燃物或以乙醇、丙酮淋洗过的玻璃仪器切勿放入烘箱以免发生爆炸。往烘箱里放玻璃仪器时，应由上而下依次放入，以免残留水滴滴下使已烘干的玻璃仪器炸裂。取出已烘干的仪器时，应用干布衬手，防止烫伤。刚取出时，也不能遇水，以防炸裂。若无水要求较高，取出的热玻璃仪器可用电吹风吹入冷风使其冷却，以免因自行冷却而重新受潮（特别是在气温较低、湿度较大时）。

(5) 气流烘干机

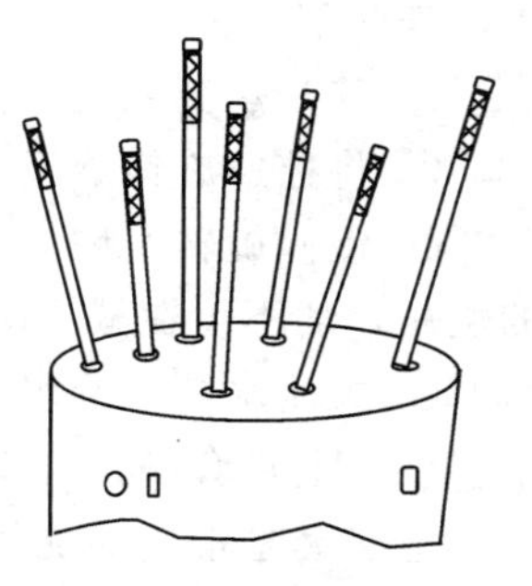

图 1.5　气流烘干机

气流烘干机是用于快速烘干的仪器，如图 1.5 所示。使用时，将仪器洗干净后，甩掉多余的水分，然后将仪器套在烘干机的多孔金属管上。注意气流烘干机不宜长时间加热，以免烧坏电机和电热丝。

(6) 磁力搅拌器

磁力搅拌器主要由可以旋转的磁铁和控制转速的电位器组成。使用时，向盛有需要搅拌的反应物的容器中投入一根由塑料（多数是聚四氟乙烯）或玻璃封住的小磁棒（又称搅拌子），将容器置于磁力搅拌器上，接通电源后，慢慢旋转控制钮，调至所需速度进行搅拌。欲停止搅拌时，先将旋钮慢慢转到零，再切断电源。有的磁力搅拌器还带有加热装置，可以连接电热丝和电压表以加热和控制加热浴温度（图 1.6）。使用时不能让水漏进磁力搅拌器内部，以防因短路烧毁马达。宜放于干燥处保管，注意防潮、防腐蚀。

(7) 旋转蒸发仪

旋转蒸发仪（图 1.7）用以蒸发溶剂。操作时由于烧瓶在不断旋转，不会暴沸。旋转蒸发仪使液体蒸发的表面很大，蒸发速度快，可加快实验进程，已成为现代有机化学实验中常用的仪器之一。

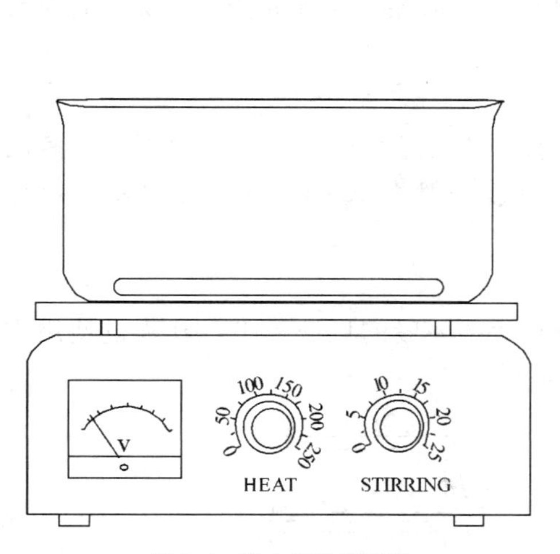

图 1.6　磁力加热搅拌器

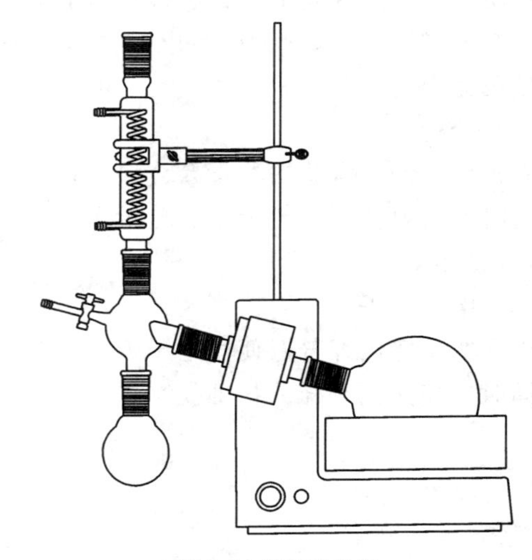

图 1.7　旋转蒸发仪

使用旋转蒸发仪时按下列次序：

① 将旋转蒸发仪接通冷水，连上水泵。

② 转动旋转蒸发仪左侧的活塞使其与大气相通。

③ 把需蒸发溶剂的反应混合物倒入烧瓶内，并将烧瓶套上蒸发仪，用夹子夹住。

④ 打开水泵抽气，转动左侧活塞使之与大气隔绝。

⑤ 开启蒸发仪电源开关，旋转可变速马达的控速旋钮，调节盛有待蒸发液体烧瓶的旋转速度。

⑥ 为使蒸发加速，可在旋转的烧瓶下置一热源（如水浴）加热。

若溶剂已挥发，欲停止蒸发，应按以下次序：

① 移开热源。

② 将控速旋钮旋至零位，然后关闭电源。

③ 慢慢旋转左侧活塞使其与大气相通，待瓶中压力与大气相当时，取下已蒸去了溶剂的烧瓶，切不可在减压下取下烧瓶，否则产物会被空气冲溢出烧瓶。

④ 关闭水泵及冷水。

（8）电热套

电热套是常用的加热装置之一。虽然加热尚不及油浴的温度均匀，但比煤气灯石棉网加热要均匀得多，也比明火安全。其最高使用温度比油浴高，可达400 ℃左右。电热套需接在调压变压器上使用，通过调节电压来调节温度。其主要部件是用玻璃纤维包着的电热丝，制成碗状，根据其形状大小，适用于各种大小尺寸的烧瓶。由于从改变电压到温度升高需要一些时间，故在加热时应慢慢调节电压。因电热套内部电热丝温度很高，使用时仍需小心，勿使易燃有机溶剂进入电热套内，否则会造成火灾。

4. 其他仪器设备

（1）台秤

一般台秤的最大称量为1000 g（或500 g），能称准到1 g。小台秤最大称量一般为100 g，可称准到0.1 g。称量前若发现两边不平衡，应调节两端的平衡螺丝使之平衡。称量时，被称量物质放在左边秤盘上，在右边秤盘上加砝码至两边平衡为止。被称量的化学药品必须放在称量纸上或烧杯、烧瓶内，切不可直接放在秤盘上，以保持台秤的清洁。称量后应将砝码放回砝码盒中。

（2）分析天平

有机化学制备实验的称量允许误差在1%左右，若要进行微量制备，台秤的灵敏度还不够，这时就需要使用分析天平。分析天平的最大称量一般为100 g，根据精度不同可称准到0.001 g甚至0.0001 g。

（3）电子天平

现在实验室已经普遍使用电子天平（图1.8）代替一般的机械天平，其称量使用方便快捷，同时也能达到一样的精度。

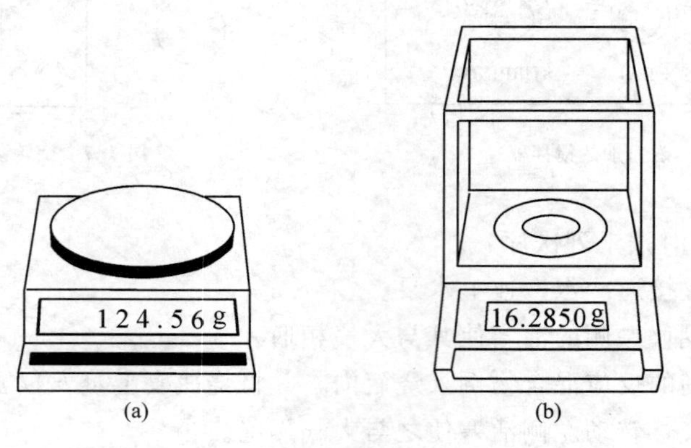

图1.8 电子天平

电子天平的操作方法如下：

1）开机。按“开/去皮”键，电子天平显示“88888”字符，然后显示天平软件的版本号，最后显示“0.00”，即可进行称量。

2）关机。按住“关/模式”键不动，直到显示器出现“OFF”，然后松开，即可关闭天平。

天平具有设定定时关机功能，关机功能开启时，到设定关机时间，天平自动关机。

如要取消自动关机功能，开启天平，按4（或5）次“关/模式”键，当显示“SLEPO”时，按一次“开/去皮”键，自动关机功能取消。

设定关机时间：

① 天平显示“0.00”时，再按4（或5）次“关/模式”键，天平显示“SLEPO1”；

② 按“开/去皮”键，天平显示“OFF－*”（*为闪动的原先设置数值）；

③ 按“关/模式”键更改关机时间设定值（1～9 min），按一次“开/去皮”键完成设定。

3）称量。天平可选用的称量单位有：克（g）、克拉 [carat，1 carat（米制，用于宝石）＝200 mg] 及英镑（lb，1 lb＝0.453592 kg）。重复按“关/模式”键选定所需要的单位，然后按“开/去皮”键，电子天平显示为“0.00”，将样品放在秤盘上，即可读数。

4）去皮。将空的容器放在秤盘上，按“开/去皮”键使显示屏置零，加入所称量的样品，天平即显示出净质量。

电子天平为精密仪器，操作时要小心，往秤盘里放置物品时手要轻；秤盘材质虽是不锈钢，但也要尽量避免与酸、碱和氧化性试剂接触。不小心掉在秤盘上的试剂要及时清理干净；被称物品不要超过天平的称量范围；要有足够的通电预热时间以使天平趋向稳定；电子天平使用时要置于避风处。

（4）钢瓶

在有机化学实验中经常要用到氢气、氧气、氮气、二氧化碳、氨气、氯气等气体。通常这些气体都是在加压的情况下储存于钢瓶（或称高压气瓶，图1.9）中。由于各种气体性质不同，对钢瓶的要求也不同。为了防止各种钢瓶混用，统一规定了钢瓶的颜色和标记，以兹区别。我国常用的钢瓶标色如表1.2所示。

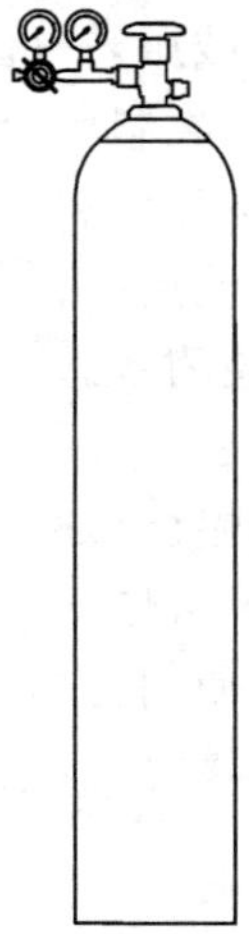

图1.9　钢瓶

表1.2　气体钢瓶的标色

气体名称	瓶身颜色	瓶体字样	字体颜色
氮气	黑	氮	黄
压缩空气	黑	空气	白
二氧化碳	铝白	液化二氧化碳	黑
氧气	天蓝	氧	黑
氢气	浅绿	氢	红
氯气	深绿	液化氯	白
氨气	黄	液化氨	黑
乙炔	白	乙炔不可近火	红
氦气	银灰	氦	深绿

使用钢瓶时应注意：

① 钢瓶应放置在阴凉、干燥、通风以及远离热源的地方，避免日光直晒。防止受潮，水淹，防止与强酸、强碱接触。要将钢瓶固定在某一地方。

② 搬运钢瓶时要旋上瓶帽，轻拿轻放，防止摔碰或剧烈振动。有的钢瓶是玻璃钢材质的，应避免尖锐硬物刺伤钢瓶。

③ 钢瓶中气体不可用完，一般应留有0.5%以上的气体以防止重新灌气时发生危险。例如氢气钢瓶，若氢气用完可能漏入空气中的氧气，重灌氢气时就会发生危险。

④ 钢瓶应定期试压检验，逾期未经检验的不得使用。

⑤ 钢瓶的阀门若已锈蚀，无法打开，切勿乱敲、乱拔，以免发生危险。遇此情况应将钢瓶送专业维修处处理。

⑥ 钢瓶使用时都要用到减压表。一般可燃性气体钢瓶减压表阀门的螺丝是反向的。不燃或助燃气体钢瓶减压表阀门的螺丝是正向的。各种减压表不可混用。开启阀门时应站在减压表另一侧，以防减压表脱出而被击伤。

(5) 减压表

减压表（图1.10）由指示钢瓶压力的总压力表（又称高压表）、控制压力的减压阀（或称调压阀）、减压后的分压力表（又称低压表）以及控制低压气体流量的针形阀组成。

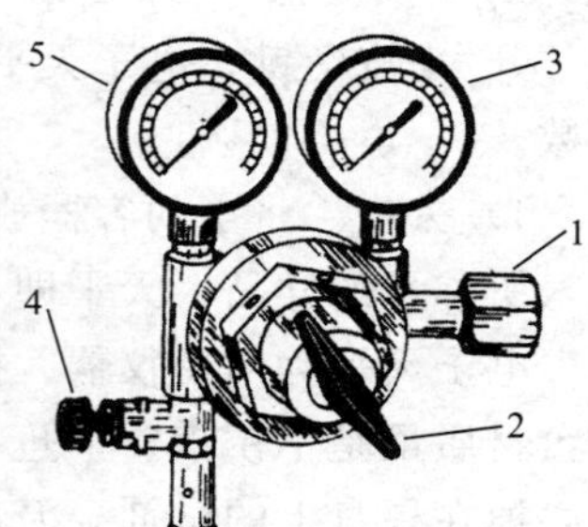

图1.10 减压表

1—连接钢瓶的螺头；2—减压阀；3—高压表；4—低压针形阀；5—低压表

使用时，把减压表与钢瓶连接好。将减压阀调至最松位置（即关闭状态，平时不使用时都应调在这个位置）。然后打开钢瓶上的总气阀门，这时总压力表所示即为钢瓶内气体的压力。再缓慢旋转减压阀，调节到所需的输出压力（由分压力表显示）。再慢慢打开低压针形阀，将气体输入反应系统。

使用完毕时，先关紧总气阀门，待总压力表与分压力表均指到零时，再旋松减压阀，关上低压针形阀。

1.5 仪器的清洗、干燥及塞子的配置和钻孔

1. 仪器的清洗

使用清洁的实验仪器是实验成功的重要条件，也是化学工作者应有的良好习惯。仪器使用后应立即清洗。其方法是实验结束后及时将磨口连接处拆开，将化学残留物用毛刷蘸少许清洁剂刷洗器皿内外部，再用清水冲洗。遇到难以洗去的残渣及焦油状物时，可根据其性质决定使用少量95%乙醇、丙酮或石油醚等浸泡。必要时可将浸泡有机溶剂的仪器放入水浴中温热后再刷洗。

经以上处理仍不见效时，可加入数毫升浓硫酸、浓硝酸或氢氧化钠溶液，甚至是浓硫酸加铬酸钾溶液，转动仪器使酸或碱液浸没残渣黏附物，如此反复至无明显反应时将酸倾去，再刷洗。当反应瓶内有较多有机化合物时，用浓酸洗涤很危险，特别是硝酸与许多有机化合物反应剧烈，应注意避免发生意外事故。

2. 仪器的干燥

仪器干燥程度可视实验要求而定，某些反应不需要干燥仪器，某些反应要求在无水条件下进行，因而必须将仪器严格干燥后使用。有机化学实验中经常需要使用干燥的仪器，故要养成在每次实验后马上把玻璃仪器洗净和倒置使之晾干的习惯，以便下次实验时使用。干燥仪器的方法有下列几种：

(1) 自然风干

自然风干是指把已洗净的仪器在干燥架上自然风干，这是常用而简单的方法。但必须注意，若玻璃仪器洗得不够干净时，水珠不易流下，干燥较为缓慢。

(2) 烘干

烘干是指把已洗净的玻璃仪器由上层到下层放入烘箱中烘干。放入烘箱中干燥的玻璃仪器，一般要求不带水珠，器皿口侧放。带有磨砂口玻璃塞的仪器，必须取出玻璃活塞才能烘干，玻璃仪器上附带的橡胶制品在放入烘箱前也应取下，烘箱内的温度保持105 ℃左右，约0.5 h，待烘箱内的温度降至室温时才能取出。切不可把很热的玻璃仪器取出，以免骤冷而破裂，当烘箱已工作时，不能往上层放入湿的器皿，以免水滴下落，使热的器皿骤冷而破裂。备用仪器也可放入烘箱中烘干，但是计量仪器、冷凝管等切不可在烘箱内烘烤。

碱性反应和高真空反应条件下，必须在仪器的磨口处和活塞部分涂上一薄层润滑油或真空脂，否则磨口处、活塞处易被碱腐蚀，致使插入部件相互“咬住”而无法拆开。分液漏斗在放置不使用期间应在其活塞插入部分垫小纸条或涂油保存。这些仪器放入烘箱时应将油脂擦去，或使用其他方法干燥。

(3) 吹干

有时仪器洗涤后需要立即使用，可使用气流烘干器或电吹风把仪器吹干。首先将水尽量甩干后，加入少量丙酮或乙醇摇洗并倾出，先通入冷风吹 1～2 min，待大部分溶剂挥发后，再吹入热风至完全干燥为止，最后吹入冷风使仪器逐渐冷却。

3. 塞子的配置和钻孔

为使各种不同的仪器连接装配成套，需要借助于塞子。塞子选配是否得当，对实验影响很大。在有机化学实验中，仪器上一般使用软木塞。它的好处是不易被有机溶剂溶胀，而橡皮塞则易受有机物质的侵蚀而溶胀，且价格也较贵。但是，在要求密封的实验中，如抽气过滤和减压蒸馏等就必须使用橡皮塞，以防漏气。

塞子的大小应与所塞仪器颈口相吻合，塞子进入颈口部分不能少于塞子本身高度的1/3，也不能多于2/3，见图1.11。所选软木塞还应注意不应有裂缝存在。

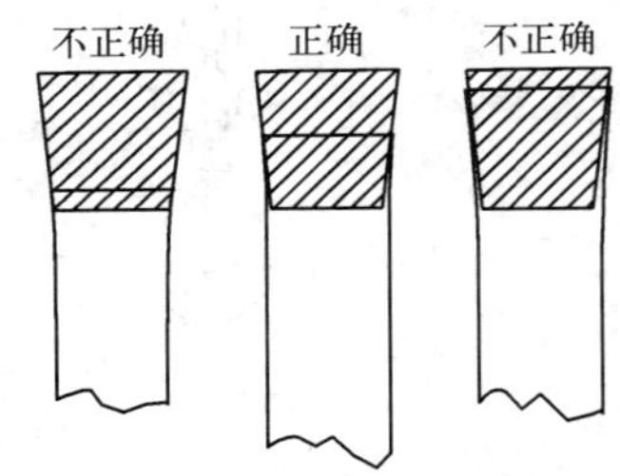

图 1.11 塞子的配置

为了在烧瓶上安装冷凝管（防止溶剂或反应物挥发）、温度计（控制反应温度）或滴液漏斗（加料）等，常须在塞子上钻孔。软木塞在钻孔前须在压塞机内碾压紧密，以免在钻孔时塞子裂开。所钻孔径大小既要使玻璃管或温度计等能较顺利插入，又要保持插入后不会漏气，因此须选择大小合适的打孔器（在软木塞上钻孔时，打孔器孔径应比要插入的物体口径略小一点）。钻孔时，将塞子放在一块小木板上，小的一端向上，打孔器下面先敷些水或油以增加润滑，然后左手握紧塞子，右手持打孔器，一面向下施加压力，一面沿顺时针方向旋转，从塞子小的一端垂直均匀地钻入，切不可强行推入，并且不要使打孔器左右摇摆，也不要倾斜。为了防止孔洞打斜，应时时注意打孔器是否保持垂直。当钻至塞子的 1/3～1/2 时，将打孔器一面沿逆时针方向旋转，一面向上拔出，用细的金属棒捅掉打孔器内的软木塞或橡皮碎屑。然后再从塞子另一端对准原来的钻孔位置垂直把孔钻通，可得良好的孔洞。必要时可以用小圆锉把洞修理光滑或略锉大一些。橡皮塞钻孔时，所选打孔器口径应与插入管子的口径差不多，钻孔时更应缓慢均匀，不要用力顶入，否则钻出的孔很细小，不合适。

当把玻管或温度计插入塞子中时，手应握住玻管接近塞子的地方，均匀用力慢慢旋入孔内，握管的手不要离塞子太远，否则易折断玻管（或温度计）造成割伤事故。在将玻管插入橡皮塞时可以蘸一些水或甘油作为润滑剂，必要时可用布包住玻管。

每次实验完成后将所配好用过的塞子洗净、干燥，保存备用，以节约器材。

1.6 有机反应的常用装置

有机反应中所需装置包括：反应装置、提纯装置、加热冷却装置等。下面主要介绍反应装置、加热冷却装置，提纯装置在后面相关章节中介绍。

1. 常用有机反应装置

有机实验中常用的反应装置有回流装置、气体吸收装置、分水装置、搅拌装置等。

（1）回流装置

有机化学实验常用的回流装置如图 1.12 所示。

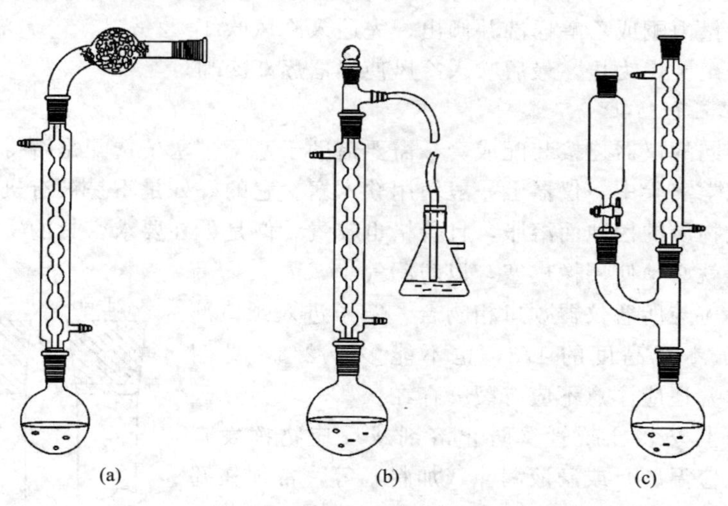

图 1.12　回流装置

图 1.12(a) 是可以防潮的回流装置，假如不需要防潮可以去掉球形冷凝管顶端的干燥管。图 1.12(b) 为带有吸收反应中生成气体的回流装置，适用于回流时有水溶性气体（如氯化氢、溴化氢、二氧化硫等）产生的实验。图 1.12(c) 为回流时可以同时滴加液体的装置。回流加热前应先加入沸石，根据瓶内液体的沸腾温度，可选用水浴、油浴、石棉网直接加热等方式。回流的速度应控制在液体蒸发浸润不超过两个球为宜。

（2）气体吸收装置

图 1.13 为气体吸收装置，用于吸收反应过程中生成的有刺激性和水溶性的气体（如氯化氢、二氧化硫等）。其中图 1.13(a) 和（b）可作少量气体的吸收装置。图 1.13(a) 中的玻璃漏斗应略微倾斜使漏斗口一半在水中，一半在水面上，这样既能防止气体逸出，也可防止水被倒吸至反应瓶中。若反应过程中有大量气体生成或气体逸出很快时，可使用图 1.13（c）的装置，水自上端流入（可利用冷凝管流出的水）抽滤瓶中，在恒定的液面上溢出。粗的玻管恰好伸入水面，被水封住，以防止气体逸入大气中。

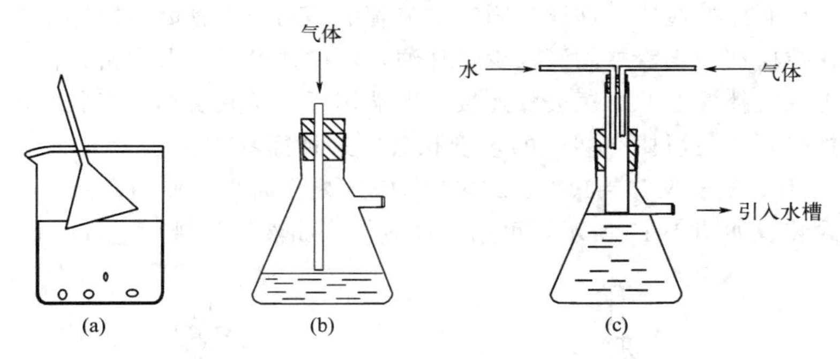

图 1.13　气体吸收装置

（3）分水装置

分水装置如图 1.14 所示。

（4）搅拌装置

当反应在均相溶液中进行时一般不用搅拌，因为加热时溶液存在一定程度的对流，从而保持液体各部分均匀地受热。如果是非均相反应，或反应物之一是逐渐滴加时，搅拌使其迅速均匀地混合，以避免因局部过浓过热而导致其他副反应发生或有机化合物分解；有时反应产物是固体，如不搅拌将影响反应顺利进行。在许多合成实验中若采用搅拌装置，不但可以较好地控制反应温度，而且能缩短反应时间和提高产率。常用的搅拌装置见图 1.15。

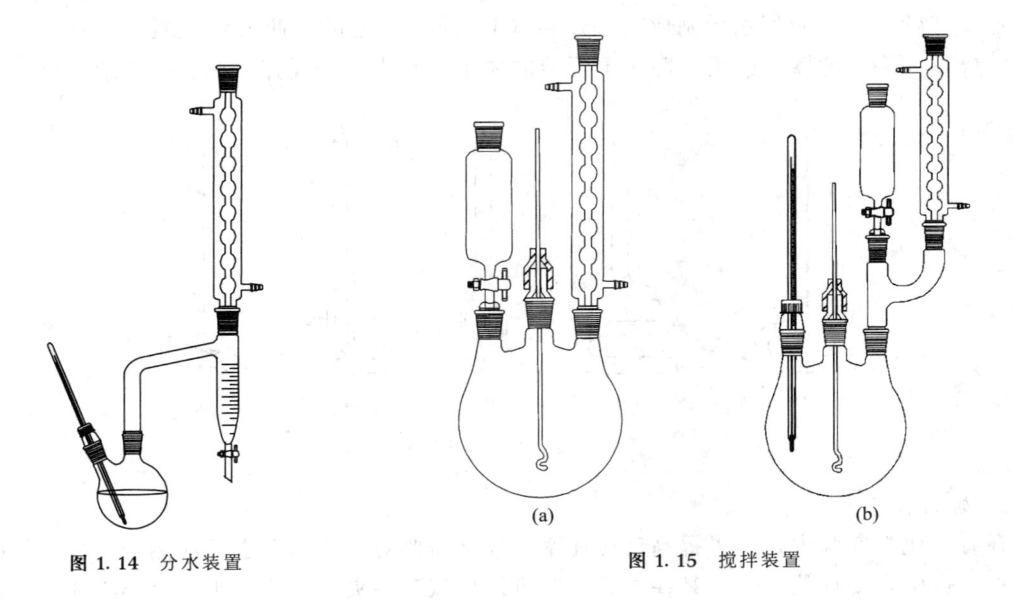

图 1.14　分水装置

图 1.15　搅拌装置

图 1.15(a) 是可同时进行搅拌、回流和自滴液漏斗加入液体的实验装置。图 1.15(b) 的装置还可同时测量反应的温度。

图 1.15 中的搅拌采用了简易密封装置，在加热回流情况下进行搅拌可避免蒸气或生成的气体直接逸至大气中。

简易密封搅拌装置安装方法（以 250 mL 三颈瓶为例）：在 250 mL 三颈瓶的中口配置软木塞，打孔（孔洞必须垂直且位于软木塞中央），插入长 6～7 cm、内径较搅拌器略粗的玻管。取一段长约 2 cm、内径必须与搅棒粗细合适、弹性较好的橡皮管套于玻管上端。然后自玻管下端插入已制好的搅棒。这样，固定在玻管上端的橡皮管因与搅棒紧密接触而达到了密封的效果。在搅棒和橡皮管之间滴入少量甘油，对搅拌可起润滑和密封作用。搅棒的上端用橡皮管与固定在搅拌器上的一短玻管连接，下端接近三颈瓶底部，离瓶底适当距离，不可相碰。且在搅拌时要避免搅棒与塞中的玻管相碰。这种简易密封装置（图 1.16）在一般减压（10～12 mmHg，1 mmHg=1.333 22×10^2 Pa）操作时也可使用。

另一种液封装置如图 1.17 所示，可用惰性液体（如液体石蜡）进行密封。

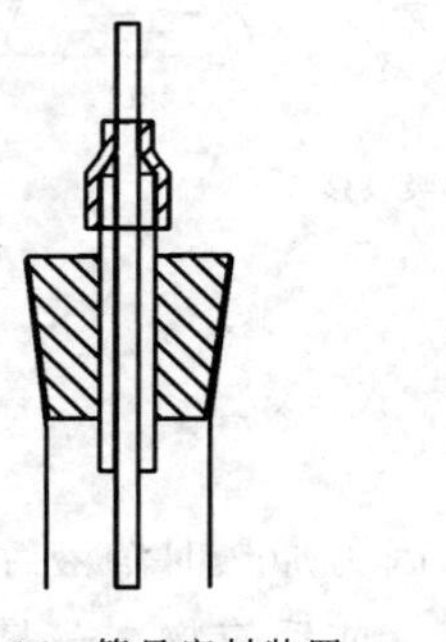

图 1.16　简易密封装置

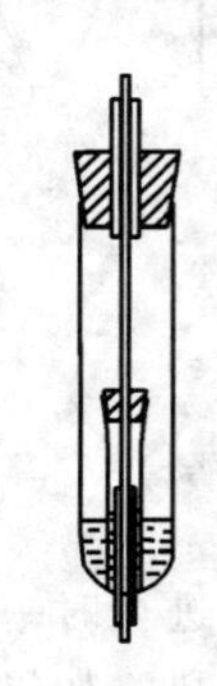

图 1.17　液封装置

机械搅拌的搅棒通常由玻璃、聚四氟乙烯或在不锈钢外镀聚四氟乙烯材料制成，常用的几种见图 1.18，其中（a）、（b）两种可以容易地用玻璃棒弯制；（c）较难制作；（d）中半椭圆形搅拌叶可用聚四氟乙烯制成。（c）和（d）的优点是可以伸入细颈瓶中，且搅拌效果较好。（e）为浆式搅棒，适用于两相不混溶的体系，其优点是搅拌平稳、搅拌效果好。

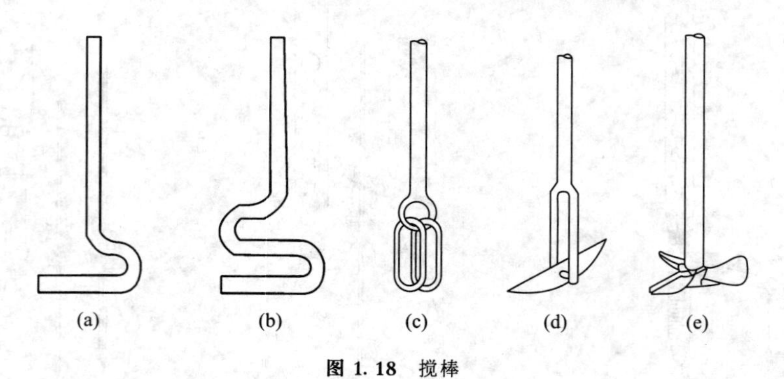

图 1.18　搅棒

2. 加热装置

在有机化学实验中，为了提高反应速率，经常需要对反应体系进行加热。在分离和纯化等操作中也常常要加热。除了某些试管反应可以用试管夹夹住试管在小火上小心加热（试管口不能对着人，以防液体暴沸喷出伤人）和测熔点时可以用小火加热提勒管外，其他都不能用火直接加热。

（1）石棉网直接加热

将石棉网置于三脚架上，下面用煤气灯（若没有煤气可用酒精灯）加热是最常用的加热方法之一。置于石棉网上的烧瓶应用铁夹固定在铁架上，瓶底不能与石棉网接触，以免由于局部过热而导致有机化合物分解。加热时，须先用小火，然后根据情况逐渐加大火焰。在烧瓶中没有固体和不用搅拌的情况下，加热前必须先放入沸石以防暴沸。在反应体系中有低沸点易燃溶剂（如乙醚、石油醚）时不能使用上述装置。此外，由于空气流动，加热的温度不均匀，这样的加热方式不适于在减压蒸馏操作中使用。

（2）空气浴

空气浴就是让热源把局部空气加热，空气再把热能传导给反应容器。

电热套加热就是简便的空气浴加热，最高能加热到 400 ℃左右。安装电热套时，要使反应瓶外壁与电热套内壁保持 2 cm 左右的距离，以便利用热空气传热和防止局部过热等。

（3）水浴

当需要加热的温度在 100 ℃以下时，可将烧瓶浸入水浴中（勿使烧瓶与水浴底接触，以免局部过热），水浴置于三脚架上，下面用煤气灯控制加热。对于乙醚等低沸点的易燃溶剂则不能用明火加热，应用事先已加热好的水浴加热。有条件的可以用电热恒温水浴，或用封闭式的电炉加热水浴。后两者在需要长时间加热时较为方便。

（4）油浴

在进行 100～250 ℃加热时，可用油浴，油浴所能达到的温度取决于所用油浴的种类。

甘油和邻苯二甲酸二丁酯可加热到 140～150 ℃，温度过高易发生分解。

植物油可加热到 200 ℃左右，温度再高，因挥发较快、气味较重而污染空气，也易燃烧。

真空泵油，特别是硅油，可以加热到 250 ℃，热稳定性也较好，是目前使用较为广泛的加热溶液。

液态聚乙二醇可加热到 180～200 ℃，是很理想的加热溶液。加热时无蒸气逸出，遇水不会暴沸或喷溅。因聚乙二醇溶于水，油浴中烧瓶的洗涤也很方便。

用油浴进行加热，温度很均匀，油又不像水那样容易挥发，是很好的加热装置。除甘油和多聚乙二醇以外，切忌在油浴中溅入水滴，否则会暴沸喷溅。加热完成后，应先将烧瓶悬夹在油浴上方，待无油滴滴下，再用废纸擦净烧瓶。

油浴除用封闭电炉进行加热外，也可用放在油浴中的电热丝连接调压变压器加热。后者常与磁力搅拌器联用即实验室常用的磁力加热搅拌器（图 1.19），既能搅拌，又可加热，既方便又安全。

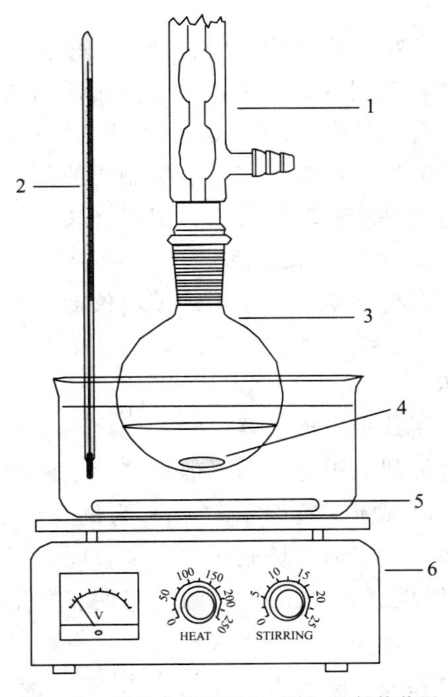

图 1.19　磁力搅拌器和水（油）浴加热装置

1—冷凝管；2—温度计；3—圆底烧瓶；
4—搅拌子；5—加热圈；6—磁力搅拌器

(5) 沙浴

需要加热到 300 ℃以上时，要用沙浴。沙浴装置由铁制的容器内盛清洁干燥的细沙组成。将需要加热的容器埋入沙中，沙浴下用火加热。但由于沙传热慢，散热快，常常不易控制温度，使用较少。

3. *冷却装置*

有机化学实验中常常需要进行冷却。冷却可以除去放热反应过程中放出的热，使这类反应不致因温度剧升而造成危险或发生其他副反应，也可以使重结晶后有机化合物晶体析出较为完全。某些要在较低温度下进行的反应（如重氮化反应）更必须进行冷却。常用冷却剂的组成及冷却温度见表 1.3。

表 1.3　常用冷却剂的组成及冷却温度

冷却剂	温度/℃
碎冰(或冰＋水)	0
氯化钠(1 份)＋碎冰(3 份)	－20
六水合氯化钙(10 份)＋碎冰(8 份)	－40～－20
液氨	－33
干冰＋乙醇	－72
干冰＋丙酮	－78
干冰＋乙醚	－100
液氨＋乙醚	－110
液氮	－188

如果反应产物需要在低温下较长时间保存，可把盛产物的瓶子贴好标签，塞紧瓶塞，放入冰箱或制冷机中保存。在使用低温制冷剂时，应注意不要用手直接接触，以免被冻伤。在使用温度低于－38 ℃的冷浴时，不能用水银温度计，这是因为水银在－38.87 ℃时会凝固，这时需用由乙醇、正戊烷等制成的低温温度计。因有机液体传热较差、黏度较大，这类温度计达到平衡的时间较水银温度计长。

4. *仪器安装方法*

有机化学实验常用的玻璃仪器装置一般皆用铁夹依次固定于铁架台上。铁夹的双钳应贴有胶皮、绒布等软性物质，或缠上石棉绳、布条等。若铁钳直接夹住玻璃仪器则容易将仪器夹坏。

用铁夹夹玻璃器皿时，先用左手手指将双钳夹紧，再拧紧铁夹螺丝，待夹钳手指感觉到螺丝触到双钳时，即可停止旋动，做到夹物不松不紧。

以回流装置图 1.12(a) 为例，仪器安装时先根据热源高低（一般以三脚架高低为准）用铁夹夹住圆底烧瓶瓶颈，垂直固定于铁架台上。铁架台应正对实验台外面，不要歪斜。若铁架台歪斜，重心不一致，将使装置不稳。然后将球形冷凝管下端正对烧瓶口，用铁夹垂直固定于烧瓶上方，再放松铁夹，将冷凝管放下，塞入烧瓶。塞紧后，再将铁夹稍旋紧，固定好冷凝管，使铁夹位于冷凝管中部偏上一些。最后按照图 1.12(a) 在冷凝管顶端安装干燥管。

总之，仪器安装应先下后上，从左到右，做到正确、整齐、稳妥。

1.7 实验预习、记录和实验报告

1. 实验预习

每个学生都应准备一个实验记录本，在每次实验前必须认真预习做好充分准备。预习的具体要求如下：

① 将本次实验的目的，反应式（主反应、主要副反应），主要试剂和产物的物理常数（查阅手册或辞典）以及主要试剂的用量（克、毫升、摩尔）和规格摘录于记录本中。

② 列出粗产物纯化过程原理，明确各步操作的目的和要求。

③ 写出实验简单步骤。注意不是照抄实验内容！每个学生应根据实验内容中的文字改写成简单明了的实验步骤。步骤中的文字可用符号简化，如试剂写分子式，克＝g，毫升＝mL，加热＝△，加＝＋，沉淀＝↓，气体逸出＝↑，等等。画出主要反应装置图。

预习时，应弄清楚每一步操作的目的，为什么这么做，厘清本次实验的关键步骤和难点，以及实验中的安全问题等。只有预习好了，实验时才能做得又快又好。

2. 实验记录

进行实验时要做到操作认真，观察仔细，思考积极，并将观察到的现象及测得的各种数据及时并如实记录于记录本中。记录要做到简要明确，字迹工整。实验完毕后应将实验记录本和产物交给指导教师。实验中产生的废液、废渣应倒入指定的容器，产物集中收集。

3. 计算产率及讨论

计算产率并根据实验情况讨论观察到的现象及结果（也可由指导教师指定回答部分思考题），或提出对本实验的改进意见。

4. 实验报告

实验完成后进行总结，分析出现的问题，整理归纳结果并撰写实验报告，这是不可缺少的环节，同时也是把直接的感性认识提高到理性思维的必要一步，因此需要认真对待实验报告的撰写。

实验报告包括实验目的、实验原理、主要药品和仪器、实验步骤、实验结果、问题讨论等。要如实填写实验报告。实验原理、实验步骤不能照抄书上内容，应在归纳总结的基础上简要写出。

现举例说明实验报告的具体写法。

（1）基本操作实验报告书写规范

有机化学实验报告

实验编号：________________　　________年______月______日

________学院______级______班　　实验名称：工业酒精的蒸馏

姓　名：________________　　成　绩：________________

同组人：________________　　指导教师：________________

一、实验目的

1. 掌握蒸馏有机化合物的原理及操作技术。

2. 掌握液体有机化合物沸点测定的方法。

二、实验原理

蒸馏是将液体有机化合物加热到沸腾状态，使液体变成蒸气，又将蒸气冷凝为液体的过程。在常压下进行的蒸馏称为常压蒸馏。

在一定温度下的密闭容器中，当液体蒸发的速度与蒸气凝结的速度相等时，液体与其蒸气就处于一种平衡状态，这时蒸气的浓度不再改变而呈现一定的压力，该压力称为蒸气压。液体的温度升高，它的蒸气压也随之增大。当液体的蒸气压增大到与外界施加于液面的压力相等时，液体开始沸腾。将液体的蒸气压等于外界压力时的温度称为沸点，显然，沸点与外界压力的大小有关。因此，在谈到液体的沸点时必须指明外界压力条件。在 101.3 kPa 压力条件下的液体沸点通常称为正常沸点。

纯液体有机化合物在一定的压力下具有一定的沸点，而且沸程（馏液开始滴出到液体几乎全部蒸出时的温度范围）很小，一般不超过 1 ℃。而混合物（恒沸混合物例外）则没有固定的沸点，沸程也较长。所以通过蒸馏可除去不挥发性杂质，可分离沸点差大于 30 ℃的液体混合物，还可以测定纯液体有机化合物的沸点及定性检验液体有机化合物的纯度。

但是具有固定沸点的液体不一定都是纯的化合物，因为某些有机化合物常和其他组分形成二元或三元共沸混合物，它们也有一定的沸点。

三、主要药品和仪器

1. 药品：乙醇（20 mL）。

2. 仪器：磁力加热搅拌器，铁架台，圆底烧瓶，温度计套管，蒸馏头，温度计，直形冷凝管，真空接液管，锥形瓶，量筒。

四、实验步骤

实验装置：

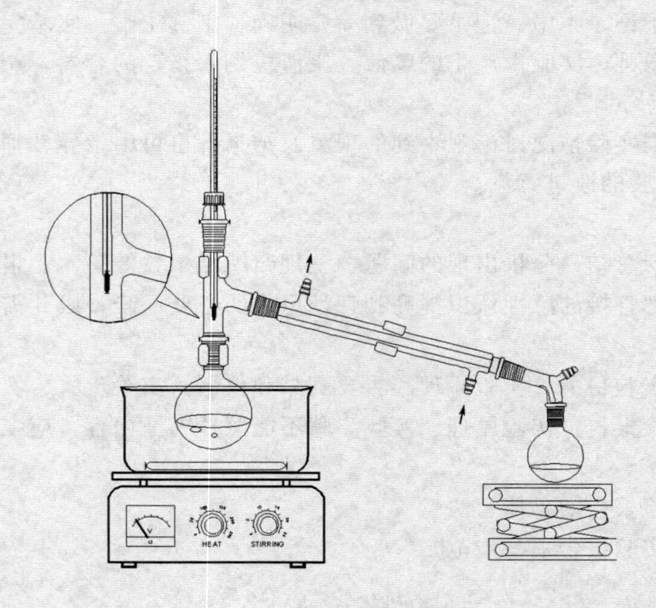

实验步骤：

1. 安装蒸馏装置：仪器安装顺序应自下而上，从左到右。准确端正，横平竖直。无论从正面或侧面观察，全套仪器装置的轴线都要在同一平面内。铁架台应整齐地置于仪器的背面。

2. 加料：将 20 mL 待蒸乙醇小心倒入 50 mL 圆底烧瓶中。加入几粒沸石，装好温度计套管，调整温度计位置使水银球的上限和蒸馏头侧管的下限在同一水平线上。检查仪器各部分连接处是否紧密不漏气。

3. 加热：先打开水龙头，使冷水自下而上缓缓通入，然后开始水浴加热。当液体沸腾，蒸气到达水银球部位时，温度计读数急剧上升，调节热源，让水银球上液滴的温度和蒸气温度达到平衡，使蒸馏速度以每秒1～2滴滴出。此时温度计读数就是馏出液的沸点。

蒸馏时若热源温度太高，使蒸气成为过热蒸气，造成温度计所显示的沸点偏高；若热源温度太低，馏出物蒸气不能充分浸润温度计水银球，造成温度计读得的沸点偏低或波动较大。

4. 收集馏液：当蒸出2～3 mL液体时开始记录温度，到液体快蒸完时（剩2～3 mL）、再记录一次温度，前后两次温度即为待测液体的沸程。

在所需馏分蒸出后，温度计读数会突然下降，此时应停止蒸馏。即使杂质很少，也不要蒸干，以免蒸馏瓶破裂及发生其他意外事故。

5. 拆除蒸馏装置：蒸馏完毕，先停止加热，然后停止通水，最后拆除蒸馏装置（与安装顺序相反）。

实验记录：内容包括出第一滴馏分的时间、温度；记录蒸馏过程中温度变化的情况；停止蒸馏时的时间、温度；乙醇的沸点；收集到的馏分体积或质量。

注：实验步骤和实验记录可同时书写。

五、实验结果

乙醇的沸点：

沸程：

产品的体积：

产率计算：

六、问题讨论（包括实验现象、结果的解释、可能改进的建议及做思考题）

例如：

1. 实验时注意：冷却水流速以能保证蒸气充分冷凝为宜，通常只需保持缓缓水流即可。

2. 蒸馏有机溶剂均应用小口接收器，如锥形瓶，以防止挥发而影响产量。

3. 本次实验所测沸程偏大的原因分析：一方面蒸馏时加热太快，造成蒸馏瓶的颈部过热，使水银球的蒸气来不及冷凝，这样由温度计读得的沸点偏高；另一方面有时蒸馏进行得太慢，由于温度计的水银球不能为馏出液蒸气所浸润而使由温度计读得的沸点偏低。

4. 本次实验所得产品偏少的原因分析：仪器各部分连接处不太紧密，出现漏气，停止蒸馏时蒸馏瓶留的液体偏多。

5. 如果液体具有恒定的沸点，那么能否认为它是纯物质？

具有固定沸点的液体不一定都是纯的化合物，因为某些有机化合物常和其他组分形成二元或三元共沸混合物，它们也有恒定的沸点。

（2）制备实验实验报告书写规范

有机化学实验报告

实验编号：__________ ______年____月____日

______学院____级____班 实验名称：苯甲酸的制备

姓　名：__________ 成　　绩：__________

同组人：__________ 指导教师：__________

一、实验目的

1. 通过芳香族羧酸的非均相合成和相转移催化剂下合成的对比，掌握合成、相转移催化原理。

2. 巩固回流、重结晶操作，熔点测定方法。

二、实验原理

制备羧酸最常用的方法是氧化法。例如，将烯烃、醇、醛和烷基苯等氧化就能够得到羧酸。另外通过腈的水解、格氏试剂和二氧化碳作用、甲基酮的卤仿反应或丙二酸酯合成法等，也能合成羧酸。

主反应：

$$C_6H_5CH_3 + 2KMnO_4 \longrightarrow C_6H_5COOK + KOH + 2MnO_2 + H_2O$$

$$C_6H_5COOK \xrightarrow{HCl} C_6H_5COOH$$

相转移催化作用是指一种催化剂能加速或者能使互不相溶的两种物质发生反应，在此反应中，加入相转移催化剂可以使氧化剂从水相转移到有机相。由于甲苯和水互不相溶，反应只能在两者的界面处进行，所以传统的反应方法耗时很长，加入相转移催化剂后，反应能顺利进行。

三、主要药品和仪器

1. 药品：甲苯 1.5 g（1.7 mL，0.016 mol），高锰酸钾 5 g（0.032 mol），十六烷基三甲基溴化铵 0.1 g。

2. 仪器：磁力加热搅拌器，铁架台，圆底烧瓶，球形冷凝管，量筒。

四、实验步骤

主要原料及产物的物理常数

名称	分子量	性状	折射率	相对密度 d_4^{20}	T_m/℃	T_b/℃	溶解度/[g·(100 mL H_2O)$^{-1}$]		
							18 ℃	75 ℃	100 ℃
甲苯	92	无色透明液体	1.4967	0.8669	−95	110.6	不溶	不溶	不溶
苯甲酸	122	白色晶体		1.2659	122	249	0.27	2.2	5.9

实验装置：

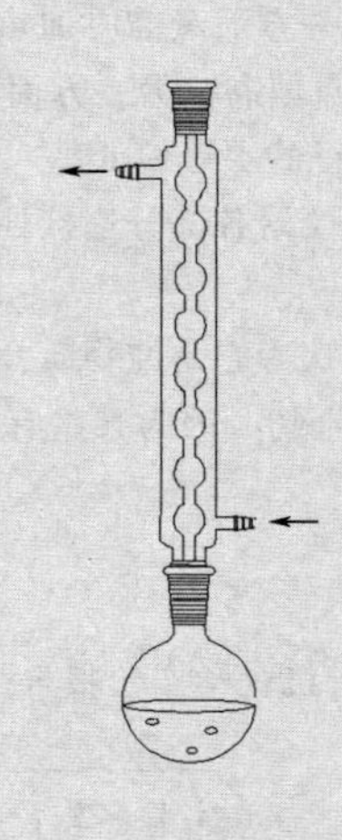

实验步骤及现象：

步　　骤	现　　象
1. 在 100 mL 圆底烧瓶中加入 1.7 mL 甲苯，5 g $KMnO_4$，0.1 g 十六烷基三甲基溴化铵及 50 mL 水，搅拌子，安装回流装置	反应瓶液体颜色变为紫红色，瓶底仍有未溶的 $KMnO_4$ 固体
加热沸腾	液体沸腾，蒸气上升，但基本不超过冷凝管的第二个球，反应激烈放热，有少量紫红色 $KMnO_4$ 冲入冷凝管中。大量棕褐色沉淀产生，$KMnO_4$ 的紫色变浅，反应基本结束。回流时间 2.5 h

续表

步　骤	现　象
2. 烧瓶稍冷后，将液体倒入烧杯中	液体呈淡紫色
3. 抽滤除 MnO_2，沉淀用少量热水冲洗	沉淀为棕褐色，滤液为淡紫色
4. 滤液用少量饱和亚硫酸氢钠溶液还原褪色	少量棕色沉淀产生
5. 抽滤	析出苯甲酸的沉淀
6. 滤液用浓盐酸酸化	得粗产品
7. 抽滤	
8. 用水重结晶，干燥，称量，测其熔点	

粗产品纯化原理：

粗产品：

$$\left.\begin{matrix}PhCOOK\\MnO_2\\KMnO_4\ \text{等}\end{matrix}\right\}\xrightarrow{\text{抽滤}}\begin{cases}\text{滤饼}\ MnO_2\\ \text{滤液}\ \left.\begin{matrix}PhCOOK\\KMnO_4\ \text{等}\end{matrix}\right\}\xrightarrow{\text{饱和}\ NaHSO_3\ \ \text{抽滤}}\begin{cases}\text{滤饼}\ MnO_2\\ \text{滤液}\ PhCOONa\ \text{等}\xrightarrow{\text{浓}\ HCl\ \ \text{抽滤}}\text{滤饼}\ PhCOOH\end{cases}\end{cases}$$

五、实验结果

产品的熔点：

产品的质量：

产率计算：

六、问题讨论（包括实验现象、结果的解释、可能改进的建议及思考题）

例如：

1. 比较加和不加相转移催化剂对反应的影响，并解释。
2. 判断反应结束的几种方法。

1.8　手册的查阅及有机化学文献简介

化学文献是有关化学方面的科学研究、生产实践等的记录和总结。查阅化学文献是科学研究的一个重要组成部分，是培养动手能力的一个重要方面，是每个化学工作者应具备的基本功之一。

查阅文献资料的目的是了解某个课题的历史概况、目前国内外的水平、发展的动态及方向。只有“知己知彼”才能使研究工作保持在一个较高的水平，并有一个明确的目标。

文献资料是人类文化科学知识的载体，是社会进步的宝贵财富。因此，每个科学工作者必须学会查阅和应用文献资料。但也应看到，由于种种原因，有的文献把最关键的部分，或叙述得不甚详尽，或避实就虚。这就要求我们在查阅和利用文献时必须采取辩证分析的方法对待。

随着计算机技术与互联网技术的发展，网上文献资源将发挥越来越重要的作用，文献资料和网络化学资源不仅可以帮助实验人员了解有机化合物的物理性质、解释实验现象、预测实验结果和选择正确的合成方法，而且还可避免重复劳动，取得事半功倍的实验效果。

1. 常用工具书

（1）姚虎卿主编.《化工辞典》. 第五版. 化学工业出版社，2014

该书是一本以化学工程技术学科为核心，全面反映化工基础理论和技术的应用与发展，以及与化工相关专业交叉的技术的综合性化工工具书。该书第五版重点增加了化学工程及其各单元过程、新兴化工领域以及物理化学基本理论和应用等方面的词条，对精细化工产品以及社会经济生活的内容进行了应用方面的补充和修订。化工过程的生产方式仅述主要内容及原理，书中附有汉语拼音检字索引、英文索引，所以查阅较方便。

（2）周公度主编.《化学辞典》. 第二版. 化学工业出版社，2011

辞典的内容除包括无机、有机、分析、物化、高分子等化学分支外，还有生物化学、材料化学、环境化学、放射化学、矿物和地球化学等。全书共收集词目近 8000 条。条目的内容可分为两类，一类是概念性的名词，包括定理、理论、概念、化学反应和方法等；另一类是物质性名词，包括典型的和常用的化学物质，书中介绍它们的结构、性能、制法和应用。

（3）段行信主编.《实用精细有机合成手册》. 第二版. 化学工业出版社，2023

该书按照有机化合物的官能团类别，介绍了每类化合物的合成方法，包括反应背景、机理、操作过程及注意事项。对有机合成实验操作中非常重要的一些操作过程，如产物的纯化、试剂的制备与处理及使用安全等，在书后以附录的形式呈现，便于合成工作者查找。

（4）*The Merk Index*（《默克索引》）

该书是美国 Merck 公司出版的一本收录化学品、药品、生物制品等物质相关信息的综合性百科全书，初版于 1889 年，至今已有超过 120 年的历史。自问世以来，《默克索引》就被公认为该领域最具权威性的参考书与最可靠的信息来源，成为相关领域科研人员必不可少的参考工具。自 2013 年以来，《默克索引》纸版及网络版由英国皇家化学会在全球范围内独家发行与销售，并维护与更新内容。其网络访问地址为：https：//merckindex. rsc. org。

（5）*CRC Handbook of Chemistry and Physics*（《CRC 化学物理手册》）

该书由美国 CRC（Chemical Rubber Company）出版，1913 年首版。目前该书已出版第 104 版（2023 年），同时还推出了网络在线查询版本（http：//www. hbcpnetbase. com），增加了基于分子结构的检索功能。从第 104 版起，该书为节省篇幅将条目中的很多具体的细节内容放在了网上数据库中，其中有机化合物部分均给出了化合物的物理性质和在 Beilstein（Reaxys）中的相关数据。

（6）*Lange's Handbook of Chemistry*（《兰氏化学手册》）

该书由 McGraw-Hill Company 于 1934 年出版第 1 版，2016 年出版第 17 版。该书为综合性化学手册，包括了综合的数据和换算表，以及化学各学科中物质的光谱学、热力学性质，第 17 版给出了 4000 多种有机化合物和 1400 多种无机化合物的特性列表，新增了一个关于天然化学物质和化学来源的章节。同时图书也拥有在线资源：www. mhprofessional. com/Langes。

（7）《Sigma-Aldrich 化学试剂目录》

该书由美国 Sigma-Aldrich（西格玛奥德里奇公司）公司出版，是一本关于化学试剂的目录，其全名为 *Aldrich Catalog Handbook of Fine Chemicals*。目录每年出版一本，免费赠阅，如今已在纸质版基础上开发了网络订购平台（https：//www. sigmaaldrich. cn/CN）。

平台中收录了1.8万余种有机化合物的性质，内容包括分子量、分子式、沸点、折射率、熔点等数据。使用者可以通过有机物的CAS编号或结构式进行快速查询。此外该公司还可提供网络版红外光谱库和核磁共振数据图谱集，包含了试剂目录中的有机化合物标准谱图。

（8）*Beilstein Handbuch der Organischen Chemie*（《贝尔斯坦有机化学大全》）

该书由德国化学家F. K. Beilstein编写，因此简称*Beilstein*，1882年首版，之后由德国化学会编辑，以德文出版，是报道有机化合物数据和资料十分权威的巨著。内容包括化合物的结构、理化性质、衍生物的性质、鉴定分析方法、提取纯化或制备方法以及原始参考文献。

*Beilstein*目前出版有七大系列（H，EI，EII，EIII，EIII/V，EIV，EV），其中H表示Haüptwerk（正编），E表示Erganzungswerk（补编）。H系列共有31卷，涉及1909年以前的文献资料，之后每10年增加一个系列的补编。从1910年的第一补编（EI）至1959年的第四补编（EIV）以德文出版，1960年起第五补编（EV）以英文出版。

*Beilstein*在1995年启用了一个名为“Cross Fire”的网络数据库系统，利用互联网可以实现超过700万种有机化合物和500万个反应的查阅。2009年，Elsevier公司在此基础上进一步将Gmelin以及Patent Chemistry Database数据库与Cross Fire数据库进行整合，推出了Reaxys数据库（http：//www. reaxys. com）。该数据库可通过在线结构编辑窗口直接由结构式快速查阅化合物信息和有机化学反应的相关文献，同时还能够帮助科研人员进行有机合成路线的辅助设计，是目前广受欢迎的有机化学综合数据库。

2. 有机化学专业学术期刊

（1）*Angewandte Chemie International Edition*（《应用化学，国际版》），缩写为*Angew. Chem. Int. Ed.*

该刊1888年创刊（德文），由德国化学会主办，从1962年起出版英文国际版，主要刊登覆盖整个化学学科研究领域的高水平研究论文和综述文章，是目前化学学科期刊中影响因子最高的期刊之一。

（2）*Journal of the American Chemical Society*（《美国化学会会志》），缩写为*J. Am. Chem. Soc.*

该刊1879年创刊，由美国化学会主办，发表化学学科领域高水平的研究论文和简报，也是世界杰出的化学和交叉科学领域期刊。该刊内容涉及无机化学、有机化学、生物化学、物理化学、高分子化学、生物和药物化学、环境化学、化学工程等领域，是目前化学期刊中最有影响的综合性化学期刊之一。

（3）*Journal of Organic Chemistry*（《有机化学杂志》），缩写为*J. Org. Chem.*

该刊由美国化学会主办，创刊于1936年，开始为月刊，1971年改为双周刊，刊登有机化学和生物有机化学方面的高水平的研究论文，主要涉及有机合成方法学，全合成，机理研究（实验或理论），天然产物分离和鉴定研究，以及与有机化学相关的交叉学科领域的工作。期刊中的论文大多是全文形式，研究内容和实验记录较为详尽。

（4）*Organic Letters*（《有机化学通讯》），缩写为*Org. Lett.*

该刊由美国化学会主办，创刊于1999年，现为双周刊。该刊主要以快报的形式刊登研究论文，相较于*J. Org. Chem.*中的论文篇幅更加短小，审稿周期也相对较短。

（5）*Organic Chemistry Frontiers*（《有机化学前沿》），缩写为*Org. Chem. Front.*

该刊由中国化学会、中国科学院上海有机化学研究所、英国皇家化学会在2014年联合创办，是我国近年来创办的一本高质量国际性有机化学期刊。它主要报道合成方法、催化、功能有机分子、有机合成等方面的高质量研究成果。

(6) *Organic & Biomolecular Chemistry*（《有机和生物分子化学》），缩写为 *Org. Bio. Chem.*

该刊是由英国皇家化学会于2003年创办的半月刊，主要报道有机合成、金属有机化学、超分子化学、化学生物学等方面的研究工作。需要指出的是，该期刊是英国皇家化学会将原有的 *Journal of the Chemical Society Perkin Transactions 1&2* 这两本期刊中关于有机化学的部分整合后创办的，而这两本期刊同样是学习有机化学知识非常重要的文献资源。

(7) *Tetrahedron*（《四面体》）

该刊由 Elsevier 出版，1957年创刊，1968年改为半月刊，是迅速发表有机化学领域的研究工作和综述的经典期刊。它主要刊载有机反应、光谱、天然产物以及有机功能材料方面的研究工作。

(8) *Tetrahedron Letters*（《四面体快报》）

该刊1959年创刊，初期不定期出版，1964年改为周刊。文章内容简洁，一般2～4页。该刊是迅速发表有机化学领域研究通讯的国际性杂志，报道有机化学的初步研究工作。

(9) *Synthesis*（《合成》）

该刊1969年创刊，德国斯图加特 Thieme 公司出版，以英文出版，主要刊载有机合成方面的评述文章、通讯和文摘。

(10)《中国科学》化学专辑

该刊由中国科学院主办，1950年创刊，最初为季刊，1974年改为双月刊，1979年改为月刊，有中、英文版。1982年起中、英文版同时分A、B两辑出版，化学在B辑出版。1996年起《中国科学》中、英文版同时分成5个专辑，目前《中国科学》(中文版) 有A～E，G辑，共6辑，*Science in China*（英文版）有A～G辑，共7辑，化学均在B辑出版。化学专辑主要报道化学基础研究及应用研究方面具有重要意义的创新性研究成果，是化学领域的综合性学术期刊，目前为SCI、EI收录刊物。

(11)《化学学报》

该刊由中国化学会主办，1933年创刊，原名 *Journal of the Chinese Chemical Society*，是我国创刊最早的化学学术期刊，1952年更名为《化学学报》，并从英文版改成中文版。该刊主要刊载化学各学科领域基础研究和应用基础研究的原始性、首创性研究论文，研究简报和研究快报，目前为SCI收录刊物。

(12)《高等学校化学学报》

该刊为教育部主办的化学学科综合性学术刊物，1964年创刊，1966年停刊，1980年复刊，月刊。以研究论文、研究快报、研究简报和综合评述等栏目集中报道我国化学及其相关交叉学科、新兴学科、边缘学科等领域中新开展的基础研究、应用研究和开发研究中取得的最新研究成果，目前为SCI收录刊物。

(13)《有机化学》

该刊由中国化学会和中国科学院上海有机化学研究所共同主办，1980年创刊，月刊。主要刊登有机化学领域基础研究和应用基础研究的原始性研究成果，设有综述与进展、研究论文、研究通讯、研究简报、学术动态、研究专题等栏目。

3. 参考书

(1) *Organic Synthesis*

该书由 John Wiley & Sons 出版，1921 年开始出版，至 2023 年已出版了 99 卷，详细描述了重要的合成方法包括有机转化、试剂和合成砌块或中间体制备的实验步骤，以及这些合成方法的实用性。在发表前，所有反应的实验步骤都要被复核，是有机合成的优秀参考书。另外，该书每十卷有合订本，卷末附有分子式、反应类型、化合物类型及主题等索引。

(2) *Organic Reactions*

该书由 John Wiley & Sons 出版，1942 年开始出版，至 2022 年已出版了 109 卷。该书主要介绍有机化学中有理论价值和实际意义的反应。每个反应都分别由在这方面有一定影响力的知名学者来撰写。书中给出了典型的实验操作细节和附表。卷末有以前各卷的作者索引和章节及题目索引。

(3) *Reagents for Organic Synthesis*

该书由 L. F. Fieser 和 M. Fieser 编写，是一本关于有机合成试剂的百科全书。第一卷 1967 年出版，此后每一至两年出版一期。书中每个试剂按英文名称的字母顺序排列，介绍了其化学结构、分子量、物理常数、制备和纯化方法、合成目标物、作者和试剂等。

(4) *Synthetic Methods of Organic Chemistry*

该书由 W. Theilheimer 和 A. F. Fincha 主编，Wiley-Interscience 出版。书中着重描述了用于构造碳-碳键和碳-杂原子键的化学反应及一般反应官能团之间的相互转化，反应可以按照系统排列的符号进行分类。书末还附有累积索引。

(5) *Reactions and Synthesis*: *In the Organic Laboratory*, 2nd ed.

该书基本上覆盖了当代有机合成化学的最新研究成果，精选了具有代表性的有机合成案例，并从反应机理、路线优化的角度进行了仔细讨论和分析。全书收录了 93 个目标分子的合成设计和全部实验步骤，每一步有机反应均附有详细操作流程和表征数据，同时作者对上述实验过程也进行了仔细验证。中译本已由华东理工大学出版社出版，是本科生在完成有机化学实验课程学习基础上，进行进一步实验训练的优秀参考书。

(6)《有机化学实验》(第 4 版)

该书由兰州大学化学系有机化学教研室编写，王清廉、李瀛、高坤、许鹏飞、曹小平修订。该书共分五部分，简要介绍了有机化学实验的一般常识，有机化合物物理性质的测定方法及结构鉴定知识；包含 9 个基本操作内容和 93 个合成实验。所开设的实验项目涉及有机化学重要的代表反应和化合物，以及新出现的合成方法和技术，此外还叙述了有机化合物和元素的定性鉴定方法。

4. 化学文摘和检索工具

Chemical Abstracts（化学文摘）简称 CA，是目前收录化学文摘最悠久、最齐全的刊物。它由美国化学会化学文摘社编辑出版，1907 年创刊，每周出版一期。收录范围涵盖了全世界 160 多个国家 60 多种文字，17000 多种期刊以及专利、技术报告、专著、会议录、学位论文等文献。

由于文摘数量庞大，CA 设计和出版了许多不同形式的索引，有关键词索引、作者索引、专利索引、主题索引、普通主题索引、化学物质索引、分子式索引、环系索引、登记号索引以及索引指南、资料来源索引等。1956 年以前每 10 年还出版一套 10 年累积索引，1957 年开始每 5 年出版一次 5 年累积索引。每种索引的使用方法可以参阅每期、每卷或每累积本的第一本前面的范例说明。

为了方便读者查询文摘，CA 在化学物质系统命名法的基础上确立了自己的化合物编号规则，并且已总结在 1987 年和 1991 年出版的索引指南中。该指南也介绍了索引规律和目前 CA 的使用步骤。例如，在 CA 中，每一个文献中提到的物质都被赋予一个唯一的登录号，这些登录号已在整个化学类文献中广泛使用，这就是常说的化合物 CAS 号。可以方便地通过查阅化合物的 CAS 号来查阅该化合物的制备和反应。也可以通过分子式索引查出某化合物在 CA 中的命名，再通过化学物质索引查到该物质所对应的条目，从而找到该物质的文摘。

CA 中每条文摘的内容包括：题目，作者姓名，作者单位和通信地址，原始文献的来源（期刊、杂志、著作、专利或会议等），文摘，文摘摘录人姓名。

随着时代的发展，CA 除纸质版外还相继推出了光盘版和网络版。现在网络版 CA 数据库和联机医学分析检索系统 Medline 被整合为新的数据库 Scifinder（http：//scifinder. cas. org/）。Scifinder 可通过结构式、反应式检索迅速查到相关文献，同时还能够通过关键词、作者名等方式进行文献的跟踪和整理。Scifinder 与前面所提到的 Reaxy 两大数据库已经成为有机化学工作者最常用的网络检索工具。

5. 网络资源

（1）美国化学会数据库（http：// pubs. acs. org）

美国化学会（American Chemical Society，ACS）成立于 1876 年，现已成为世界上最大的科技协会之一。多年以来，ACS 一直致力于为全球化学研究机构、企业及个人提供高品质的文献资讯及服务，在科学、教育、政策等领域提供了多方位的专业支持，成为享誉全球的科技出版机构。网站具有强大的搜索功能，查阅文献非常方便。ACS 出版的期刊涵盖化学、药物、环境、材料、生物、化学工程、能源、材料、农业等多个领域。其出版的有机化学相关期刊有 *Journal of the American Chemical Society*，*ACS Catalysis*，*Journal of Organic Chemistry*，*Organic Letters*，*Organic Process Research & Development* 等。

（2）英国皇家化学会期刊及数据库（http：//www. rsc. org）

英国皇家化学会（Royal Society of Chemistry，RSC）出版的期刊及数据库是化学领域的核心期刊和权威性数据库。读者可以在网站上通过关键词、作者、题目等方式迅速搜索 RSC 出版的论文。需要注意的是，由于检索工具日趋高效，原有的 Methods in Organic Synthesis（MOS）和 Natural Product Updates（NPU）已于 2022 年停用。其出版的有机化学相关期刊有 *Chemical Science*，*Chemical Communications*，*Organic Chemistry Frontiers*，*Organic & Biomolecular Chemistry* 等。

（3）John Wiley 在线图书馆（http：//onlinelibrary. wiley. com）

John Wiley 出版的电子期刊种类丰富，其学科范围涵盖生命科学与医学、数学统计学、物理、化学、地球科学、计算机科学、工程学等。该出版社出版的有机化学方面期刊质量很高，如 *Angewandte Chemie International Edition*，*Chemistry-A European Journal*，*European Journal of Organic Chemistry*，*Journal of Heterocyclic Chemistry* 等是相关学科的核心资料。

（4）Elsevier 电子期刊全文库（http：//www. science direct. com）

Elsevier 公司是世界著名的学术出版机构，成立于 1880 年，总部位于荷兰。其期刊出版范围主要涉及科研学术和医疗健康领域。其出版的有机化学相关期刊有 *Tetrahedron*，

Tetrahedron Letters，*Tetrahedron*：*Asymmetry* 等。

（5）SpringerLink 期刊数据库（https：//rd. springer. com/）

Springer-Verlag 集团是国际知名的科学、技术和医学领域学术资源出版商，旗下与有机化学相关的期刊有 *Amino Acids*，*Chemistry of Heterocylic Compounds*。

（6）美国专利商标局网站数据库（http：//www. uspto. gov）

该数据库用于检索美国授权专利和专利申请，免费提供 1790 年至今的图像格式的美国专利说明书全文。专利类型包括：发明专利、外观设计专利、再公告专利、植物专利等。该系统检索功能强大，可以免费获得美国专利全文。

（7）中国期刊全文数据库（http：//www. cnki. net）

该数据库收录 1994 年至今的中文核心与专业特色期刊全文。其分为理工 A（数理科学）、理工 B（化学化工能源与材料）、理工 C（工业技术）、农业、医药卫生、文史哲、经济政治与法律、教育与社会科学综合、电子技术与信息科学 9 大专辑，同时还可查阅学位论文、中文专利和国家标准，是国内重要的中文期刊数据库。

有机化学实验的基本操作 2

2.1 有机化合物物理常数的测定

2.1.1 微量法测物质的熔点、沸点

固体物质的熔点、液体物质的沸点是它们的重要物理常数之一。在有机化合物分离和纯化的过程中，通过测定熔点、沸点来确定它们的纯度，具有重要的意义。

1. 基本原理

通常当结晶物质加热到一定的温度时，即从固态转变为液态，此时的温度可视为该物质的熔点。然而熔点的严格定义应为，在一定压力下，纯物质的固态和液态呈平衡时的温度。纯的固体有机化合物一般都有固定的熔点，即在一定压力下，固态与液态之间的变化是非常敏锐的，自初熔至全熔（熔点范围称为熔程），温度不超过 0.5～1 ℃。若该物质含有杂质，则其熔点往往较纯物质低，且熔程也较长。这对于鉴定纯的固体有机化合物来讲具有很大价值，同时根据熔程长短又可定性地判断出该化合物的纯度。

化合物受热时其蒸气压升高，当蒸气压达到与外界大气压相等时，液体开始沸腾，此时液体的温度就是该化合物的沸点。物质的沸点与该物质所受的外界压力（大气压）有关。外界压力增大，液体沸腾时的蒸气压加大，沸点升高；相反，若减小外界的压力，则沸腾时的蒸气压也下降，沸点降低。

作为一条经验规律，在 0.1 MPa（760 mmHg）附近，当压力下降 1.33 kPa（10 mmHg）时，多数液体的沸点下降约 0.5 ℃。在较低压力时，压力每降低一半，沸点下降约 10 ℃。

2. 实验操作

(1) 微量法测熔点

1) 毛细管装样：放少许待测熔点的干燥样品（约 0.1 g）于干净的表面皿上，用玻璃棒或不锈钢刮刀将它研成粉末并集成一堆。将毛细管开口处向下伸入粉末样品中，再将毛细管开口端向上，轻轻地在桌面上敲击，以使粉末落入和填紧管底。最好取一支长 30～40 cm 的玻管，垂直于一干净的表面皿上，将毛细管从玻管上端自由落下，可更好地达到上述目的。为了使管内装入高 2～3 mm 紧密结实的样品，一般需如此重复数次。一次不宜装入太多，否则不易夯实。沾于管外的粉末需拭去，以免沾污加热浴液。要测得准确的熔点，样品一定要研得极细，装填结实，使热量的传导迅速均匀。

2) 熔点浴：熔点浴的设计最重要的是要受热均匀，便于控制和观察温度。下面介绍两种在实验室中最常用的熔点浴。

① 提勒管（Thiele），又称 b 形管，如图 2.1(a) 所示。

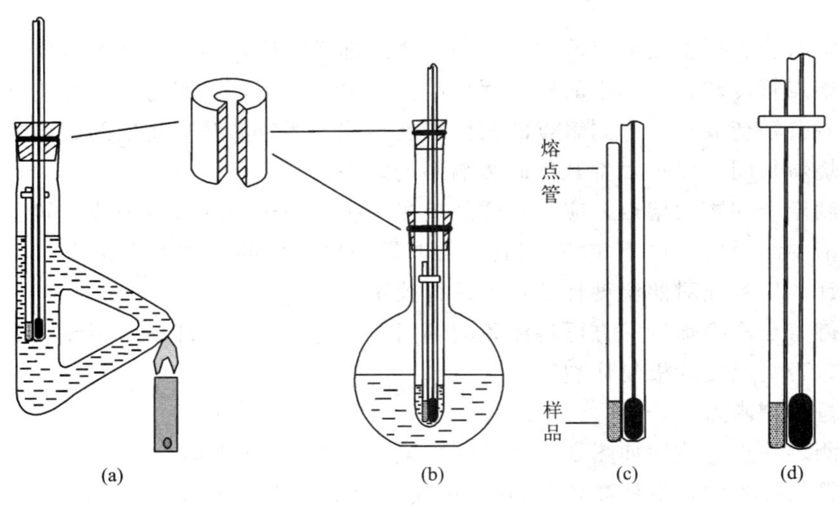

图 2.1 测熔点的装置

管口装有开口软木塞，将温度计插入其中，刻度应面向木塞开口，其水银球位于 b 形管上下两叉管口之间，装好样品的毛细管（也可称为熔点管）借少许溶液黏附于温度计下端，使装有样品的部分置于水银球侧面中部［图 2.1(c)］。b 形管中装入加热液体（浴液），高度达上叉管处即可。

在图示的部位，受热的浴液做沿管上升运动，从而促使整个 b 形管内浴液呈对流循环，使得温度较为均匀。

② 双浴式，如图 2.1(b) 所示。

将试管经开口软木塞插入 250 mL 平底（或圆底）烧瓶内，直至离瓶底约 1 cm 处，试管口也配有一个开口橡胶塞或软木塞，插入温度计，其水银球应距试管底 0.5 cm。瓶内装入约占烧瓶 2/3 体积的加热液体，试管内也放入一些加热液体，使在插入温度计后，其液面高度与瓶内相同。熔点管黏附于温度计水银球旁，与在 b 形管中相同。

当所测样品的熔点在 220 ℃以下时，可采用浓硫酸作为浴液。这是因为高温时，浓硫酸将分解释放出三氧化硫及水蒸气。长期不用的熔点浴应先渐渐加热以除去吸入的水分，但若加热过快，会有溶液冲出的危险。

除浓硫酸以外，也可采用磷酸（可用于 300 ℃以下）、液体石蜡或有机硅油等作为浴液。

3）测定操作：将提勒管垂直夹于铁架台上，按前述方法安装完毕，以浓硫酸作为加热液体，用温度计水银球蘸取少许硫酸使熔点管紧贴水银球，即可使之黏着。或剪取一小段橡皮管，将此橡皮圈套在温度计和熔点管的上部［图 2.1(d)］。将黏附有熔点管的温度计小心地伸入浴液中。使用小火在图示部位缓缓加热。开始时升温速度可以较快，到距离熔点 10～15 ℃时，调整火焰使温度每分钟上升 1～2 ℃。越接近熔点，升温速度应越慢（掌握升温速度是准确测定熔点的关键）。这一方面是为了保证有充分的时间让热量由管外传至管内，以使固体熔化；另一方面是因为观察者不能同时观察温度计所示度数和样品的变化情况。只有缓慢加热，才能使此项误差减小。记下样品开始塌落并有液相（俗称出汗）产生时（初溶）和固体完全消失时（全熔）的温度计读数，即为该化合物的熔程。要注意观察，在初熔前是否出现萎缩或软化、放出气体以及其他分解现象。例如，一物质在 120 ℃时开始萎缩，在 121 ℃时有液滴出现，在 122 ℃时全部液化，应记录如下：熔点 121～122 ℃，120 ℃时萎缩。

熔点测定时至少要重复测定两次。每一次测定都必须用新的毛细管另装样品，不能将已测过熔点的熔点管冷却，使其中的样品固化后再作第二次测定。因为有时某些物质会产生部分分解，有些会转变成具有不同熔点的其他结晶形式。测定易升华物质的熔点时，应将熔点管的开口端烧熔封闭，以免发生升华而影响测定结果。

如果要测定未知物的熔点，应先对样品粗测一次。加热速度可以稍快，知道大致的熔点范围后，待浴温冷至熔点以下 30 ℃左右，再取另一根装样的毛细管作精密的测定。熔点测好后，温度计的读数须对照温度计校正图进行校正。

一定要待熔点浴冷却后，方可将浓硫酸倒回瓶中。温度计冷却后，用废纸擦去硫酸，方可用水冲洗，否则温度计极易炸裂。

(2) 微量法测沸点

微量法测定沸点可使用如图 2.2 所示的装置。取 1～2 滴液体样品于沸点管的外管中，液柱高约 1 cm。再放入内管，然后将沸点管用小橡皮圈附于温度计旁，放入浴液中进行加热。加热时，由于气体膨胀，内管中会有小气泡缓缓逸出，当温度达到该液体的沸点时，将有一连串的小气泡快速逸出。此时可停止加热，使浴温自行下降，气泡逸出的速度渐渐减慢。在气泡不再冒出而液体刚进入内管的瞬间（即最后一个气泡刚欲缩回至内管中时），表示毛细管内的蒸气压与外界压力相等，此时的温度即为该液体的沸点。为了获得更准确的沸点数据：待温度降低几摄氏度后再非常缓慢地加热，记下刚出现大量气泡时的温度。两次温度计读数相差应该不超过 1 ℃。

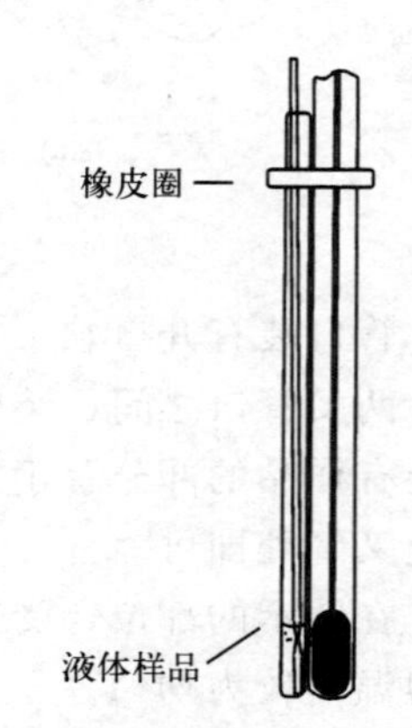

图 2.2　微量法测定液体沸点

实验 1　二苯胺、苯甲酸熔点测定，乙醇沸点测定

实验目的：

理解有机化合物熔点、沸点测定的意义；掌握微量法测定熔点、沸点的方法和操作要领；练习用微量法进行二苯胺、苯甲酸熔点测定，乙醇沸点测定。

仪器与药品：

毛细管、沸点测定外管、温度计、提勒管（装液体石蜡或浓硫酸）、酒精灯；二苯胺、苯甲酸、乙醇

实验操作：

1. 熔点测定：取 10 cm 长毛细管，在酒精灯外焰上将一端口封住（注意不要留孔隙）。另取二苯胺或苯甲酸样品于干燥洁净的表面皿中，研细。按上述微量法测熔点的操作流程，在毛细管中装入样品粉末，每个样品应装 2～3 支毛细管备用。随后采用图 2.1(a)、(c) 所示的装置，将装好样品的毛细管（或熔点管）插入提勒管浴液中进行熔点测定。二苯胺熔点：54～55 ℃；苯甲酸熔点：122 ℃。

2. 沸点测定：将少量乙醇滴入沸点测定外管中（液面高度约 10 mm），按上述微量法测沸点的操作流程，将少量乙醇滴入沸点测定外管中（约 10 mm），装入上口封住的毛细管作

内管，随后采用图 2.2 所示的装置进行沸点的测定。

思考题：

1. 固体有机化合物熔点测定，液体有机化合物沸点测定有什么意义？
2. 熔点、沸点测定的操作要点是什么？
3. 为什么测定熔点时，平行测样每次必须用新装样品的熔点管，而不能将冷凝固化了的熔点管重新加热熔化测定？

附 1　仪器法测熔点

熔点仪（图 2.3）主要由电加热系统、温度计和显微镜组成。

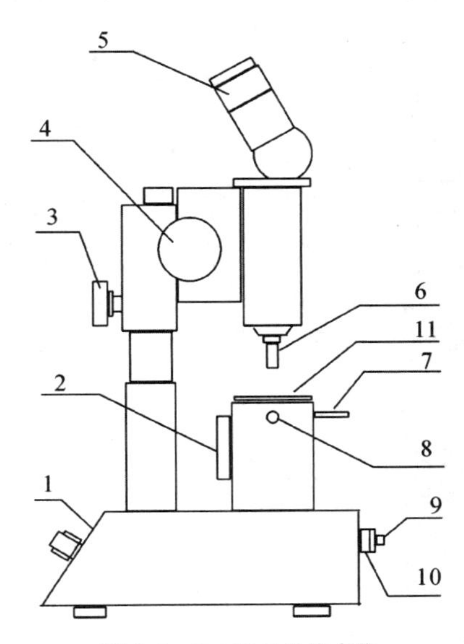

图 2.3　X-4 型显微熔点仪

1—控制面板；2—冷却风扇；3—显微镜锁紧旋钮；4—显微镜调焦旋钮；5—目镜；6—物镜；7—毛细管插入孔；8—温度计探头插入孔；9—保险丝座；10—电源插座；11—盖板

测定熔点时，样品放在两块载玻片之间，置于加热板中，调节显微镜高度，观察被测物质的晶形。先拧开加热旋钮，使温度快速升高，当温度低于熔点 10～15 ℃时，换开微调旋钮，减慢升温速度，使温度每分钟上升 1～2 ℃（其他事项与微量法测定相同），记录初熔时和完全熔化时的温度。

当要重复测定时，可开启熔点仪上的冷却风扇，使温度快速降下来，再重新装样加热测定。

附 2　温度计校正

采用以上方法测定熔点时，温度计上的熔点读数与真实熔点之间常有一定的偏差，这可能是由温度计的质量造成的。例如，一般温度计中的毛细孔径不一定是很均匀的，有时刻度也不很精确。其次，温度计有全浸式和半浸式两种。全浸式温度计的刻度是在温度计的汞线全部均匀受热的情况下刻出来的，而在测熔点时仅有部分汞线受热，因而露出的汞线温度当然较全部受热时低。另外经长期使用的温度计，玻璃也可能发生体积变形而使刻度不准。因此，若要精确测定物质的熔点，就必须校正温度计。为了校正温度计，可选用一只标准温度计与之比较。通常也可采用纯有机化合物的熔点作为校正的标准。通过此法校正的温度计，上述误差可一并除去。校正时只要选择数种已知熔点的纯化合物作为标准，测定它们的熔点，以观察到的熔点作纵坐标，测得熔点与实际熔点的差数作横坐标，绘制曲线。在任一温度时的校正值可直接从曲线中读出。

用熔点方法校正温度计的标准样品如下，校正时可以具体选择其中的几种。

水-冰	0 ℃
α-萘胺	50 ℃
二苯胺	54～55 ℃
对二氯苯	53.1 ℃
苯甲酸苄酯	71 ℃
萘	80.55 ℃
间二硝基苯	90.02 ℃
二苯乙二酮	95～96 ℃
乙酰苯胺	114.3 ℃
苯甲酸	122.4 ℃
尿素	132.7 ℃
二苯基羟基乙酸	151 ℃
水杨酸	159 ℃
对苯二酚	173～174 ℃
3,5-二硝基苯甲酸	205 ℃
蒽	216.2～216.4 ℃
酚酞	262～263 ℃
蒽醌	286 ℃（升华）

2.1.2 折射率的测定

折射率是有机化合物重要的物理常数之一，可用折射仪精确而方便地测定出来。作为液体物质纯度的标准，它比沸点更可靠。测定折射率可鉴定未知化合物。如果一个化合物是纯的，可以根据所测得的折射率加以确定，也可以根据所测得的折射率识别未知物或确定液体混合物的组成。

1. 基本原理

我们知道，光在两种不同介质中的传播速度是不相同的。当光线从一种介质进入另一种介质时，如果它的传播方向与两种介质的界面不垂直，则在界面处的传播方向会发生改变，这种现象称为光的折射。根据折射定律，波长一定的单色光线，在确定的外界条件（如温度、压力等）下，从一种介质 A 进入另一种介质 B 时，入射角 α 和折射角 β（图 2.4）的正弦之比和这两种介质的折射率 N（介质 A 的）与 n（介质 B 的）之比成反比，即

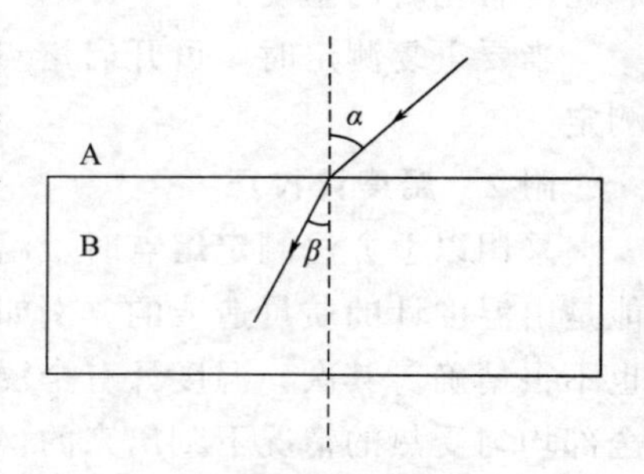

图 2.4　光通过界面时的折射

$$\frac{\sin\alpha}{\sin\beta}=\frac{n}{N}$$

若介质 A 是真空，则定义其 $N=1$，于是

$$n=\frac{\sin\alpha}{\sin\beta}$$

所以一种介质的折射率是光线从真空进入这种介质时的入射角和折射角的正弦之比。这种折射率称为该介质的绝对折射率，通常测定的折射率都是以空气作为比较的标准。

物质的折射率不但与它的结构和光线波长有关，而且受温度、压力等因素的影响。所以折射率的表示须注明所用的光线和测定时的温度，常用 n_D^t 表示。D 是以钠灯的 D 线(589.3 nm）作光源，t 是与折射率相对应的温度。例如 n_D^{20} 表示 20 ℃时，该介质对钠灯 D 线的折射率。由于通常大气压的变化对折射率的影响不显著，所以只在很精密的工作中才考虑压力的影响。

一般，当温度升高 1 ℃时，液体有机化合物的折射率会减少 $3.5\times10^{-4}\sim5.5\times10^{-4}$，某一温度下测定的折射率，可换算成另一温度下的折射率。为了便于计算，一般采用 4×10^{-4} 为温度每变化 1 ℃的校正值。这个粗略计算所得的数值可能略有误差，但却有参考价值。通常文献中列出的某物质的折射率是温度在 20 ℃的数值。当实际测定时的温度高于(或低于）20 ℃时，所测折射率值应减去（或加上）$\Delta t\times4\times10^{-4}$。

2. 阿贝折射仪

(1) 阿贝折射仪的工作原理

测定折射率的原理见图 2.4。当光由介质 A 进入介质 B 时，如果介质 A 对于介质 B 是光疏物质，即 $n_A<n_B$ 时，则折射角 β 必小于入射角 α，当入射角 α 为 90°时，$\sin\alpha=1$，这时折射角达到最大值，称为临界角，用 β_0 表示。很明显，在一定波长与一定条件下，β_0 也是一个常数，它与折射率的关系是

$$n=1/\sin\beta_0$$

由此可见，通过测定临界角 β_0 就可以得到折射率，这就是通常所用阿贝（Abbe）折射仪的基本光学原理。

为了测定 β_0 值，阿贝折射仪采用了“半明半暗”的方法，就是让单色光由 0～90°的所有角度从介质 A 进入介质 B，这时介质 B 中临界角以内的整个区域均有光线通过，因而是明亮的；而临界角以外的全部区域没有光线通过，因而是暗的，明暗两区域的界线十分清楚。如果在介质 B 的上方用一目镜观测，就可以看见一个界线十分清晰的半明半暗的像。

介质不同，临界角也就不同，目镜中明暗两区的界线位置也不一样。如果在目镜中刻上一“十”字交叉线，改变介质 B 与目镜的相对位置，使每次明暗两区的界线总是与“十”字交叉线的交点重合，通过测定其相对位置（角度)，并经换算，便可得到折射率。而阿贝折射仪的标尺上所刻的度数即是换算后的折射率，可直接得出。同时阿贝折射仪有消色散装置，可直接使用日光，其测得的数字与用钠光线测得的一样。这些都是阿贝折射仪的优点。

(2) 阿贝折射仪的结构

阿贝折射仪的结构见图 2.5。

底座 14 为仪器的支承座，壳体 17 固定在其上。除棱镜和目镜以外，全部光学组件及主

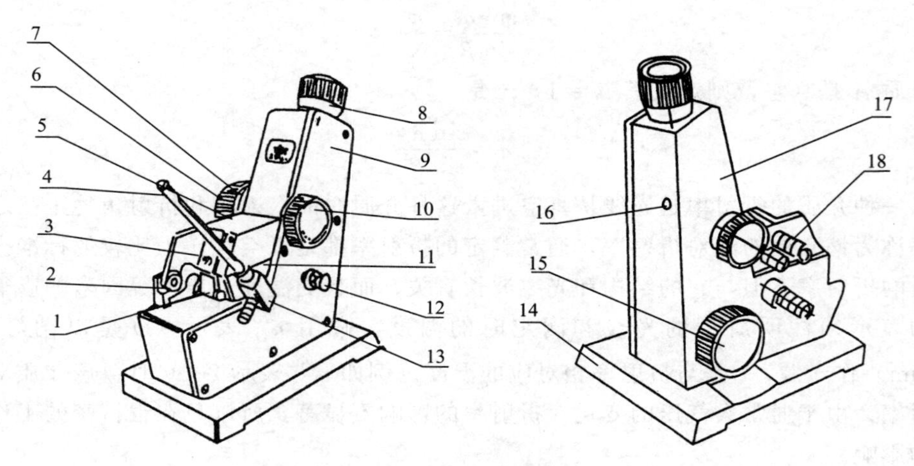

图 2.5 2WA-J 阿贝折射仪结构图

1—反射镜；2—转轴折光棱镜；3—遮光板；4—温度计；5—进光棱镜；6—色散调节手轮；
7—色散值刻度圈；8—目镜；9—盖板；10—棱镜锁紧手轮；11—折射棱镜座；12—照明刻度盘聚光镜；
13—温度计座；14—底座；15—折射率刻度调节手轮；16—调节物镜螺丝孔；17—壳体；18—恒温器接头

要结构封闭于壳体内部。棱镜组固定于壳体上，由进光棱镜、折射棱镜以及棱镜座等结构组成，两个棱镜分别用特种黏合剂固定在棱镜座内。5 为进光棱镜，11 为折射棱镜座，两棱镜座由转轴 2 连接。进光棱镜能打开和关闭，当两棱镜座密合并用手轮 10 锁紧时，二棱镜面之间保持一均匀的间隙，被测液体应充满此间隙。3 为遮光板，18 为四个恒温器接头，4 为温度计，13 为温度计座，可用乳胶管与恒温器连接使用。

（3）阿贝折射仪的使用与操作方法

1）准备工作：

① 在开始测定前，必须校对读数。在折射棱镜的抛光面上滴加 1～2 滴溴化萘，再将校准玻璃块的抛光面贴合在折射棱镜抛光面上。调节折射率刻度调节手轮，使折射率读数恰为标准玻璃块已知的折射率值。观察望远镜内明暗分界线是否在十字线中间，若有偏差则用螺丝刀微量旋转图上小孔 16 内的螺钉，带动物镜偏摆，使分界线位移至十字线中心。通过反复地观察与校正，使示值的起始误差降至最小（包括操作者的瞄准误差）。校正完毕后，在以后的测定过程中不允许随意再动此部位。

② 每次测定工作之前及进行示值校准时必须将进光棱镜的毛面、折射棱镜的抛光面及标准试样的抛光面，用无水乙醇与乙醚（1∶4）的混合液和脱脂棉轻擦干净，以免留有其他物质，影响成像清晰度和测量精度。

2）测定工作：

将被测液体用干净滴管加在折射棱镜表面，并将进光棱镜盖上，用手轮 10 锁紧，要求液层均匀，充满视场，无气泡。打开遮光板 3，合上反射镜 1，调节目镜视度，使十字线成像清晰，此时旋转手轮 15 并在目镜视场中找到明暗分界线的位置，再旋转手轮 6 使分界线不带任何彩色，微调手轮 15，使分界线位于十字线的中心，再适当转动聚光镜 12，此时目镜视场下方显示的示值即为被测液体的折射率。

若需测量在不同温度时的折射率，将温度计旋入温度计座 13，接上恒温器的通水管，把恒温器的温度调节到所需测量温度，接循环水，待温度稳定十分钟后即可测量。

3）仪器的维护与保养：

① 仪器应放置于干燥、空气流通的室内，避免光学零件受潮后生霉。

② 当测试腐蚀性液体时应及时做好清洗工作，防止侵蚀损坏，仪器使用完毕后必须做好清洁工作，放入木箱内，木箱内应存有干燥剂以吸收潮气。

③ 保持仪器清洁，严禁油手或汗手触及光学零件，若光学零件表面有灰尘可用高级鹿皮或长纤维的脱脂棉轻擦后用洗耳球吹去。若光学零件表面沾上了油垢，应及时用无水乙醇与乙醚的混合液擦干净。

④ 仪器应避免强烈振动或撞击，以防止光学零件损伤及影响精度。

实验2 乙醇、乙酸乙酯折射率测定

实验目的：

理解液体有机化合物折射率测定的意义；了解阿贝折射仪测定折射率的原理；掌握阿贝折射仪测定折射率的方法和操作要领；练习用阿贝折射仪进行乙醇、乙酸乙酯折射率测定。

仪器与药品：

阿贝折射仪、镜头纸；乙醚、乙醇、乙酸乙酯

实验操作：

用乙醚清洗阿贝折射仪折射棱镜表面，并用镜头纸擦拭干净。在折射棱镜表面滴加乙醇或乙酸乙酯，测定其折射率，并进行温度校正，与文献值比较。

思考题：

1. 阿贝折射仪测定折射率的原理是什么？
2. 测定液体有机化合物的折射率有什么意义？
3. 怎样对所测定的某液体有机化合物的折射率进行温度校正？

2.1.3 旋光度测定

旋光度是指光学活性物质使偏振光的振动平面旋转的角度。旋光度的测定，则是利用手性分子的不对称性，使平面偏振光振动面发生改变，即顺时针旋转（右旋）或逆时针旋转（左旋）一定的角度，而通过旋光仪可以测定偏振光旋转的角度。旋光度的测定对于研究具有光学活性分子的构型及确定某些反应机理具有重要的作用。在给定的实验条件下，将测得的旋光度通过换算，即可得该光学活性物质的特征物理常数比旋光度，后者对鉴定旋光性化合物是不可缺少的，并且可计算出旋光性化合物的光学纯度。

1. 基本原理

定量测定溶液或液体旋光程度的仪器称为旋光仪，其工作原理见图 2.6。常用的旋光仪主要由光源、起偏镜、样品管和检偏镜几部分组成。光源为炽热的钠光灯。起偏镜由两块光学透明的方解石黏合而成，也称尼科尔棱镜，其作用是使自然光通过后产生所需要的平面偏振光。尼科尔棱镜的作用就像一个栅栏。普通光是在所有平面振动的电磁波，通过棱镜时只有和棱镜晶轴平行的平面振动的光才能通过。这种只在一个平面振动的光称为平面偏振光，

简称偏光。样品管装有待测的旋光性液体或溶液，其长度有 1 dm 和 2 dm 等几种，对旋光度较小或溶液较稀的样品，最好采用 2 dm 长的样品管。当偏光通过盛有旋光性物质的样品管后，因物质的旋光性，偏光不能通过第二个棱镜（检偏镜），必须将检偏镜扭转一定角度后才能通过，装在检偏镜上的标尺盘转动的角度可指示出检偏镜转动角度，即为该物质在此浓度的旋光度。使偏振光平面向右旋转（顺时针方向）的旋光性物质称为右旋体，向左旋转（逆时针方向）的称为左旋体。

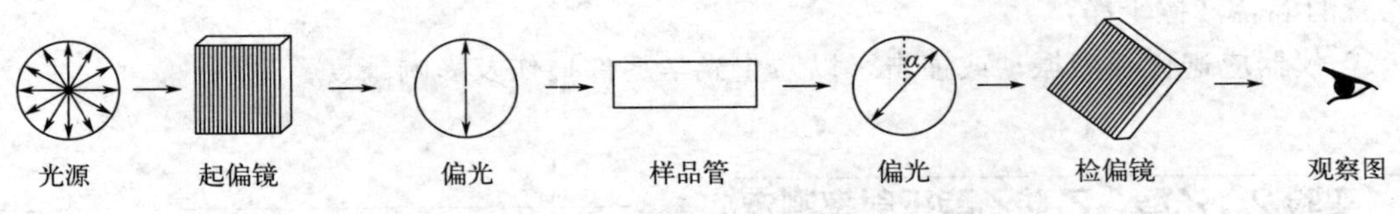

图 2.6　旋光仪工作原理

物质的旋光度与测定时所用液体的浓度、样品管长度、温度、所用光源的波长及溶剂的性质等因素有关。因此，常用比旋光度 $[\alpha]$ 来表示物质的旋光性。当光源、温度和溶剂固定时，$[\alpha]$ 等于单位长度、单位浓度物质的旋光度（α）。像沸点、熔点一样，比旋光度是一个只与分子结构有关的表征旋光性物质的特征常数。溶液的比旋光度与旋光度的关系为

$$[\alpha]_\lambda^t=\frac{\alpha}{c\cdot L}$$

式中，$[\alpha]_\lambda^t$ 表示旋光性物质在温度为 t（℃）、光源波长为 λ 时的比旋光度；α 为标尺盘转动角度的读数，即旋光度；L 为样品管的长度，单位以分米（dm）表示；c 为溶液浓度，以 1 mL 溶液所含溶质的质量表示。

如测定的旋光性物质为纯液体，比旋光度可由下式求出：

$$[\alpha]_\lambda^t=\frac{\alpha}{d\cdot L}$$

式中，d 为纯液体的密度（g/cm^3）。

表示比旋光度时通常还需标明测定时所用的溶剂。

2. 实验操作

① 开启旋光仪电源，接通电源 5 min 后钠光灯发光正常，即可开始测定。

② 校正仪器零点：在样品管未放进样品时，先用充满蒸馏水或待测样品的溶剂，观察零度视场是否一致，如不一致说明零点有误差，应在测量读数中减去或加上这一偏差值。

③ 测试：根据需要选择长度适宜的样品管，充满待测液，旋好螺丝盖帽使之不漏液，螺帽不宜过紧，过紧使玻盖产生应力，影响读数。将样品管拭净，放入旋光仪内。旋转粗调和微调旋钮，所得读数与零点之间的差值为试样的旋光度。一般应重复测定几次，取其平均值为测定结果。

测定时要准确称量 0.1～0.5 g 样品，选择适当溶剂在容量瓶中配制液体；如因样品导致溶液不清亮时需用定性滤纸加以过滤。

④ 计算光学纯度：光学纯度的定义是旋光性产物的比旋光度除以光学纯试样在相同条件下的比旋光度。测得旋光度并换算为比旋光度后，按下式求出样品的光学纯度（op）。

$$op=\frac{[\alpha]_D^t\ 观测值}{[\alpha]_D^t\ 理论值}\times100\%$$

实验3　D-葡萄糖、乳酸（发酵）的比旋光度测定

实验目的：

理解手性有机化合物比旋光度测定的意义，了解旋光仪测定比旋光度的原理，掌握旋光仪测定比旋光度的方法和操作要领，练习用旋光仪进行D-葡萄糖、乳酸（发酵）的比旋光度测定。

仪器与药品：

旋光仪、容量瓶、滤纸；D-葡萄糖、乳酸（发酵）

实验操作：

分别在样品管中装入D-葡萄糖溶液、乳酸（发酵）溶液，测定其旋光度，换算出比旋光度，并与文献值比较。

思考题：

1. 平面偏振光是怎样产生的？
2. 测定手性有机化合物的比旋光度有什么意义？
3. 怎样将测定的某手性分子的旋光度换算成比旋光度？

2.2　液体有机化合物的分离和提纯

2.2.1　蒸馏

蒸馏是提纯液体物质和分离液体混合物的一种常用方法。通过蒸馏还可以测出化合物的沸点，所以它对鉴定纯的液体有机化合物也具有一定的意义。

1. 基本原理

液体中的分子由于分子运动而有从表面逸出的倾向，这种倾向随着温度的升高而增大。当液体的蒸气压增大到与外界施于液面的总压力（通常是大气压力）相等时，就有大量气泡从液体内部逸出，即液体沸腾，这时的温度称为液体的沸点。显然沸点与所受外界压力的大小有关。通常所说的沸点是在0.1 MPa压力下液体的沸腾温度。当液体加热至沸腾，变为蒸气，然后使蒸气冷却再凝结为液体，这两个过程的联合操作称为蒸馏。蒸馏可将易挥发和不易挥发的物质分离开来，也可将沸点不同的液体混合物分离开来，但液体混合物各组分的沸点必须相差很大（至少30 ℃以上）才能达到较好的分离效果。需要注意，有些不同的液体化合物可以形成比例、沸点固定的共沸物，而共沸物是无法通过蒸馏实现分离的。

在蒸馏过程中，当温度达到液体沸点时，假如在液体中有许多小空气泡或其他的气化中心时，液体就可平稳地沸腾。如果液体中几乎不存在空气，瓶壁又非常洁净和光滑，形成气泡就非常困难。这样加热时，液体的温度可能上升到超过沸点很多而不沸腾，这种现象称为“过热”，此时一旦有一个气泡形成，由于液体在此温度时的蒸气压已远远超过大气压和液柱

压力之和，因此上升的气泡增大得非常快，甚至将液体冲溢出瓶外，这种不正常沸腾称为“暴沸”。因而在加热前应加入助沸物以期引入气化中心，保证沸腾平稳。助沸物一般是表面疏松多孔，吸附有空气的物体，如素瓷片、沸石或玻璃沸石等。在实验操作中，切忌将助沸物加至已受热接近沸腾的液体中，否则常因突然放出大量蒸气而将液体从蒸馏瓶口喷出造成危险。如果加热前忘记加入助沸物，补加时必须先移去热源，待加热液体冷至沸点以下后方可加入。

2. 实验装置和仪器

（1）装置

图 2.7 为几种常用蒸馏装置，可用于不同要求的场合。图 2.7(a) 是最常用的蒸馏装置。由于这种装置出口处可能逸出馏液蒸气，若蒸馏易挥发的低沸点液体，需将接液的支管连上胶皮管，通向水槽或室外。支管口接上干燥管，可作为防潮的蒸馏装置。图 2.7(b) 是应用空气冷凝管的蒸馏装置，常用于蒸馏沸点在 140 ℃以上的液体。若使用直形冷凝管，由于液体蒸气温度较高而会使冷凝管炸裂。图 2.7(c) 为蒸除较多溶剂的装置，由于液体可自滴液漏斗中不断地加入，同时可调节滴入和蒸出的速度，因此可避免使用较大的蒸馏瓶。

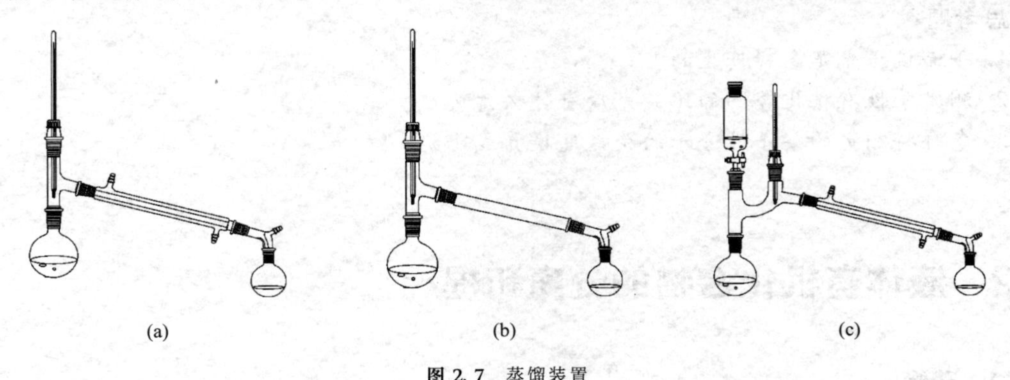

图 2.7 蒸馏装置

（2）仪器

主要仪器有：蒸馏瓶；温度计；蒸馏头；直形冷凝管（当蒸馏液体沸点在 140 ℃以下时，管中通以冷水冷凝；蒸馏液体沸点在 140 ℃以上者，直接由管外的空气冷却）；真空接液管和接收瓶（蒸馏低沸点易燃易吸潮液体时，在接液管支管处连一干燥管，再从后者出口处通过胶管入水槽或排出室外，并将接收瓶放在冰水中冷却）。

（3）仪器安装

仪器安装顺序一般都是自下而上，从左到右。要准确端正，横平竖直。无论从正面或侧面观察，全套仪器装置的轴线都要在同一平面内。铁架台应整齐地置于仪器的背面。也可以将安装仪器概括为四个字，即稳、妥、端、正。

安装仪器之前，首先要根据蒸馏物的量选择大小合适的蒸馏瓶。蒸馏物的体积，一般不要超过蒸馏瓶容积的 2/3，也不要少于 1/3。仪器的安装顺序一般是先从热源开始，如酒精灯或电加热器，根据热源的高低依次安装铁圈（或三脚架）、石棉网（或水浴、油浴），然后安装蒸馏瓶。注意瓶底应距石棉网 1～2 mm，不要触及石棉网；用水浴或油浴时，瓶底应距水浴（或油浴）锅底 1～2 cm。蒸馏瓶用铁夹垂直夹好，插上蒸馏头和温度计。安装冷凝管时应先调整它的位置，使其与已装好的蒸馏瓶高度相适应并与蒸馏头的侧管同轴，然后旋开固定冷凝管的铁夹，使冷凝管沿此轴移动与蒸馏瓶连接。铁夹不应夹得太紧或太松，以夹住后稍用力尚能转动为宜。铁夹内通常垫以橡胶等软性物质，以免夹破仪器。在冷凝管尾部通过真空接液管连接接收瓶（用锥形瓶或圆底烧瓶）。接收馏液的接收瓶应事先干燥、称量并做记录。

安装中，温度计水银球的上限应和蒸馏头侧管的下限在同一水平线上。冷水应从冷凝管的下口流入，上口流出，以保证冷凝管的套管中始终充满水。用不带支管的接液管时，接液管与接收瓶之间不可用塞子连接，以免造成封闭体系，使体系压力过大而发生爆炸。此外，蒸馏时所用仪器必须清洁干燥，规格合适。

3. 蒸馏操作

加料：将待蒸馏液通过玻璃漏斗小心倒入蒸馏瓶中。要注意不使液体从支管流出。加入几粒助沸物，塞好带温度计的塞子。再依次检查仪器的各部位连接是否紧密和妥善。

加热：用水冷凝时，先由冷凝管下口缓缓通入冷水，自上口流出引至水槽中，然后开始加热。加热时可以看见蒸馏瓶中液体逐渐沸腾，蒸气逐渐上升，温度计的读数也略有上升。当蒸气的顶端达到温度计水银球部位时，温度计读数急剧上升。这时应适当调小火焰，减慢加热速度，让水银球上液滴和蒸气温度达到平衡。然后再稍稍加大火焰，进行蒸馏。控制加热温度，调节蒸馏速度，通常以每秒 1～2 滴为宜。在整个蒸馏过程中，应使温度计水银球上常有被冷却的液滴。此时的温度即为液体与蒸气平衡时的温度。温度计的读数就是液体（馏出液）的沸点。

观察沸点及收集馏液：进行蒸馏时，至少要准备两个接收瓶。因为在达到预期物质的沸点之前，有沸点较低的液体先蒸出。这部分馏液称为“前馏分”或“馏头”。前馏分蒸完，温度趋于稳定后，蒸出的就是较纯的物质，这时应更换一个洁净干燥的接收瓶接收，记下这部分液体开始馏出时和最后一滴时温度计的读数，即该馏分的沸程（沸点的范围）。

蒸馏完毕，先应停止加热，然后停止通水，拆下仪器。拆除仪器的顺序和安装仪器的顺序相反，先取下接收瓶，然后依次拆下接液管、冷凝管、蒸馏头和蒸馏瓶等。

实验4 工业酒精的蒸馏

实验目的：

理解蒸馏的原理并应用蒸馏方法进行液体有机化合物的分离纯化；练习蒸馏的基本操作，仪器的安装；进行工业乙醇蒸馏。

仪器与药品：

磁力加热搅拌器、圆底烧瓶（100 mL）、蒸馏头、温度计（100 ℃）、直形冷凝管、真空接液管、接收瓶（磨口烧瓶或锥形瓶）、量筒；工业乙醇（95%）

实验操作：

按图 2.8 安装好仪器，用量筒量取 30 mL 工业乙醇，通过玻璃漏斗转入蒸馏瓶中，加几粒沸石，插上温度计，通冷水后，加热。当液体沸腾后，蒸气到达温度计水银球时，温度计读数急剧上升。这时应适当调小加热功率，减慢加热速度，让水银球上液滴和蒸气温度达到平衡。然后再稍稍加大加热功率，进行蒸馏。控制加热温度，调节蒸馏速度，通常以每秒 1～2 滴为宜，直至蒸馏瓶中只剩少量液体为止。停止加热。记下开始馏出时和最后一滴时温度计的读数，即该馏分的沸程。将馏出的乙醇转入量筒，测量体积，由此计算回收率。

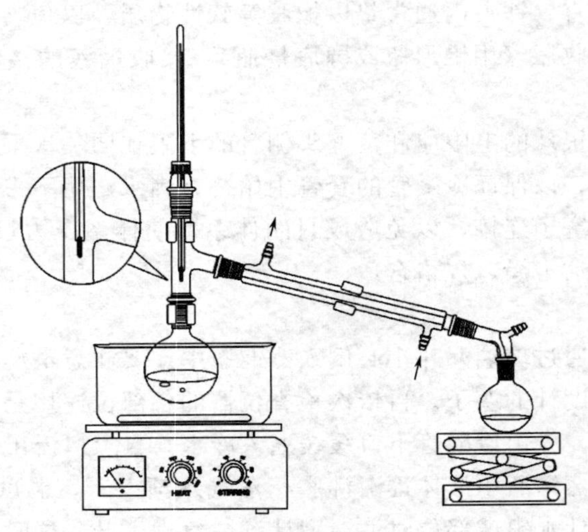

图 2.8 常用蒸馏装置

实验5 一溴环己烷与环己烷的分离

实验目的：

理解蒸馏的原理并应用蒸馏方法进行液体有机化合物的分离；练习蒸馏的基本操作，仪器的安装；进行沸点差异在 30 ℃以上的两种液体有机化合物的分离。

仪器与药品：

仪器同实验 4；一溴环己烷、环己烷

实验操作：

按图 2.8 安装好仪器，用量筒分别量取一溴环己烷、环己烷各 10 mL，通过玻璃漏斗转入蒸馏瓶中，加几粒沸石，插上温度计（200 ℃），通冷水后，加热，收集 68～69 ℃时的馏分。当蒸完第一个馏分时，可观察到温度计读数突然下降，换上另一个接收瓶，继续加热收集 164～165 ℃时的馏分至第二个馏分馏出（当温度上升到 140 ℃时，可关闭冷水）。分别计算两个馏分的回收率。

思考题：

1. 什么是沸程？液体的沸点和大气压有什么关系？
2. 蒸馏时加入沸石的作用是什么？当重新进行蒸馏时，用过的沸石能否继续使用？
3. 蒸馏时应怎样选择仪器的规格？安装仪器的要点是什么？
4. 为什么蒸馏时最好控制馏出液的速度为每秒 1～2 滴？
5. 具备什么条件的液体混合物可用直接蒸馏方式进行分离？

2.2.2 水蒸气蒸馏

水蒸气蒸馏是分离和纯化有机化合物的常用方法之一，尤其是在反应物中有大量树脂杂质的情况下，效果较一般蒸馏或重结晶更好。使用这种方法时，被提纯物质应该具备下列条件：不溶（或几乎不溶）于水，在沸腾下长时间与水共存而不发生化学变化；在100 ℃左右时必须具有一定的蒸气压（一般不小于1.33 kPa）。

1. 基本原理

当与水不相混溶的物质与水一起存在时，根据道尔顿分压定律，整个体系的蒸气压应为各组分蒸气压之和，即

$$p=p_A+p_B$$

式中，p 为总的蒸气压；p_A 为水的蒸气压；p_B 为与水不相溶物质的蒸气压。当混合物中各组分蒸气压总和等于外界大气压时，液体沸腾，这时的温度即为它们的沸点，此沸点必定较任一组分的沸点都低。因此，在常压下应用水蒸气蒸馏，就能在低于100 ℃的情况下将高沸点组分与水一起蒸出来。此法特别适合分离在其沸点附近易分解的物质；也适合从不挥发物质或不需要的树脂状物质中分离出所需要的组分。

2. 实验装置和仪器

图2.9是常用的水蒸气蒸馏的装置。

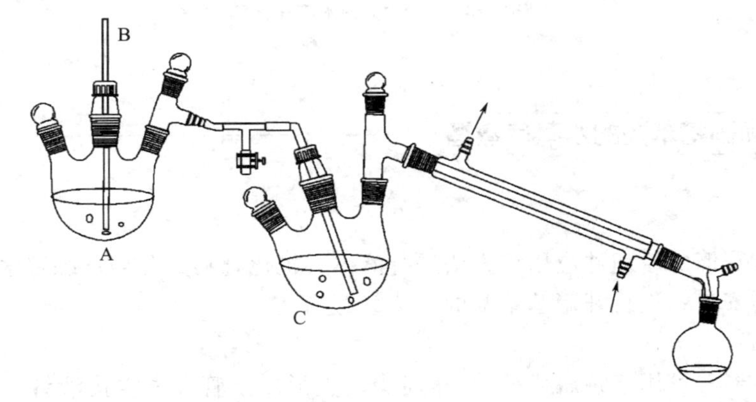

图 2.9 水蒸气蒸馏的装置

在图2.9中，A是水蒸气发生器，通常盛水量为其容积的3/4为宜。安全管B几乎伸到A的底部，当容器内气压太大时，水可沿玻管上升，以调节内压。C为蒸馏瓶，常用500 mL以上的长颈圆底烧瓶，也可用三颈瓶作蒸馏瓶。安装时将烧瓶向A的方向倾斜45°。C内液体体积不宜超过其容积的1/3。A与C之间应装上一个T形管，下口套上胶管，用弹簧夹夹住，以及时除去冷凝水。安装时，应尽量缩短A和C之间的距离。

3. 实验操作

进行水蒸气蒸馏时，先将溶液（混合液或混有少量水的固体）置于C中，加热水蒸气发生器，直至接近沸腾时才将弹簧夹夹紧，使水蒸气均匀地进入C。为了使蒸气不致在C中冷凝而积聚过多，必要时可在C下置一石棉网，用小火加热。必须控制加热速度，使蒸气能全部在冷凝管中冷凝下来。如果随水蒸气挥发的物质具有较高的熔点，在冷凝后易于析出固体，则应调小冷水的流通量，甚至需要将冷水暂时放去，以使物质熔融后随水流入接收瓶中。

在蒸馏需要中断或蒸馏完毕后，一定要先打开弹簧夹，接通大气，然后方可停止加热，否则C中的液体将会倒吸到A中。在蒸馏过程中如发现安全管B中的水位迅速上升，则表

示系统中发生了堵塞。此时应立即打开弹簧夹，然后移去热源。待排除了堵塞后再继续进行水蒸气蒸馏。

少量物质的水蒸气蒸馏，可以直接向进行反应的圆底烧瓶中加入少量的水，按照如图 2.10 所示的装置进行水蒸气蒸馏。

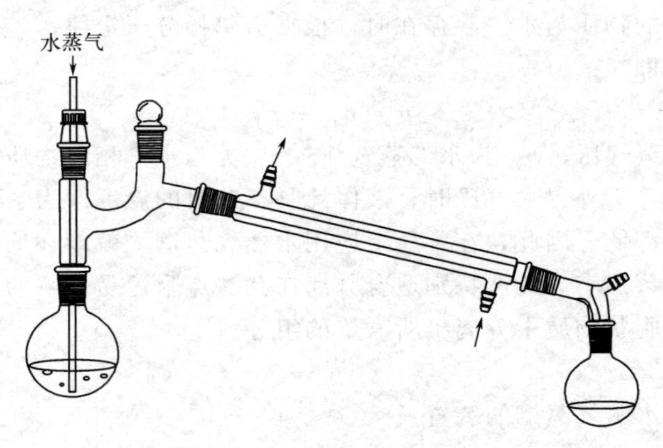

图 2.10 少量物质的水蒸气蒸馏

实验6 邻硝基苯酚的水蒸气蒸馏

实验目的：

理解水蒸气蒸馏的原理并应用该方法进行液体有机化合物的分离；练习水蒸气蒸馏的基本操作，仪器的安装；进行邻硝基苯酚的水蒸气蒸馏。

仪器与药品：

水蒸气发生器（可用三颈瓶代替）、蒸馏头、直形冷凝管、真空接液管、接收瓶（磨口烧瓶或锥形瓶）、T 形管、螺旋夹、分液漏斗、烧杯等；邻硝基苯酚、对硝基苯酚

实验操作：

分别取 5 g 邻硝基苯酚和 5 g 对硝基苯酚于蒸馏瓶中，按图 2.9 安装好水蒸气蒸馏装置。先松开 T 形管的螺旋夹，加热水蒸气发生器至水沸腾，有气体从 T 形管逸出时，旋紧螺旋夹，并开通冷水，进行水蒸气蒸馏，直至馏出液中无明显油珠为止。

松开螺旋夹，停止加热，用分液漏斗分别将接收瓶中和蒸馏瓶中的邻硝基苯酚、对硝基苯酚分出并回收。

实验7 溴苯的水蒸气蒸馏

实验目的：

理解水蒸气蒸馏的原理并应用该方法进行液体有机化合物的分离；练习水蒸气蒸馏的基本操作，仪器的安装；进行溴苯的水蒸气蒸馏。

仪器与药品：

仪器同实验 6；溴苯

实验操作：

取 5 mL 溴苯于蒸馏瓶中，按图 2.9 安装好水蒸气蒸馏装置。按实验 6 的操作进行水蒸气蒸馏，并用分液漏斗回收溴苯。

思考题：

1. 什么样的有机化合物适合水蒸气蒸馏？
2. 水蒸气蒸馏的装置与普通蒸馏装置有何异同？
3. 水蒸气蒸馏操作应注意哪些问题？
4. 为什么可以用水蒸气蒸馏方法分离对硝基苯酚和邻硝基苯酚？

2.2.3 减压蒸馏

减压蒸馏是分离提纯有机化合物的一种重要方法。它特别适用于那些在常压蒸馏时未达沸点即已受热分解、氧化或聚合的有机化合物。

1. 基本原理

液体的沸点是指它的饱和蒸气压等于外界大气压时的温度。所以液体沸腾的温度是随外界压力的升降而改变的。蒸馏时，如用真空泵连接盛有液体的蒸馏装置，使液体表面上的压力降低，即可降低液体的沸点。这种在较低压力下进行的蒸馏操作称为减压蒸馏。

减压蒸馏时物质的沸点与压力有关。表 2.1 列出了一些有机化合物在常压下与不同压力下的沸点。

表 2.1 水和某些有机化合物在常压下和不同压力下的沸点（℃）

压力/kPa	水	氯苯	苯甲醛	水杨酸乙酯	甘油	蒽
101.33	100	132	179	234	290	354
6.67	38	54	95	139	204	225
4.00	30	43	84	127	192	207
3.33	26	39	79	124	188	201
2.67	22	34.5	75	119	182	194
2.00	17.5	29	69	113	175	186
1.33	11	22	62	105	167	175
0.67	1	10	50	95	156	159

从表中可以看出，当压力降低到 2.67 kPa（20 mmHg）时，大多数有机化合物的沸点比常压 0.1 MPa（760 mmHg）时的沸点低 100～120 ℃。

2. 实验装置和仪器

图 2.11(a)、(b) 是常用的减压蒸馏系统，它由蒸馏、抽气（减压）、保护和测压四部分组成。

（1）蒸馏装置

A 是蒸馏烧瓶。C 是克氏蒸馏头，有两个颈，弯颈接冷凝管，避免减压蒸馏时蒸馏烧瓶内液体沸腾冲入冷凝管，颈上插入温度计；另一颈中插入一根毛细管，长度恰好使其下端距瓶底 1～2 mm。毛细管上端连有一端带螺旋夹 D 的胶皮管。螺旋夹用以调节进入空气的量，

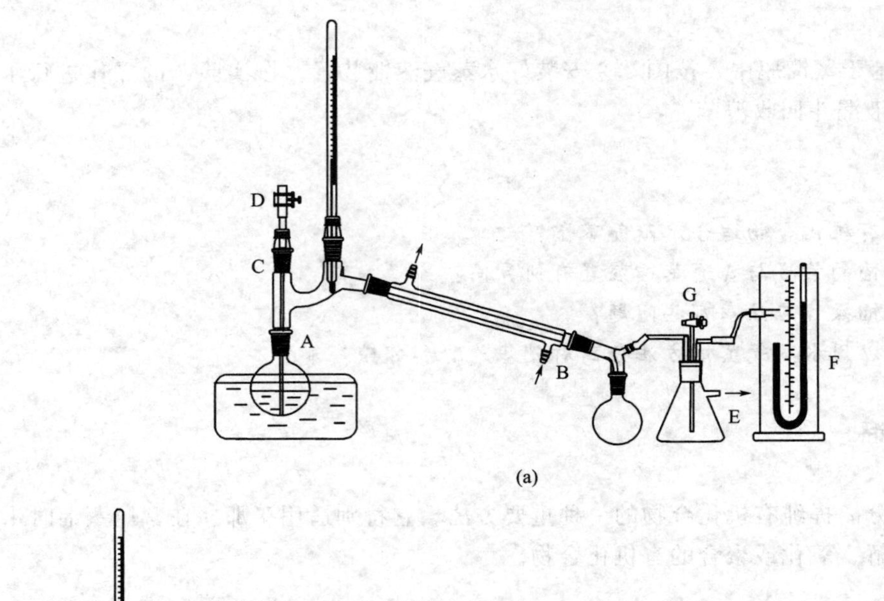

(a)

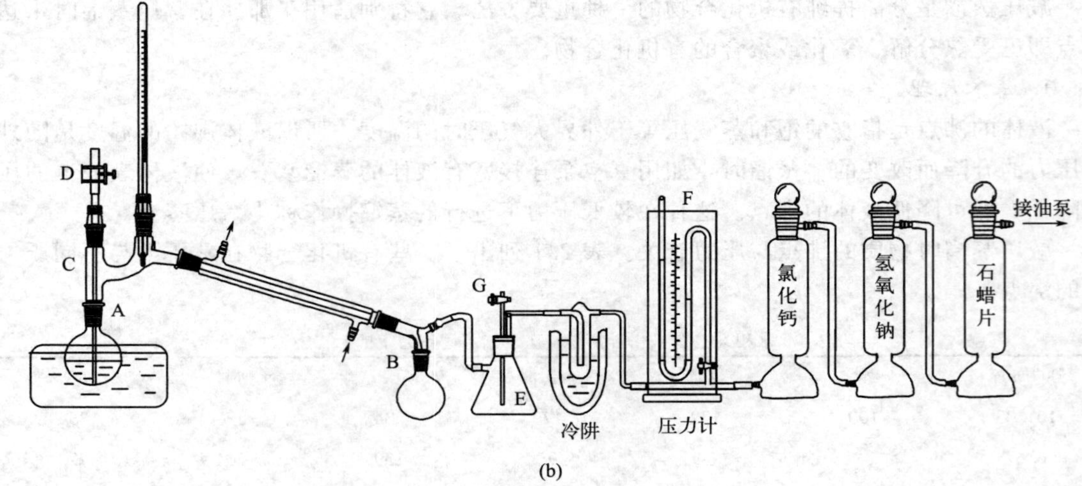

(b)

图 2.11 减压蒸馏的装置

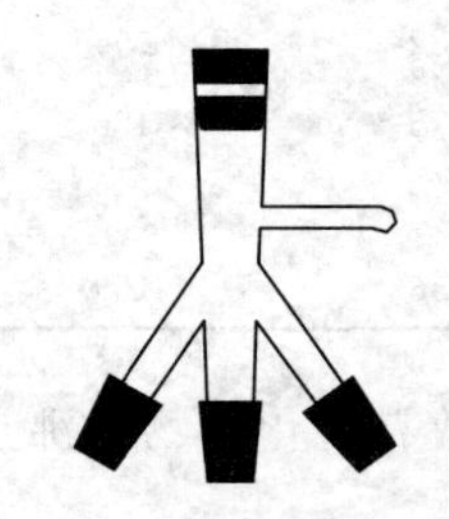
图 2.12 多尾接液管

使有极少量的空气进入液体，呈微小气泡冒出，作为液体沸腾的气化中心，使蒸馏平稳地进行。接收瓶可用蒸馏瓶或抽滤瓶代替，但不可用平底烧瓶或锥形瓶代替（因其不耐负压）。

蒸馏时若要收集不同的馏分而又不中断蒸馏，则可用两尾或多尾接液管（图 2.12），多尾接液管的几个分支管用橡皮管与作为接收瓶的圆底烧瓶（或厚壁试管）连接起来。移动多尾接液管，就可使不同的馏分进入指定的接收瓶中。蒸馏应根据蒸出液体的沸点不同，选用合适的热浴和冷凝管。

（2）抽气装置

实验室常用水泵或油泵减压。

水泵由玻璃（或金属）制成，如图 2.13 所示，将水泵直接接在自来水水龙头上，利用水的冲力，从喷头射出，产生负压进行减压。现在实验室常用循环水式真空泵替代简单水泵，如图 2.14 所示，使用方便，用水经济，并能提供冷却水。水泵产生的负压与水温有关，水温低时，负压高些，可达 0.93～1.07 kPa。用水泵减压一般不需用保护装置。

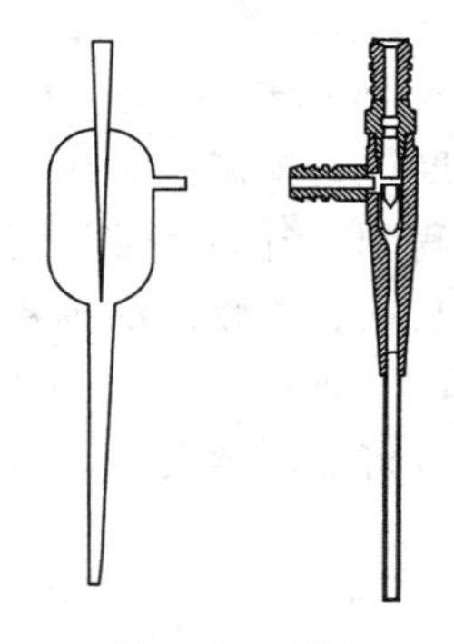

图 2.13 水泵

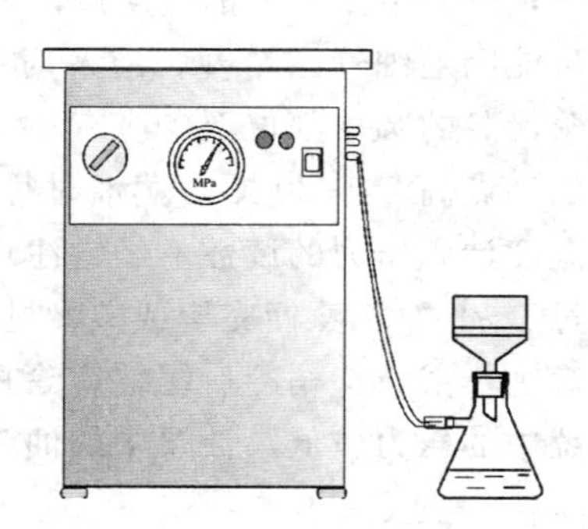

图 2.14 循环水式真空泵

油泵通过机械管道，使真空泵油在高速旋转过程中产生负压，一般油泵系统的压力在0.67～1.33 kPa，最低可达13.3 Pa。油泵工作条件要求较严格，接液管抽气头与泵间必须安装保护装置［图2.11(b)］，以避免水蒸气、碱或有害气体进入油泵。

(3) 保护装置

当用油泵进行减压时，为了防止易挥发的有机溶剂、酸性物质和水进入油泵，必须在馏出液接收瓶与油泵之间顺次安装冷阱和几种吸收塔，以免污染油泵用油，腐蚀机件致使真空度降低。冷阱置于盛有冷却剂的广口保温瓶中，冷却剂的选择随需要而定。例如，可用冰-水、冰-盐、干冰与丙酮等，后者能使温度降至－78 ℃。吸收塔（又称干燥塔）通常设两个，前一个装无水氯化钙（或硅胶），后一个装粒状氢氧化钠。有时为了吸收烃类气体，可加一个装石蜡片的吸收塔。

(4) 测压装置

实验室通常采用水银压力计来测量减压系统的压力。图2.15(a) 为开口式水银压力计，两臂汞柱高度之差即为大气压力与系统中压力之差。因此蒸馏系统内的实际压力（真空度）应是大气压力减去这一压力差。封闭式水银压力计如图2.15(b) 所示，两臂液面高度之差即为蒸馏系统中的真空度。测定压力时，可将管后木座上的滑动标尺的零点调整到右臂的汞柱顶端线上，这时左臂的汞柱顶端线所指示的刻度即为系统的真空度。近年来，更加安全方便的数字化压力计也已逐步在实验室中得到了应用。

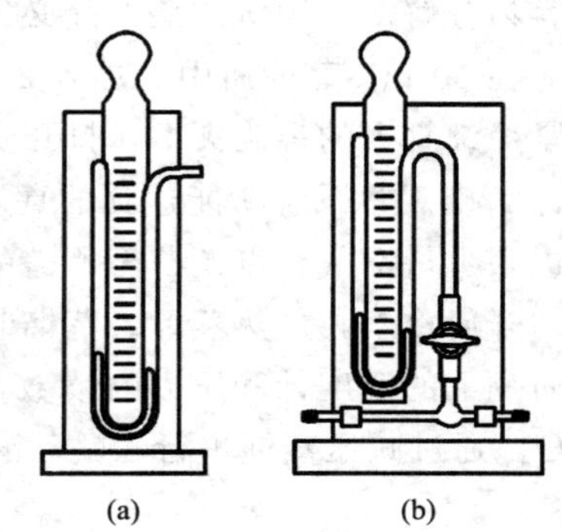

图 2.15 水银压力计

在泵前还应接上一个安全瓶，瓶上的二通活塞G（图2.11）供调节系统压力及放气之用。减压蒸馏的整个系统必须保持密封不漏气，所以选用橡胶塞的大小及钻孔都要十分合适。所有胶皮管最好用真空胶皮管，各磨口塞部位都应仔细涂好真空脂。

3. 减压蒸馏操作

在克氏蒸馏瓶中，放置待蒸馏的液体（不超过容积的1/2）。按图2.11安装好仪器，旋紧毛细管上的螺旋夹D，打开安全瓶上的二通活塞G，然后开泵抽气（如用水泵，这时应开至最大流量）。逐渐关闭G，从压力计F上观察系统所能达到的真空度。如果是因为漏气（而不是因为水泵、油泵本身效率的限制）而不能达到所需的真空度，可检查各部分塞子和胶皮管的连接是否紧密等。如果超过所需的真空度，可小心地旋转活塞G，使少量空气慢慢地进入，以调节至所需的真空度。调节螺旋夹D，使液体中有连续平稳的小气泡通过（如无气泡可能因毛细管已堵塞，应及时更换）。开启冷水，选用合适的热浴加热蒸馏。加热时，克氏蒸馏瓶的圆球部位至少应有2/3浸入浴液中。在浴液中放一温度计，控制浴温比待蒸馏液体的沸点高20～30 ℃，蒸馏时每秒馏出1～2滴，在整个蒸馏过程中，都要密切注意瓶颈上的温度计和压力的读数。经常注意蒸馏情况和记录压力、沸点等数据。纯物质的沸程一般不超过1～2 ℃，蒸馏完毕或蒸馏过程中需要中断时（如调换毛细管、接收瓶），应先移开火源，撤去热浴，待稍冷后缓缓解除真空，使系统内外压力平衡后，方可关闭油泵。否则，由于系统中的压力较低，油泵中的油就有吸入干燥塔的可能。

实验8　乙酰乙酸乙酯的蒸馏

实验目的：

理解减压蒸馏的原理并应用该方法进行液体有机化合物的分离；练习减压蒸馏的基本操作，仪器的安装；进行乙酰乙酸乙酯的减压蒸馏。

仪器与药品：

克氏蒸馏瓶、蒸馏头、直形冷凝管、温度计、单尾（或多尾）真空接液管、圆底烧瓶、带螺旋夹下口毛细管、抽气和保护装置（配套）、压力计、热浴等；乙酰乙酸乙酯

实验操作：

市售乙酰乙酸乙酯中常含有少量的乙酸乙酯、乙酸和水，由于乙酰乙酸乙酯在常压蒸馏时容易分解产生脱氢乙酸，故必须通过减压蒸馏进行提纯。

在50 mL蒸馏瓶中，加入20 mL乙酰乙酸乙酯，按减压蒸馏装置图2.11安装好仪器，旋紧毛细管上的螺旋夹D，打开安全瓶上的二通活塞G，然后开泵抽气。逐渐关闭G，从压力计F上观察系统所能达到的真空度。如果超过所需的真空度，可小心地旋转活塞G，慢慢地进入少量空气，以调节至所需的真空度。调节螺旋夹D，使液体中有连续平稳的小气泡通过。开启冷水，加热蒸馏。蒸馏时控制每秒馏出1～2滴，在整个蒸馏过程中，都要密切注意瓶颈上的温度计和压力的读数，记录压力、沸点等数据。纯物质的沸程一般不超过1～2 ℃，通过减压蒸馏进行乙酰乙酸乙酯纯化。

实验9　苯甲醛、呋喃甲醛或苯胺的蒸馏

实验目的：

理解减压蒸馏的原理并应用该方法进行液体有机化合物的分离；练习减压蒸馏的基本操作，仪器的安装；进行苯甲醛、呋喃甲醛或苯胺的减压蒸馏。

仪器与药品：

仪器同实验8；苯甲醛、呋喃甲醛或苯胺

实验操作：

用蒸馏乙酰乙酸乙酯同样的操作方法，通过减压蒸馏提纯苯甲醛、呋喃甲醛或苯胺。减压蒸馏苯甲醛时，要避免被空气中的氧气所氧化。

在蒸馏之前，应先从手册上查出它们在不同压力下的沸点，供减压蒸馏时参考。

思考题：

1. 具有什么性质的有机化合物需用减压蒸馏进行提纯？
2. 克氏蒸馏瓶上插入的毛细管有何作用？
3. 进行减压蒸馏时，为什么必须先抽真空后加热？
4. 使用油泵减压时，要有哪些保护装置？其作用是什么？
5. 当减压蒸完所要的化合物后，应如何停止减压蒸馏？

2.2.4 简单分馏

分馏是应用分馏柱将几种沸点相近的混合物进行分离的方法。它在化学工业和实验室中被广泛应用。现在最精密的分馏设备已能将沸点相差仅 1～2 ℃的混合物分开，利用蒸馏或分馏来分离混合物的原理是一样的，实际上分馏就是多次的蒸馏。

1. 基本原理

如果将几种具有不同沸点而又可以完全互溶的液体混合物加热，当其总蒸气压等于外界压力时就开始沸腾汽化，蒸气中易挥发液体的成分较在原来混合液中的多。以二组分理想溶液为例，溶液中每一组分的蒸气压等于此纯物质的蒸气压和它在溶液中的摩尔分数的乘积，即

$$p_A = p_A^0 x_A \qquad p_B = p_B^0 x_B$$

式中，p_A、p_B 分别为溶液中 A 和 B 组分的分压；p_A^0、p_B^0 分别为纯 A 和纯 B 的蒸气压；x_A 和 x_B 分别为 A 和 B 在溶液中的摩尔分数。

溶液的总蒸气压：$p = p_A + p_B$。

根据道尔顿分压定律，气相中每一组分的蒸气压和它的摩尔分数成正比。因此在气相中各组分蒸气的成分为

$$x_A^{气} = \frac{p_A}{p_A + p_B} \qquad x_B^{气} = \frac{p_B}{p_A + p_B}$$

因为在溶液中 $x_A + x_B = 1$，所以若 $p_A^0 = p_B^0$，则 $x_B^{气}/x_B = 1$，表明这时液相的成分和气相的成分完全相同，这样的 A 和 B 就不能用蒸馏（或分馏）来分离。如果 $p_A^0 > p_B^0$，则 $x_B^{气}/x_B > 1$，表明沸点较低的 B 在气相中的浓度较在液相中大（在 $p_A^0 < p_B^0$ 时，也可做类似的讨论）。将此蒸气冷凝后得到的液体中，B 组分比在原来的液体中多（这种气体冷凝的过程就相当于蒸馏的过程）。如果将所得的液体再进行汽化，在它的蒸气经冷凝后的液体中，易挥发的组分又将增加。如此多次重复，最终就能将这两个组分分开（凡形成共沸物者不在此列）。分馏就是利用分馏柱来实现这一“多次重复”的蒸馏过程。

分馏柱是一根长而垂直，柱身有一定形状的空管，或者在管中填以特制的填料。总的目的是要增大液相和气相接触的面积，提高分离效率。当沸腾着的混合物进入分馏柱（工业上称为精馏塔）时，因为沸点较高的组分易被冷凝，所以冷凝液中含有较多较高沸点的物质，而蒸气中低沸点的成分相对地增多。冷凝液向下流动时又与上升的蒸气接触，二者之间进行热量交换，此时上升的蒸气中高沸点的物质被冷凝下来，低沸点的物质仍呈蒸气上升；而在

冷凝液中低沸点的物质则受热汽化，高沸点的仍呈液态。如此经多次的液相与气相的热交换，使得低沸点的物质不断上升，最后被蒸馏出来，高沸点的物质则不断流回加热的容器中，从而将沸点不同的物质分离。所以在分馏时，分馏柱内不同高度的各段，其组分是不同的。相距越远组分的差别越大，也就是说，在柱的动态平衡情况下，沿着分馏柱存在着组分梯度。

2. 实验装置和仪器

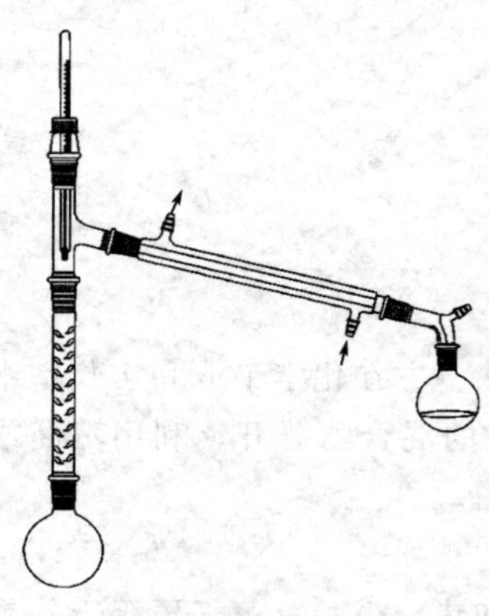
图 2.16 简单分馏装置图

图 2.16 是实验室中简单的分馏装置。它由热源、蒸馏瓶、分馏柱、蒸馏头、冷凝管和接收瓶六个部分组成。

仪器安装与蒸馏类似，自下而上，从左到右。先固定好热源。夹住蒸馏瓶，再装上韦氏分馏柱和蒸馏头，配上温度计，分馏柱应垂直向上。装上冷凝管并在指定的位置夹好铁夹。连接接液管并用橡皮筋固定，再将接收瓶与接液管用橡皮筋固定。因整个装置位置较高，最好在接收瓶底垫上用铁圈支持的石棉网，以免发生意外。

在分馏过程中，为防止回流液体在柱内聚集，减少液体和上升蒸气的接触，或者上升蒸气把液体冲入冷凝管中造成"液泛"，达不到分馏的目的，通常在分馏柱外包扎石棉绳、石棉布等绝缘物以保持柱内温度，提高分馏效率。

3. 实验操作

将待分馏的混合物放入圆底烧瓶中，加入搅拌子。按图 2.16 安装好分馏装置，选用合适的热浴加热，并开通冷水。液体沸腾后要注意调节浴温，使蒸气慢慢进入分馏柱，10～15 min 后蒸气到达柱顶。在有馏出液滴出后，调节浴温使蒸出液体的速度控制在每秒 2～3 滴，这样可以得到较好的分馏效果。待低沸点组分蒸完后，再渐渐升高温度。当第二个组分蒸出时会使温度计所示的温度迅速上升。

要很好地进行分馏必须注意下列几点：

① 分馏一定要缓慢进行，要控制好恒定的蒸馏速度；

② 分馏过程中要有相当量的液体沿分馏柱流回烧瓶中，即要选择合适的回流比；

③ 必须尽量减少分馏柱的热量散失和波动。

实验10 甲醇和水的分馏

实验目的：

理解分馏的原理并应用该方法进行液体有机化合物的分离；练习分馏的基本操作，仪器的安装；进行甲醇和水的分馏并绘制分馏曲线。

仪器与药品：

蒸馏烧瓶、韦氏分馏柱、蒸馏头、直形冷凝管、温度计、单尾接液管、接收瓶、磁力加热搅拌器等；甲醇

实验操作：

在 100 mL 蒸馏烧瓶中，加入 25 mL 甲醇和 25 mL 水的混合物，加入搅拌子，按图

2.16 安装好分馏装置。缓慢加热并开通冷水。开始沸腾后，蒸气慢慢进入分馏柱中，此时要精确控制加热温度，使温度慢慢上升，以保持分馏柱中有一个均匀的温度梯度。当冷凝管中有蒸馏液流出时，迅速记录温度计所示的温度。控制加热速度，使馏出液缓慢均匀地以每秒1滴的速度流出。当柱顶温度维持65 ℃时，收集约10 mL馏出液（A）。随着温度上升，分别收集65～70 ℃（B）、70～80 ℃（C）、80～90 ℃（D）、90～95 ℃（E）的馏分（90～95 ℃的馏分很少，需要隔石棉网直接加热）。瓶内所剩为残留液。将不同馏分分别量出体积，以馏出液体积为横坐标，温度为纵坐标，绘制分馏曲线。

实验11 正己烷与环己烷的分离

实验目的：

理解分馏的原理并应用该方法进行液体有机化合物的分离；练习分馏的基本操作，仪器的安装；进行正己烷与环己烷的分离。

仪器与药品：

蒸馏烧瓶、韦氏分馏柱、蒸馏头、直形冷凝管、温度计、多尾接液管、磁力加热搅拌器等；正己烷、环己烷

实验操作：

在100 mL蒸馏烧瓶中，加入10 mL正己烷（b.p. 68.7 ℃）和10 mL环己烷（b.p. 80.7 ℃）的混合物，加入搅拌子，按图2.16安装好分馏装置。缓慢加热并开通冷水。开始沸腾后，蒸气慢慢进入分馏柱中，此时要精确控制加热温度，使温度慢慢上升，以保持分馏柱中有一个均匀的温度梯度。当柱顶温度上升到68 ℃时，控制加热速度，维持温度在68～69 ℃，使馏出液慢慢地均匀地以每秒1滴的速度流出，收集约10 mL馏出液。转换多尾接液管，随着温度上升，收集80～81 ℃的馏分。将不同馏分分别量出体积，计算回收率。

思考题：

1. 分馏操作中，若加热太快，馏出液每秒的滴数超过要求量，用分馏法分离两种液体的能力会显著下降，为什么？
2. 用分馏法提纯液体时，为了取得较好的分离效果，为什么必须保持液体回流？
3. 仔细观察韦氏分馏柱的构造，柱内的多层玻璃隔板（也可以是其他填料）起什么作用？
4. 根据甲醇-水混合物的蒸馏和分馏曲线，可得出什么结论？

2.3 萃取及干燥（液体物质）

萃取是有机化学实验中用来提取或纯化有机化合物常用操作之一。应用萃取可以从固体或液体混合物中提取出所需要的物质，也可以用来洗去混合物中少量杂质。通常称前者为

“抽提”或“萃取”，后者为“洗涤”。液体有机化合物在蒸馏前通常要先进行干燥以除去水分，这样可以使液体沸点以前的馏分（前馏分）大大减少；有时也是为了破坏某些液体有机化合物与水生成的共沸物。另外，很多有机化学反应需要在“绝对”无水条件下进行，不但所用的原料及溶剂要干燥，而且还要防止空气中的潮气侵入反应容器。因此在有机化学实验中，试剂和产品的干燥具有十分重要的意义。

1. 基本原理

萃取是利用物质在两种不互溶（或微溶）溶剂中溶解度或分配比的不同来达到分离、提纯或纯化目的的一种操作。这可用与水不互溶（或微溶）的有机溶剂从水中萃取有机化合物来说明。有机化合物在有机相中和在水相中的浓度之比为一常数，即“分配定律”。假如一物质在两液相 A 和 B 中的浓度分别为 c_A 和 c_B，则在一定温度下，$c_A/c_B=K$，K 是一常数，称为“分配系数”，它可以近似地看作为此物质在两溶剂中的溶解度之比。

当用 S mL 的溶剂从 V mL 水溶液中萃取有机化合物时，萃取次数可由下面的公式求得：

$$W_n=W_0\left(\frac{KV}{KV+S}\right)^n$$

式中，W_n 为 n 次萃取后水溶液中剩余的溶质质量（g）；W_0 为萃取前水溶液中溶质质量（g）；每次萃取时，均用 S mL 的溶剂萃取。

例如，在 100 mL 水中含有 4 g 正丁酸溶液，用 100 mL 苯来萃取。已知正丁酸在水和苯中的分配系数 $K=1/3$，用 100 mL 苯一次萃取后在水中的剩余量经计算为 1.0 g；如果用 100 mL 苯每次以 33.3 mL 萃取三次，则剩余量经计算为 0.5 g。由此可见，用同样体积的溶剂，分多次萃取比一次萃取的效率高。但当溶剂的总量保持不变时，萃取次数 n 增加，S 要减小，当 $n>5$ 时，萃取效率与 $n=3$ 时相比没有明显提高。通常萃取次数等于 3 为好。

有机化合物在有机溶剂中的溶解度一般比在水中的溶解度大，所以可以将它们从水溶液中萃取出来。但是除非分配系数极大，否则一次萃取是不可能将全部物质移入新的有机相中的。在萃取时，若在水中先加入一定量的电解质（如氯化钠），利用所谓“盐析效应”，以降低有机化合物和萃取剂在水中的溶解度，常可提高萃取效果。

干燥方法大致可分为物理法和化学法两种。

物理法有吸附、分馏、利用共沸蒸馏将水分带走等方法。近年来还常用离子交换树脂和分子筛等来进行脱水干燥。

化学法是以干燥剂进行脱水，其去水作用又可分为两类：能与水可逆地结合生成水合物，如氯化钙、硫酸镁等；与水发生不可逆的化学反应而生成一个新的化合物，如金属钠、五氧化二磷。

2. 实验装置和仪器

萃取最常用的仪器为分液漏斗，操作时将漏斗放在固定在铁架台上的铁圈中。液体干燥常采用带塞子的锥形瓶，在瓶中加入干燥剂进行干燥。

分液漏斗在使用前应检查活塞处，上口与塞子间是否漏水。检查的方法是，在分液漏斗中放入水摇荡并转动活塞，观察在关闭活塞时，是否有水漏出，或开启活塞时，水是否能顺利流出。将漏斗翻转，下口向上，摇荡，观察是否有水漏出。若活塞漏水，可取下活塞，在活塞孔稍远处薄薄地涂一层润滑脂（注意切勿涂得太多或使润滑脂进入活塞孔，以免沾污萃取液），塞好后再把活塞旋转几圈，使润滑脂均匀分布，看上去透明即可。再放入水摇荡，检查塞子与活塞是否渗漏，确认不漏水方可使用（注意上口塞子不能涂润滑脂）。

3. 实验操作

（1）萃取

1）水溶液中物质的萃取。

操作时应选择容积较液体体积大一倍以上的分液漏斗，将漏斗放在固定在铁架台上的铁圈中，关好活塞，将要萃取的水溶液和萃取剂（一般为溶液体积的 1/3）依次自上口倒入漏斗中，塞紧塞子，注意塞子上的槽应与瓶口上的孔错开。取下分液漏斗，用右手手掌顶住漏斗顶塞并握住漏斗，左手握住漏斗活塞处，大拇指压紧活塞，把漏斗放平前后振摇，如图 2.17(a) 所示。

在开始时，振摇要慢。振摇几次后，将漏斗的上口向下倾斜，下部支管指向斜上方（朝向无人处），左手仍握在活塞支管处，用拇指和食指旋开活塞，从指向斜上方的支管口释放出漏斗内的压力，也称“放气”[图 2.17(b)]。以乙醚萃取水溶液中的物质为例，在振摇后乙醚可产生 40～66.7 kPa 的蒸气压，加上原来空气和水蒸气压，漏斗中的压力就大大超过了大气压。如果不及时放气，塞子就可能被顶开而出现喷液。待漏斗中过量的气体逸出后，将活塞关闭再进行振摇。如此重复至放气时只有很小的压力后，再剧烈振摇 2～3 min，然后将漏斗放回铁圈中静置，待两层液体完全分开后，打开上面的玻塞（将塞子上的槽与瓶口上的孔对齐），再将活塞缓缓旋开，下层液体自活塞放出。分液时一定要尽可能分离干净。有时在两液相间可能出现一些絮状物也应同时放去。然后将上层液体从分液漏斗的上口倒出，切不可也从活塞放出，以免被残留在漏斗颈上的第一种液体沾污。将水溶液倒回分液漏斗中，再用新的萃取剂。有时为了弄清哪一层是水溶液，可任取其中一层的少量液体，置于试管中，并滴加少量自来水，若分为两层，说明该液体为有机相；若加水后不分层，则是水溶液。萃取次数取决于分配系数，一般为 3～5 次。

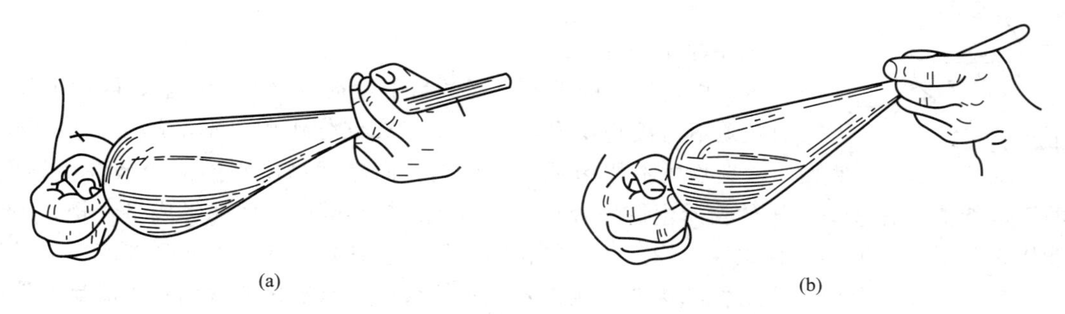

图 2.17 萃取操作

将所有的萃取液合并，加入适量的干燥剂干燥。萃取所得的有机化合物视其性质可利用蒸馏、重结晶等方法纯化。在萃取时，可利用盐析效应，即在水溶液中先加入一定量的电解质（如氯化钠），以降低有机化合物在水中的溶解度，提高萃取效果。

2）液体有机化合物的洗涤、纯化。

这种萃取是利用萃取剂能与被萃取物质发生化学反应，从化合物中移去少量杂质或分离混合物，操作方法与上面所述相同。常用的这类萃取剂有 5% 氢氧化钠溶液，5% 或 10% 的碳酸钠、碳酸氢钠溶液，稀盐酸，稀硫酸及浓硫酸等。碱性的萃取剂可以从有机相中移出有机酸，或从溶于有机溶剂的有机化合物中除去酸性杂质（使酸性杂质形成钠盐溶于水中）。稀盐酸及稀硫酸可从混合物中萃取出有机碱或用于除去碱性杂质。浓硫酸可应用于从饱和烃或卤代烃中除去醇及醚等。

在萃取过程中特别是当溶液呈碱性时，常常会产生乳化现象，有时由于存在少量轻质的沉淀、溶剂互溶、两液相的相对密度相差较小等原因，也可能使两液相不能很清晰地分开，这样很难实现有效分离。破坏乳化的方法有：

① 较长时间静置。

② 若因两种溶剂（水与有机溶剂）能部分互溶而发生乳化，可以加入少量电解质（如氯化钠），利用盐析作用加以破坏。

③ 若因溶液呈碱性而产生乳化，常可加入少量稀硫酸或采用过滤等方法除去。

此外根据不同情况，还可以加入其他破坏乳化的物质，如乙醇、磺化蓖麻油等。

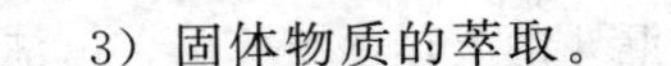

3）固体物质的萃取。

通常是用长期浸出法或是采用脂肪提取器（索氏提取器）。前者是靠溶剂长期的浸润溶解而将固体物质中的所需物质浸出来。这种方法虽不需要任何特殊器皿，但效率不高，而且溶剂的需要量较大。脂肪提取器（图 2.18）是利用溶剂回流及虹吸原理，使固体物质连续不断地被纯的溶剂所萃取，因而效率较高。萃取前应先将固体物质研细，以增加溶剂浸润的面积，然后将固体物质放在滤纸套 1 内，置于提取器 2 中。提取器的下端通过木塞（或磨口）和盛有溶剂的烧瓶连接，上端接冷凝管。当溶剂沸腾时，蒸气通过玻璃管 3 上升，被冷凝管冷凝成为液体，滴入提取器中，当溶剂液面超过虹吸管 4 的最高处时，即虹吸流回烧瓶，因而萃取出溶于溶剂的部分物质。就这样利用溶剂回流和虹吸作用，使固体的可溶物质富集到烧瓶中。然后用其他方法将萃取得到的物质从溶液中分离出来。

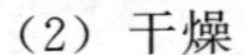

图 2.18 脂肪提取器

（2）干燥

1）干燥剂的选择。

液体有机化合物的干燥，通常是干燥剂直接与其接触，因而所用的干燥剂必须不与该物质发生化学反应或催化作用，不溶解于该液体中。例如，酸性物质不能用碱性干燥剂；而碱性物质则不能用酸性干燥剂。有的干燥剂能与某些被干燥的物质生成络合物，如氯化钙易与醇类、胺类形成络合物，因而不能用来干燥这些液体。强碱性干燥剂（如氧化钙、氢氧化钙）能催化某些醛类或酮类发生缩合、自动氧化等反应，也能使酯类或酰胺类发生水解反应。氢氧化钾（钠）还能显著地溶解于低级醇中。表 2.2 列出了各类有机化合物常用的干燥剂。

表 2.2 各类有机化合物及其常用干燥剂

化合物类型	干燥剂
烃	$CaCl_2$、Na、P_2O_5
卤代烃	$CaCl_2$、$MgSO_4$、Na_2SO_4、P_2O_5
醇	K_2CO_3、$MgSO_4$、CaO、Na_2SO_4
醚	$CaCl_2$、Na、P_2O_5
醛	$MgSO_4$、Na_2SO_4

续表

化合物类型	干燥剂
酮	K_2CO_3、$CaCl_2$、$MgSO_4$、Na_2SO_4
酸、酚	$MgSO_4$、Na_2SO_4
酯	$MgSO_4$、Na_2SO_4、K_2CO_3
胺	KOH、NaOH、K_2CO_3、CaO
硝基化合物	$CaCl_2$、$MgSO_4$、Na_2SO_4

2）干燥剂用量。

干燥液体有机化合物时，可从溶解度手册查出水在其中的溶解度，或根据它的结构，来估计干燥剂的用量。一般对于含亲水性基团（如醇、醚、胺等）的化合物，所用的干燥剂要多一些，由于干燥剂也能吸附一部分液体，所以干燥剂的用量应控制得严些。必要时，宁可先加入一些干燥剂干燥，过滤后再用干燥效能较强的干燥剂。一般干燥剂的用量为每 10 mL 液体需 0.5～1 g，但由于实验操作中，各自分液所得的液体中的水分含量不等以及干燥剂的质量、颗粒大小和干燥时的温度等诸多原因，很难规定具体的数量，上述数据仅供参考。操作者应细心地积累这方面的经验，在实际操作中，干燥一定时间后，观察干燥剂的形态，若它的大部分棱角还清楚可辨，这表明干燥剂的用量已足够了。

3）干燥操作。

在干燥前应尽可能将被干燥液体中的水分分离干净，待干燥液体中不应有可见的水层。将有机液体从上口倒入锥形瓶中，用勺取适量的干燥剂直接放入液体中（干燥剂颗粒大小要适宜，太大时因表面积小吸水很慢，且干燥剂内部不起作用；太小时则因表面积太大不易过滤，吸附有机化合物较多），用塞子塞紧，振摇片刻。如果发现干燥剂附着瓶壁，互相黏接，通常是表示干燥剂不够，应继续添加直至干燥剂颗粒棱角还清楚可辨。干燥结束后将已干燥的液体通过置有折叠滤纸的漏斗直接滤入烧瓶中进行蒸馏。对于某些干燥剂，如金属钠、氧化钙、五氧化二磷等，由于它们和水反应后生成比较稳定的产物，有时可不必过滤而直接进行蒸馏。

实验12　三组分混合物的萃取

实验目的：

理解萃取的原理并应用该方法进行有机化合物的分离；练习萃取的基本操作，掌握分液漏斗的操作要领；进行三组分混合物的萃取分离。

仪器与药品：

烧杯、锥形瓶（带塞）、分液漏斗、铁架台及铁圈、蒸馏用仪器；对甲苯胺（一种碱）、*β*-萘酚（一种弱酸）、萘（一种中性物质）的三组分混合物，乙醚，5%盐酸，10%氢氧化钠溶液

实验操作：

取 3 g 三组分混合物样品，溶于 25 mL 乙醚中，将溶液转入 125 mL 分液漏斗中，加入

30 mL 5%盐酸溶解在 25 mL 水中的溶液，并充分摇荡，静置分层后，放出下层液体（水溶液）于锥形瓶中。再用第二份酸溶液萃取一次。最后用 10 mL 水萃取，以除去可能溶于乙醚层中过量的盐酸，合并三次酸性萃取液，放置待处理。

剩下的乙醚溶液每次用 25 mL 10%氢氧化钠溶液萃取两次，并用 10 mL 水再萃取一次，合并碱性溶液，放置待处理。

将剩下的乙醚溶液（其中含哪一组分?）从分液漏斗颈部倒入一锥形瓶中，用水浴蒸馏并回收乙醚。称量残留物，并测定其熔点。必要时，每种组分可进一步重结晶，以获得熔点尖锐的纯品。

实验13　正溴丁烷的洗涤纯化

正溴丁烷是采用正丁醇与氢溴酸（由浓硫酸与溴化钠反应产生）制备的，得到的粗产品中含有正丁醇、丁醚、丁烯和氢溴酸等杂质。

实验目的：

理解萃取的原理并应用该方法进行有机化合物的洗涤、纯化；练习萃取的基本操作，掌握分液漏斗的操作要领；进行正溴丁烷的洗涤、纯化。

仪器与药品：

烧杯、锥形瓶（带塞）、分液漏斗、铁架台及铁圈、蒸馏用仪器；正溴丁烷、饱和氯化钠溶液、浓硫酸、10%碳酸氢钠溶液、饱和氯化钙溶液、无水硫酸镁

实验操作：

取 10 mL 正溴丁烷，转入 125 mL 分液漏斗中，加入 10 mL 水并充分摇荡，静置分层后，将下层液体（正溴丁烷）放入另一个分液漏斗中；再加入 5 mL 浓硫酸，小心摇荡，将下层液体（浓硫酸）放出；分别用 10 mL 10%碳酸氢钠、10 mL 饱和氯化钠、10 mL 饱和氯化钙溶液洗涤一次（注意每次洗涤时正溴丁烷都在下层，静置分层后应放入分液漏斗中再进行操作）。

将萃取好的正溴丁烷放入一带塞的锥形瓶中，取适量无水硫酸镁进行干燥。振摇片刻。如果发现干燥剂附着瓶壁，互相黏接，通常表示干燥剂不够，应继续添加直至干燥剂颗粒棱角清楚可辨。

干燥结束后将已干燥的正溴丁烷通过放有折叠滤纸的漏斗（也可在漏斗口塞上一团棉花）直接倾入烧瓶中进行蒸馏。收集 101～102 ℃的馏分。称量，计算回收率。

实验14　用乙酸乙酯从苯酚水溶液中萃取苯酚

实验目的：

理解萃取的原理并应用该方法进行有机化合物的萃取；练习萃取的基本操作，掌握分液漏斗的操作要领；用乙酸乙酯从苯酚水溶液中萃取苯酚。

仪器与药品：

烧杯、锥形瓶、分液漏斗、铁架台及铁圈、蒸馏用仪器；苯酚水溶液、乙酸乙酯、三氯

化铁溶液

实验操作：

取 0.5 mol/L 苯酚水溶液 20 mL 置于分液漏斗中，加入 10 mL 乙酸乙酯，振摇、放气、静置，放出水层；将水层用 10 mL 乙酸乙酯再萃取一次。合并萃取后的乙酸乙酯溶液，转入蒸馏瓶中，水浴蒸馏回收乙酸乙酯和苯酚（可在蒸馏瓶中加入水制成苯酚溶液供下组实验用）。

检验：用滴管分别取萃取前的苯酚水溶液和萃取后的水溶液各 2 mL 于试管中，各加入几滴三氯化铁溶液检测苯酚。

思考题：

1. 分液漏斗使用前应做哪些准备？分液漏斗的使用（振摇、静置、放液）应注意哪些问题？

2. 在三组分分离实验中，利用了各种有机化合物的什么性质？在萃取过程中各组分发生的变化是什么？画出分离提纯的流程图。

3. 正溴丁烷的纯化，每一次加入的萃取剂的作用是什么？

4. 若用下列溶剂萃取水溶液：乙醚、氯仿、己烷、苯，它们将在上层还是下层？

5. 怎样选择适用的干燥剂？实验中怎样判断干燥剂的量已达到干燥效果？

2.4 固体有机化合物的提纯方法

2.4.1 重结晶及过滤、干燥（固体物质）

从有机反应中分离出的固体有机化合物往往是不纯的，其中常夹杂一些反应副产物、未作用的原料及催化剂等。纯化这类物质的一种有效方法是用合适的溶剂进行重结晶。

1. 基本原理

固体有机化合物在溶剂中的溶解度与温度有密切关系。大多数固体有机化合物是随温度升高，溶解度增大，符合图 2.19 的溶解度-温度曲线。

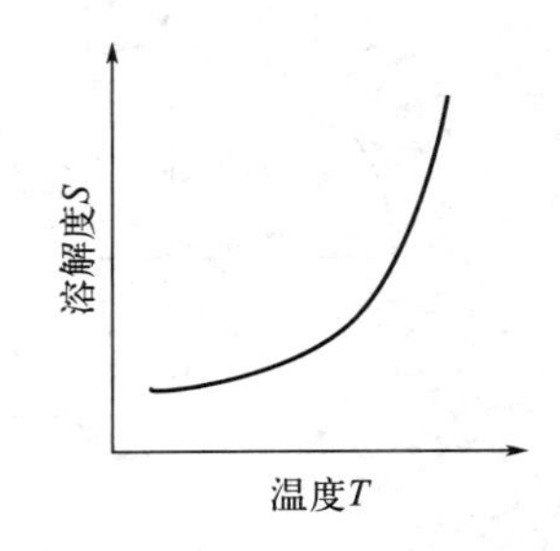

图 2.19 固体有机化合物在溶剂中的溶解度-温度曲线

若把固体溶解在热的（沸腾或接近沸腾）溶剂中达到饱和，该溶液冷却时则由于溶解度降低，溶液变成过饱和而析出晶体。利用溶剂对被提纯物质及杂质的溶解度不同，可使被提纯物质从过饱和溶液中析出，而让杂质全部或大部分仍留在溶液中（若杂质在溶剂中的溶解度极小，则配成热饱和溶液后被过滤除去），从而达到提纯目的。

重结晶的一般过程为：

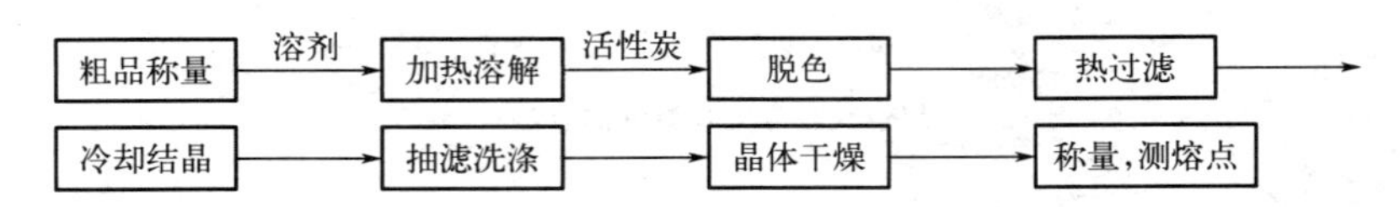

2. 实验装置和仪器

装置主要为：热过滤装置，见图 2.20；抽滤装置（减压过滤，减压装置参见图 2.14），见图 2.21。

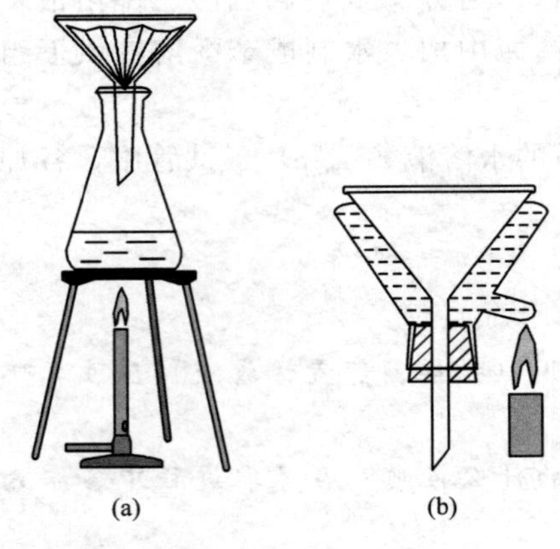

图 2.20 热过滤装置

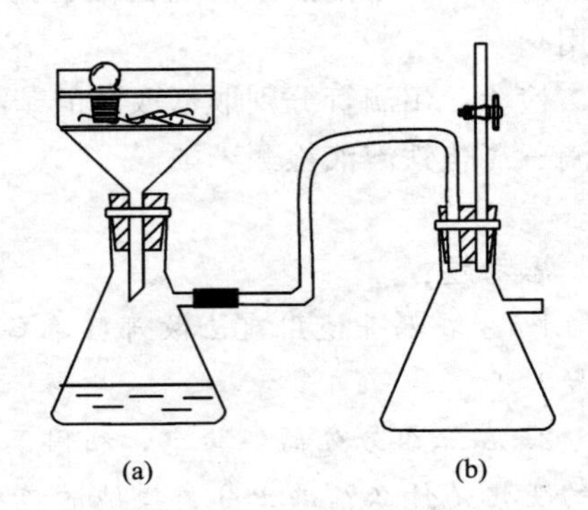

图 2.21 抽滤装置

在热过滤中，应选用口径稍大颈短的漏斗，并在过滤前进行预热。为增大过滤面积，滤纸应折成扇形。

折叠滤纸的方法：将选定的圆滤纸按图 2.22(a) 先一折为二，再沿 2、4 折成四分之一。然后将 1、2 的边沿折至 4、2；2、3 的边沿折至 2、4，分别在 2、5 和 2、6 处产生新的折纹 [图 2.22(a)]。继续将 1、2 折向 2、6；2、3 折向 2、5，分别得到 2、7 和 2、8 的折纹 [图 2.22(b)]。同样以 2、3 对 2、6；1、2 对 2、5，分别折出 2、9 和 2、10 的折纹 [图 2.22(c)]。然后从半圆的边沿起，按折纹相反方向一反一正折叠（如同折扇），将半圆分成 16 份 [图 2.22(d)]。在折纹集中的圆心处，折时切勿重压，否则滤纸的中央在过滤时容易破裂。在使用前，应将折好的滤纸翻转并整理好后 [图 2.22(e)] 再放入漏斗中，这样可避免被手指弄脏的一面接触滤过的滤液。

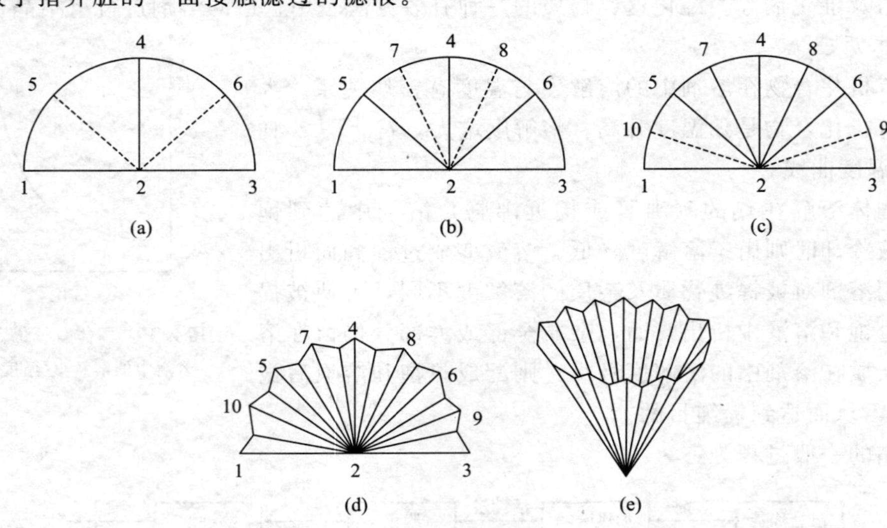

图 2.22 折叠滤纸的方法

3. 实验操作

(1) 溶剂的选择

在进行重结晶时，选择理想的溶剂是一个关键，理想的溶剂必须具备下列条件：

① 不与被提纯物质发生化学反应。

② 在较高温度时能溶解大量的被提纯物质；而在室温或更低温度时，只能溶解很少量的该物质。

③ 对杂质的溶解度非常大或非常小（前一种情况是杂质留在母液中不随提纯物晶体一同析出；后一种情况是使杂质在热过滤时被滤去）。

④ 容易挥发（溶剂的沸点较低），易与晶体分离除去。

⑤ 能在该溶液中析出较好的晶体。

⑥ 无毒或毒性很小，便于操作。

在重结晶时，溶剂的选择可以通过查阅手册或辞典中该化合物的溶解度来确定。

溶剂的选择也可用实验方法来决定。取 0.1 g 待结晶的固体粉末于一小试管中，用滴管逐滴加入溶剂，振荡，并小心加热至沸腾，观察溶解情况。如果该物质能溶解在 1.4 mL 沸腾溶剂中，则将试管冷却，观察晶体析出情况（必要时可用玻璃棒摩擦试管壁，并用冷水冷却），晶体析出量较多，则可选用。

(2) 溶解及脱色

将待结晶物质置于锥形瓶中，加入较需要量稍少的适宜溶剂，边搅拌边加热，加热到微微沸腾一段时间后，若晶体未完全溶解（要注意判断是否有不溶性杂质存在，以免误加过多的溶剂），再逐渐添加溶剂，至完全溶解。要使重结晶得到的产品纯度和回收率高，溶剂的用量是关键。虽然从减少溶解损失的角度来考虑，溶剂应尽可能避免过量；但是这样在热过滤时会引起很大的麻烦和损失，特别是当待结晶物质的溶解度随温度变化很大时更是如此。这是因为在操作时，会因挥发而减少溶剂量，或因降低温度使溶液变为过饱和而析出晶体。实际操作要根据这两方面的损失来权衡溶剂的用量，一般可比需要量多加 20%左右的溶剂。

当溶质全部溶解后，即可趁热过滤。若溶液中含有有色杂质，则要加活性炭脱色。

关于活性炭的使用：粗制的有机化合物常含有色杂质；或在溶液中存在着某些树脂状物质或不溶性的均匀悬浮体，使得溶液有些浑浊，很难用一般的过滤方法除去。可在溶液中加入少量的活性炭，活性炭可吸附有色杂质、树脂状物质及均匀分散的物质。趁热过滤除去活性炭，冷却溶液便能得到较好的晶体。

使用活性炭时，用量要适当，因为它能吸附一部分被纯化的物质。活性炭的用量应视杂质的多少而定，一般为干燥产品质量的 1%～5%。如果加入的活性炭不能使溶液完全脱色，则可再加活性炭重复上述操作。活性炭的用量选定后，最好一次脱色完毕，以减少重复操作带来的产物损失。

加入活性炭时应移去热源，使溶液稍冷，然后加入活性炭，继续煮沸 5～10 min，再趁热过滤。过滤时选用的滤纸要紧密，以免活性炭透过滤纸进入溶液中。

(3) 热过滤

热过滤时，为了过滤得较快，可选用一颈短而粗的玻璃漏斗，这样可避免晶体在颈部析出而造成堵塞。在过滤前，要把漏斗放在烘箱中预先烘热，待过滤时才将漏斗取出放在盛滤液的锥形瓶上。按图 2.20(a) 安装好过滤装置。盛滤液的锥形瓶用小火加热。产生的热蒸气可使玻璃漏斗保温。在漏斗中放上折叠滤纸 [图 2.22(e)]。折叠滤纸向外突出的棱边，应紧贴于漏斗壁上。在过滤即将开始前，先用少量热的溶剂润湿，以免干滤纸吸收溶液中的溶剂，使结晶析出而堵塞滤纸孔。过滤时，漏斗上应盖上表面皿（凹面向下），减少溶剂的挥发。盛滤液的容器一般用锥形瓶（只有水溶液才可以收集在烧杯中）。如过滤进行得很顺利，常只有很少的结晶在滤纸上析出（如果此结晶在热溶剂中溶解度很大，则可用少量热溶剂洗下，否则还是弃之为好，以免得不偿失）。若结晶较多时，须用刮刀将晶体刮回到原来的溶样瓶中，再加适量的溶剂加热溶解并过滤（或将滤纸连同晶体放回溶样瓶中加适量的溶剂溶解，重新安放滤纸进行热过滤）。滤毕后，用洁净的塞子塞住盛溶液的锥形瓶，进行冷却。

（4）结晶

将滤液在冷水浴中迅速冷却并剧烈搅动时，可得到颗粒很小的晶体。小晶体包含杂质较少，但其表面积较大，吸附在其表面的杂质较多。若希望得到均匀而较大的晶体，可将滤液（如在滤液中已析出晶体，可加热使之溶解）在室温或保温下使之缓缓冷却。这样得到的晶体往往纯度比较高。

有时滤液中有焦油状物质或胶状物存在使晶体不易析出，或有时还会因形成过饱和溶液也不析出晶体。在这种情况下，可用玻璃棒摩擦器壁以形成粗糙面，使溶质分子呈定向排列而形成晶体，或者投入晶种供给定型晶核，使晶体迅速形成。

（5）抽气过滤，洗涤

将布氏漏斗与抽滤瓶按照图 2.21 连接好。抽滤瓶的侧管用较耐压的胶皮管和水泵相连（最好中间接一安全瓶，再和水泵相连，以免操作不慎，使泵中的水倒流）。布氏漏斗中铺的圆形滤纸要剪得比漏斗内径略小，使其紧贴于漏斗的底壁。为盖住滤孔，在抽滤前先用少量溶剂把滤纸润湿，然后打开水泵将滤纸吸紧，防止固体在抽滤时自滤纸边沿吸入瓶中。将结晶瓶中液体和晶体倒入漏斗中抽气过滤，并用滤液洗出黏附于容器壁上的晶体，过滤。

布氏漏斗中的晶体需用溶剂洗涤，以除去存在于晶体表面的母液。用重结晶所用的同一溶剂进行洗涤。用量应尽量少，以减少溶解损失。洗涤的过程是先将抽气暂时停止，在晶体上加少量溶剂。用刮刀或玻璃棒小心搅动（不要使滤纸松动），使所有晶体润湿。静置一会儿，待晶体被均匀润湿后再进行抽气。为了使溶剂和晶体更好地分开，在进行抽气的同时用清洁的玻璃塞倒置在晶体表面上并用力挤压，一般重复洗涤 1～2 次即可。

（6）晶体的干燥

抽滤和洗涤后的晶体，表面上还吸附有少量的溶剂，需要用适当的方法进行干燥。重结晶后的产物需要通过测定熔点来检验其纯度，在测定熔点前，晶体必须充分干燥，否则熔点会下降。

固体的干燥方法很多，可根据重结晶所用的溶剂及晶体的性质来选择。常用的方法有如下几种。

空气晾干：将抽干的固体物质转移到表面皿上铺成薄薄的一层，再用一张滤纸覆盖以免灰尘沾污，然后在室温下放置，一般要经过几天后才能彻底干燥。

烘干：一些对热稳定的化合物可以在低于该化合物的熔点或接近溶剂沸点的温度下进行干燥。实验室中常用红外线灯或烘箱、蒸汽浴等方式进行干燥。必须注意的是，由于溶剂的存在，晶体可能在比其熔点低得多的温度下就开始熔融了，因此必须十分注意控制温度并经常翻动晶体。

用滤纸吸干：有时晶体吸附的溶剂在过滤时很难抽干，这时可将晶体放在二三层的滤纸上，上面再用滤纸挤压以吸出溶剂。此法的缺点是晶体上易于沾污一些滤纸纤维。

置于干燥器中干燥：普通干燥器［图 2.23(a)］盖与缸身之间的平面经过磨砂，在磨砂处涂以润滑脂，使之密闭。缸中有多孔瓷板，瓷板下面放置干燥剂，上面放置盛有待干燥样品的表面皿等。真空干燥器［图 2.23(b)］干燥效率较普通干燥器好。真空干燥器上有玻璃活塞，用以抽真空，活塞下端呈弯沟状，口朝上，防止在通向大气时，因空气流入太快而将固体冲散。最好另用一表面皿覆盖盛有样品的表面皿。

图 2.23(c) 所示的真空恒温干燥器，可用于少量物质在恒定温度下的真空干燥。在 2 中放置五氧化二磷作为干燥剂，将待干燥样品置于 3 中，回流烧瓶 5 中放置有机液体，其沸点应与干燥的温度接近，打开活塞 1 将仪器抽真空，加热回流烧瓶 5 中的有机液体，利用蒸汽加热 4，从而使样品在恒温条件下得以干燥。当干燥物质的量比较大时，就只能使用真空恒温干燥箱了。

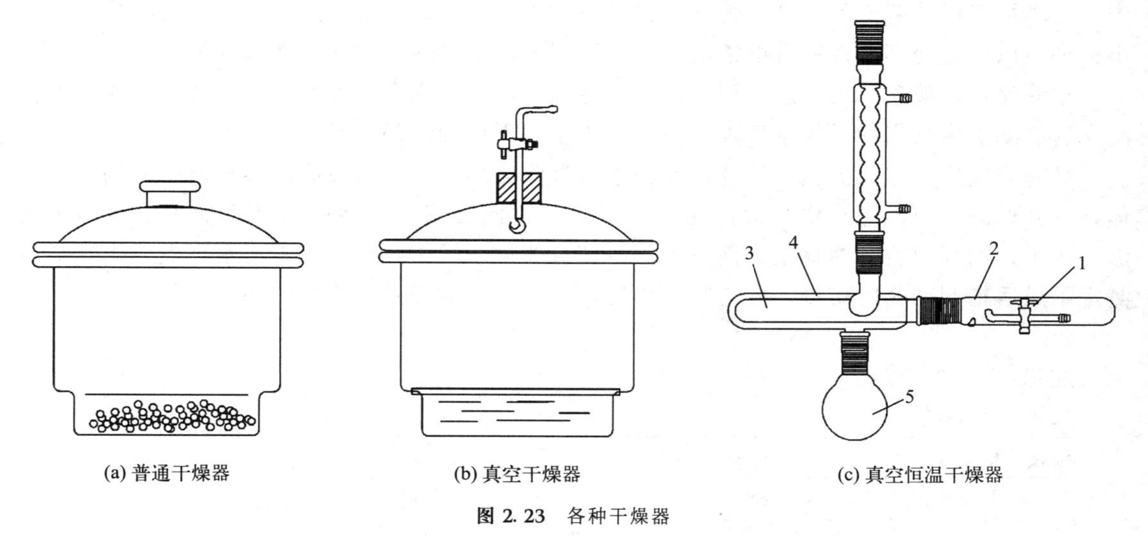

图 2.23 各种干燥器

1—抽真空活塞；2—干燥剂位置；3—待干燥样品位置；4—气体回流加热外套；5—回流烧瓶

使用的干燥剂应根据样品所含的溶剂来选择。例如，五氧化二磷可吸收水；氧化钙可吸收水或酸；石蜡片可吸收乙醚、氯仿、四氯化碳和苯等。有时在干燥器中同时放置两种干燥剂，如在底部放浓硫酸（在浓硫酸中溶有硫酸钡，如已吸收了大量水分，则硫酸钡就沉淀出来，表明已经不再适用于干燥而须重新更换）。另用浅的器皿盛氢氧化钠放在瓷板上，这样来吸收水和酸，效率更高。

干燥好的产品应称量，计算回收率，并测定其熔点确定纯度。如果纯度达不到要求，可再进行重结晶。

实验15　苯甲酸的重结晶

实验目的：

理解重结晶的原理并应用该方法进行固体有机化合物的分离纯化；练习重结晶的基本操作，掌握加热溶样、热过滤、减压过滤的操作要领；掌握固体物质干燥要领；进行苯甲酸的重结晶。

仪器与药品：

烧杯、锥形瓶、玻璃漏斗、布氏漏斗、抽滤瓶、表面皿、酒精灯、电加热器等；滤纸、活性炭、粗苯甲酸

实验操作：

称取粗苯甲酸 1.5 g 于烧杯（或锥形瓶）中，加蒸馏水 30 mL，搅拌条件下，在石棉网上加热至沸腾。若有尚未完全溶解的固体，继续分批加入蒸馏水，每批次约 5 mL，直至沸腾中固体完全溶解（注意观察是否有不溶性杂质存在）。再补加约 10 mL 水（总水量约 55 mL）。煮沸，移去火源，稍冷后加入适量活性炭，搅拌后继续加热微沸 5～10 min。

参照图 2.20(a) 安装装置，将事先预热的短颈漏斗置于铁圈上，放上折叠滤纸，并用少量热水润湿。将上述热溶液迅速地倾入折叠滤纸中，滤入 150 mL 锥形瓶中。在过滤过程中，应尽可能保持溶液的温度。为此可将表面皿盖在玻璃漏斗上，并将未过滤的溶液继续用小火加热以防止冷却。待所有的溶液过滤完毕后，用少量热水洗涤烧杯和滤纸。

过滤完毕，放置，稍冷后，用冷水充分冷却以使结晶完全。如要获得较大的晶体，可在滤完后将滤液中析出的晶体重新加热溶解，于室温下慢慢冷却结晶。

结晶完成后，用布氏漏斗抽滤，使晶体与母液分离，并用母液涮洗锥形瓶中未倒出的晶体，一并过滤。布氏漏斗中的晶体用玻璃塞挤压，使母液尽量除去，然后加少量蒸馏水洗涤，压干，用刮刀将晶体移至表面皿上，摊开成薄层，置于空气中晾干或水浴上干燥。最后测定干燥后精制产物的熔点，并与粗产物熔点做比较，称量并计算回收率。

注释：

苯甲酸的溶解度

温度/℃	4	18	75	100
$S/(g/100g\ H_2O)$	0.18	0.27	2.2	5.9

实验16　乙酰水杨酸的重结晶

实验目的：

理解重结晶的原理并应用该方法进行固体有机化合物的分离纯化；练习重结晶的基本操作，掌握加热溶样、热过滤、减压过滤的操作要领；掌握固体物质干燥要领；进行乙酰水杨酸的重结晶。

仪器与药品：

烧杯、锥形瓶、玻璃漏斗、布氏漏斗、抽滤瓶、表面皿、酒精灯、电加热器等；滤纸、活性炭、乙酰水杨酸（可用实验中合成的粗产品，参见第 3 章有机化合物制备部分）

实验操作：

称取粗乙酰水杨酸 1.5 g 于烧杯（或锥形瓶）中，分批加蒸馏水并在搅拌条件下加热至沸腾且固体完全溶解（注意观察是否有不溶性杂质存在）。再补加约 20% 水（以固体刚好全溶的总水量计算）。煮沸，移去火源，稍冷后加入适量活性炭，搅拌后继续加热微沸 5 min。

参照图 2.20(a) 安装装置，后续的具体操作同实验 15。

思考题：

1. 什么样的有机化合物可用重结晶的方法分离纯化？

2. 简述有机化合物重结晶的步骤和各步骤的目的。

3. 有机化合物进行重结晶时，最合适的溶剂应具有哪些特点？

4. 加热溶解重结晶粗产品时，为什么先加入比计算量（根据溶解度数据）略少的溶剂，然后渐渐添加至恰好溶解，最后还要多加一定量的溶剂？

5. 将溶液进行热过滤时，为什么要尽可能保持溶液的温度？可采取什么措施？

6. 在布氏漏斗中用溶剂洗涤晶体时应怎样操作？

7. 重结晶后晶体干燥的方法有哪些？

2.4.2 升华

升华是纯化固体有机化合物的一种方法。利用升华可除去不挥发性杂质，或分离不同挥发度的固体混合物。

1. 基本原理

升华是指固体物质不经过液态直接转变成蒸气的现象。对有机化合物的提纯来说，重要的是使物质蒸气不经过液态而直接转变成固态，因为这样能得到高纯度的物质。一般说来，对称性较高的固体物质具有较高的熔点，且在熔点温度以下具有较高的蒸气压，易于采用升华的方式来提纯。

2. 实验装置和仪器

升华包括常压升华和减压升华。

常压升华装置如图 2.24(a) 所示。在空气或惰性气体流中进行升华的装置见图 2.24(b)，减压升华装置如图 2.24(c) 所示。

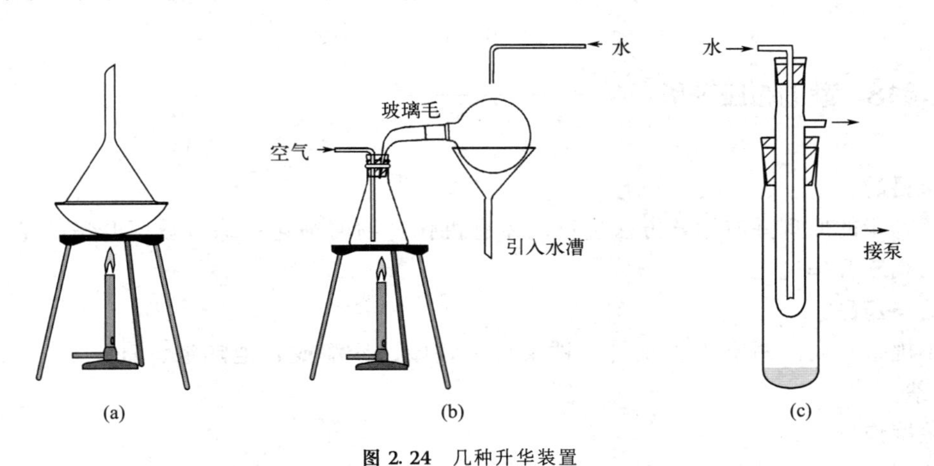

图 2.24　几种升华装置

3. 实验操作

常压升华参照图 2.24(a) 安装装置，在蒸发皿或烧杯中放置粗产品，蒸发皿上面覆盖一张刺有许多小孔的滤纸（最好在蒸发皿的边缘上先放置大小合适的用石棉纸做成的窄圈，用以支持此滤纸）。然后将大小合适的玻璃漏斗倒盖在上面，漏斗的颈部塞有玻璃毛或脱脂棉团，以减少蒸气逃逸。或将大小合适的圆底烧瓶置于烧杯上，烧瓶内装冷水，在石棉网上渐渐加热蒸发皿或烧杯（最好能用沙浴或其他热浴），小心调节火焰，控制浴温低于被升华物质的熔点，使其慢慢升华。蒸气通过滤纸小孔上升，冷却后凝结在滤纸上、漏斗壁或烧杯上。

在空气或惰性气体流中进行升华，参照图 2.24(b) 安装装置，在锥形瓶中放置粗产品。锥形瓶上配有两孔塞，一孔插入玻管以导入空气或惰性气体；另一孔插入接液管，接液管的另一端伸入圆底烧瓶中，烧瓶口塞一些脱脂棉或玻璃毛。当物质开始升华时，通入空气或惰性气体，带出的升华物质遇到冷水冷却的烧瓶壁就凝结在壁上。

减压升华参照图 2.24(c) 安装装置，将固体物质放在大支管试管中，然后将另一通有冷水的支管试管塞入大支管试管，塞紧后利用水泵或油泵减压，接通冷水流，将吸滤管在水浴或油浴中加热，使之升华。

实验17 樟脑的升华

实验目的：

理解升华的原理并应用该方法进行固体有机化合物的纯化；练习常压升华的基本操作；进行樟脑的常压升华纯化。

仪器与药品：

蒸发皿或烧杯、玻璃漏斗或圆底烧瓶、铁架台及铁圈、沙浴或其他热浴；粗樟脑

实验操作：

按照图 2.24(a) 安装好仪器，取 1.0 g 粗樟脑于蒸发皿或烧杯中，漏斗的颈部塞有玻璃毛或脱脂棉团，以减少蒸气逃逸，或将大小合适的圆底烧瓶置于烧杯上，烧瓶内装冷水。在石棉网上渐渐加热蒸发皿或烧杯（最好能用沙浴或其他热浴），小心调节火焰，控制浴温低于被升华物质的熔点，使其慢慢升华。缓慢加热，观察樟脑气化和凝固过程，收集升华产品，称量回收。

实验18 萘的减压升华

实验目的：

理解升华的原理并应用该方法进行固体有机化合物的纯化；练习减压升华的基本操作；进行萘的减压升华纯化。

仪器与药品：

大小规格不同的两支支管试管、铁架台及铁圈、沙浴或其他热浴、真空泵（或循环水泵）；粗萘

实验操作：

按照图 2.24(c) 安装好仪器，取 1.0 g 粗萘放在大支管试管中，然后将通有冷水的小支管试管的橡胶塞紧塞住管口，接通冷水，打开真空泵（或水射泵）抽真空，并用水浴（或油浴）对试管加热。观察萘气化和凝固过程，收集升华产品，称量回收。

思考题：

1. 什么是升华？什么样的有机化合物具有升华性质？

2. 为什么樟脑可采用常压升华的方法，而萘采用减压升华（或升华中通以空气、惰性气体）的方法？

2.5 色谱分离技术

色谱法是分离纯化和鉴定有机化合物的重要方法之一，具有极其广泛的用途。

早期用此法来分离有色物质时，往往得到颜色不同的色层，色层（谱）一词由此得名。但现在被分离的物质无论有色与否，都能适用。因此，色谱一词早已超出原来的含义。

色谱法与溶剂萃取法相似，也是以相分配原理为依据。利用混合物中各组分在某一物质中的吸附、溶解性能的不同或其他亲和作用性能的差异，在混合物的溶液流经该种物质时，通过反复的吸附或分配作用，将各组分分开。流动的混合物溶液称为流动相，固定的物质称为固定相。如果化合物和固定相的作用较弱，那么它将在流动相的冲洗下会较快地从色谱体系中流出来；反之化合物和固定相的作用较强，它将较慢地从色谱体系中流出来。根据操作条件的不同，色谱法可分为柱色谱、纸色谱、薄层色谱、气相色谱及高效液相色谱等类型。有机化学实验常用的有薄层色谱、柱色谱和纸色谱。

应用色谱法的目的有两个：一是用于分析，二是用于制备分离。根据实验目的的不同，实际操作中要把握好速度、分离度与分析样品量的关系，如果想得到比较纯的样品，那么上样量就不必太多，样品量少有利于各组分的分离。

色谱法分离混合物时各组分在固定相表面存在不同的吸附与脱附的平衡，一个分子的吸附性能与极性有关，也与吸附剂的活性及流动相的极性有关。

化合物的极性很大程度依赖于官能团的极性强弱，因此不同类型的化合物往往表现出不同的吸附能力，常见官能团的极性顺序如下：

饱和烃＜烯烃＜芳烃、卤代烃＜硫化物＜醚类

硝基化合物＜醛、酮、酯＜醇、胺＜亚胺＜酰胺＜羧酸

当然这一顺序只是经验值，比较粗略，对于复杂化合物的极性只能通过实验比较。

在色谱分离中选用何种吸附剂要视被分离的化合物性质而定。理想的吸附剂应该具备以下条件：能够可逆地吸附待分离的物质；不能使被吸附物质发生化学变化；粒度大小应使展开剂以均匀的流速通过。硅胶是实验室应用最广的吸附剂，吸附作用也较强，可用于多种有机化合物的分离，市场上有各种不同孔径大小的硅胶供应。由于硅胶略带酸性（能与强碱性有机化合物发生作用），所以适用于极性较大的酸性和中性化合物的分离。纤维素和淀粉的吸附活性较小，因而多用于分离多官能团的天然产物。氧化铝也是一个用途很广的吸附剂，吸附能力强，而且有酸性、碱性和中性三种形式，酸性氧化铝的 pH 接近于 4，可用于分离氨基酸和羧酸，碱性氧化铝的 pH 在 10 左右，用于分离胺类化合物，中性氧化铝 pH 在 7 左右，用于分离中性有机化合物。

影响色谱分离度的另一个重要因素是洗脱剂，洗脱剂的选择主要根据样品的极性、溶解度和吸附剂的活性等因素来考虑。溶剂的极性越大，对特定化合物的洗脱能力也越大。色谱用的展开剂绝大多数是有机溶剂，各种溶剂极性顺序如下：

己烷和石油醚＜环己烷＜四氯化碳＜三氯乙烯＜二硫化碳＜甲苯＜苯＜二氯甲烷＜氯仿＜乙醚＜乙酸乙酯＜丙酮＜丙醇＜乙醇＜甲醇＜水＜吡啶＜乙酸

其中，四氯化碳、苯、氯仿、甲醇等具有一定毒性，应减少使用。这些溶剂可以单独使用，也可以组成混合溶剂使用，特殊情况下还可以先后采用不同极性的溶剂实现梯度淋洗。

2.5.1 薄层色谱

1. 基本原理

薄层色谱法（thin layer chromatography）常用 TLC 表示，是一种微量、快速而简单的色谱法。它兼备了柱色谱和纸色谱的优点。一方面适用于小量样品（几十微克）的分离；另一方面若在制作薄层板时把吸附层加厚，将样品点成一条线，则可分离多达 500 mg 的样品。因此又可用来精制样品。它是将固定相均匀地涂在薄板（如玻璃板）上，依靠毛细作用力或重力使流动相通过固定相的一种色谱。该法设备简单、快速简便、选择性强。它不仅适用于有机化合物的鉴定、纯度的检验、定量分离和反应过程的监控，而且还常用于柱色谱的先导，即在大量分离之前，先用薄层色谱进行探索，初步了解混合物的组成情况，寻找适宜的分离条件。在柱色谱之后，还可用薄层色谱鉴定洗脱液中的组分。

2. 实验操作

（1）薄层板的制备

取 7.5 cm×2.5 cm 左右的载玻片 5 片，洗净晾干。

在 50 mL 烧杯中放置 3 g 硅胶 G，逐渐加入 0.5%羧甲基纤维素钠（CMC）水溶液 8 mL，调成均匀的糊状。用滴管吸取此糊状物，涂于上述洁净的载玻片上，用手将带浆的载玻片在玻璃板或水平的桌面上做上下轻轻摇动，并不时转动方向，制成薄厚均匀、表面光洁平整的薄层板。涂好硅胶 G 的薄层板置于水平的玻璃板上，在室温放置 0.5 h 后，放入烘箱中，缓慢升温至 110 ℃，恒温 0.5 h，取出，稍冷后置于干燥器中备用。

（2）点样

取用上述方法制好的薄层板。分别在距一端 1 cm 处用铅笔轻轻画一横线作为起始线。将样品溶液用管口平整的毛细管滴加于离薄层板一端约 1 cm 处的起点线上。点样用毛细管要细，样点要小（直径不应超过 2 mm），若样点的颜色较浅，可重复点样，重复点样前必须待前次样点干燥后进行。

（3）展开

将点好样的薄层板晾干或吹干后置于盛有展开剂的展开槽内，浸入深度为 0.5 cm，见图 2.25 或图 2.26。待展开剂前沿离顶端约 1 cm 附近时，将薄层板取出，干燥后喷以显色剂，或在紫外灯下显色。

记录原点中心至主斑点中心和原点中心至展开剂前沿的距离，计算比移值（R_f）：

$$R_f=\frac{\text{原点中心到组分斑点中心的距离}}{\text{原点中心到展开剂前沿的距离}}$$

因为同一物质在相同的实验条件下才具有相同的 R_f，所以在利用薄层色谱分离与鉴定各种化合物时，为了得到重复和较可靠的结果，必须严格控制条件，如吸附剂和展开剂的种类、色谱温度等；在测定时，最好用标准物质进行对照。

图 2.25　薄层色谱展开示意图 1　　　　图 2.26　薄层色谱展开示意图 2

薄层色谱可采取图 2.25 和图 2.26 的装置进行展开。实验中也可用带塞的广口瓶作盛放展开剂的容器。

实验19　薄层色谱实验

实验目的：

理解色谱的原理并应用薄层色谱进行有机化合物的分离、鉴别；掌握薄层色谱的制板、点样和展开的基本操作要领；进行间硝基苯胺和苏丹Ⅲ的分离、鉴别。

仪器与药品：

载玻片、烧杯、硅胶 G、广口瓶（带塞）；0.5%羧甲基纤维素钠水溶液、1%间硝基苯胺的丙酮溶液、1%苏丹Ⅲ的丙酮溶液、前两者 1∶1 的混合液、5∶1 的石油醚-乙酸乙酯

实验操作：

1. 薄层板的制备

按前述的方法制备两块薄层板。

2. 点样

取两块用上述方法制好的薄层板，分别在距一端 1 cm 处用铅笔轻轻画一横线作为起始线。取管口平整的毛细管插入样品溶液中，在第一块板的起始线上点 1%的间硝基苯胺的丙酮溶液和混合液两个样点，在第二块板的起始线上点 1%苏丹Ⅲ的丙酮溶液和混合液两个样点，样点间相距 1～1.5 cm。如果样点的颜色较浅，可重复点样，重复点样前必须待前次样点干燥后进行。样点直径不应超过 2 mm。

3. 展开

在 250 mL 广口瓶中放入 5∶1 的石油醚-乙酸乙酯作为展开剂。待样点干燥后，小心放入已加入展开剂的广口瓶中进行展开。瓶的内壁贴一张高 5 cm，环绕周长约 4/5 的滤纸，下面浸入展开剂中，以使容器内被展开剂蒸气饱和。点样一端浸入展开剂深度为 0.5 cm。盖好瓶塞，观察展开剂前沿上升至离板的上端 1 cm 处取出，尽快用铅笔在展开剂上升的前沿处画一记号，晾干后观察分离的情况，求算二者的 R_f。

思考题：

1. 薄层色谱的铺板要领是什么？

2. 涂层的均匀度对实验有什么影响?

2.5.2 柱色谱

柱色谱法又称柱上层析法。它是提纯少量物质的有效方法，常见的有吸附色谱、分配色谱和离子交换色谱。吸附色谱常用氧化铝和硅胶为吸附剂，填装在柱中的吸附剂把混合物中各组分先从溶液中吸附到其表面上，而后用溶剂洗脱。溶剂流经吸附剂时发生无数次吸附和脱附的过程，由于各组分被吸附的程度不同，吸附强的组分移动慢，留在柱的上端，吸附弱的组分移动得快而在下端，从而达到分离的目的。分配色谱与液-液连续萃取法相似，它是利用混合物中各组分在两种互不相溶的液相间的分配系数不同而进行分离，常以硅胶、硅藻土和纤维素作为载体，以吸附的液体作为固定相。离子交换色谱是基于溶液中的离子与离子交换树脂表面的离子之间的相互作用，使有机酸、碱或盐类得到分离。

(1) 吸附剂的选择

理想的吸附剂应该具备以下条件：能够可逆地吸附待分离的物质；不能使被吸附物质发生化学变化；粒度大小应使展开剂以均匀的流速通过色谱柱。硅胶是实验室应用最广的吸附剂，市场上有各种不同孔径大小的硅胶供应。由于它略带酸性，能与强碱性有机化合物发生作用，所以适用于极性较大的酸性和中性化合物的分离。

吸附剂的用量与待分离样品的性质和吸附剂的极性有关。通常吸附剂用量为样品量的30～50倍，如样品中各组分性质相似，则用量应更大。

(2) 溶剂和洗脱剂的选择

一般将用以溶解样品的液体称为溶剂，而用来冲洗色谱柱的液体称为洗脱剂或淋洗液，两者常为同一物质。在选择时可根据样品中各组分的极性、溶解度和吸附剂的活性等来考虑，且经常要凭经验决定。

洗脱剂的极性大小对混合物的分离影响较大。极性越大，洗脱能力或展开能力越强，化合物移动就越远。因此，所用的洗脱剂应从极性小的开始，以后逐渐增加极性。也可以使用混合溶剂，其极性介于单一溶剂极性之间，逐步增加极性较大溶剂的比例，使吸附强的组分洗脱下来。有时还可以采用梯度淋洗法，即在洗脱过程中，连续改变洗脱剂的组成比例，使溶剂极性逐渐增加，这样洗脱可使样品中的组分在较短时间内分离完毕。

(3) 色谱柱的装填

色谱柱一般用透明的玻璃做成，便于观察实验情况。底部的玻璃活塞应尽量不涂油脂，以免污染洗脱液。柱子大小视待分离样品的量而定，通常柱的直径与高度之比为1∶10～1∶70。

先将色谱柱垂直地固定于支架上，柱的下端铺一层脱脂棉（或玻璃毛）。为了保持吸附剂表面平整，可在脱脂棉上再铺一层约5 mm厚的石英砂，有的色谱柱下端已是用砂心片烧结而成，可直接装柱。

干法装柱：在柱的上端放一玻璃漏斗，使吸附剂经漏斗成一细流，慢慢注入柱中，并经常用橡胶锤或大橡胶塞轻轻敲击管壁，使其填装均匀，直到吸附剂的高度约为柱长的3/4为止。然后沿管壁慢慢地倒入洗脱剂，使吸附剂全部润湿，并略有多余。最后在吸附剂顶部盖一层约5 mm厚的石英砂。由于这种方法在添加溶剂时易出现气泡，吸附剂也可能发生溶胀，所以一般很少采用。为了克服上述缺点，通常先将洗脱剂加入柱内，约为柱高的3/4处，然后一边通过活塞使洗脱剂缓缓流出，一边将吸附剂通过玻璃漏斗慢慢加入，同时用橡胶锤轻轻敲击柱身，待完全沉降后，再铺上石英砂或用小的圆滤纸覆盖，以防加入样品或洗脱剂冲动吸附剂表面。

湿法装柱：将洗脱剂装入约为柱高的1/2后，把下端的活塞打开，使洗脱剂一滴一滴地流出，然后通过玻璃漏斗将调好的吸附剂和洗脱剂的糊状物慢慢地倒入柱内。加完后继续让洗脱剂流出，直到吸附剂完全沉降，高度不变为止，最后再加入石英砂或一张圆滤纸。这种方法比干法好，因为它可把留在吸附剂内的空气全部赶出，使吸附剂均匀地填在柱内。

（4）加样与洗脱

柱填装后，让洗脱剂继续流出，到液面刚好接近吸附剂表面时关闭活塞。将样品溶于少量洗脱剂中，小心地沿柱壁加入柱中，形成均匀的薄层，打开活塞，直到液面接近吸附剂表面时再关闭活塞。用少量洗脱剂洗涤柱壁上的样品，重新打开活塞使液面下降至吸附剂表面。重复3次，使样品全部进入吸附剂，然后用洗脱剂洗脱。洗脱速度不宜过快，以每秒1～2滴为宜，否则柱中交换来不及达到平衡而影响分离效果。操作过程中要及时添加洗脱剂，不要让洗脱剂流干，否则易产生气泡或裂缝，影响分离效果。

收集的洗脱液一般5～20 mL为一瓶，具体的量要视情况而定。所得洗脱液可用薄层色谱或纸色谱跟踪，并决定能否合并在一起。对于有色物质，也可按色带分别收集。无色的样品如经紫外光照射能呈现荧光的，可用紫外光照射来观察和监测混合物展开和洗脱的情况。

洗脱液合并后，蒸去溶剂就可以得到某一组分。如果是几个组分的混合物，需用新的色谱柱或通过其他方法进一步分离。

实验20 柱色谱实验

实验目的：

了解柱色谱的原理及应用；初步掌握柱色谱的操作方法。

实验原理：

柱色谱通常在玻璃管中填入比表面积大，经过活化的多孔性或粉状固体吸附剂。当待分离的混合物流过吸附柱时，各种成分同时被吸附在柱的上端。当洗脱剂流下时，由于不同的化合物吸附能力也不同，洗脱速度也不同，于是形成了不同的色带，分别按色带收集各组分。

仪器与药品：

15 cm×1.5 cm色谱柱或25 mL酸式滴定管、漏斗、锥形瓶；中性氧化铝（100～200目）、石英砂、溶有1 mg荧光黄和1 mg碱性湖蓝BB的95%乙醇溶液

实验操作：

1. 装柱：取少许玻璃毛轻轻放于色谱柱底部，再盖一层0.5 cm厚的石英砂，关闭活塞，向柱中倒入95%乙醇10 mL，打开活塞，控制流速为1滴/s，再将调成糊状的8 g氧化铝与10 mL乙醇的混合物倒入柱中，使氧化铝自然沉降。再在上面加0.5 cm厚的石英砂。保持一定流速，不能使液面低于石英砂上层。装置如图2.27所示。

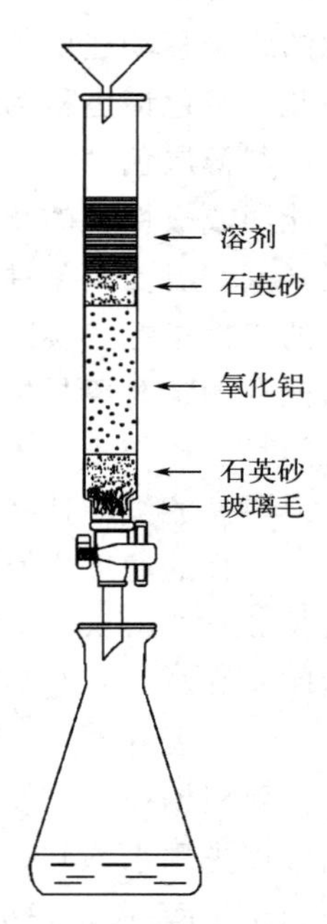

图2.27 色谱柱装置

2. 装样：当溶剂液面刚好流至石英砂面时，立即沿柱壁加入5～8

滴荧光黄和碱性湖蓝 BB 的混合液，当此溶液流至石英砂面时，用少量乙醇溶液洗净管壁上的有色物质。继续用 95%的乙醇溶液进行洗脱。

3. 极性小的湖蓝 BB 首先被洗脱，这时更换另一接收瓶，滴至无色，再换一接收瓶，用 3% Na_2CO_3 溶液继续洗脱极性大的荧光黄，即可分别得到两种染料。

注释：

[1] 玻璃毛不要塞得太紧，否则影响洗脱速度。

[2] 色谱柱要填装紧密，表面平整。

[3] 固定相要始终浸于溶液中，防止柱身干裂。

[4] 色谱柱的活塞不涂凡士林。

思考题：

1. 色谱柱中若留有空气或填装不均匀，对分离效果有什么影响？如何避免？

2. 物质的极性与吸附性有什么关系？

3. 当分离的物质为无色时，有哪些显色方法？

2.5.3 纸色谱

纸色谱法又称纸上层析法，其实验技术与薄层色谱有些相似，但分离的原理更接近于萃取。在纸色谱中，滤纸是载体，不是固定相，滤纸上的水才是固定相（纤维素能吸附高达22%的水），展开剂为流动相。当色谱展开时，溶剂受毛细作用，沿滤纸上升经过点样处，样品中各组分在两相中不断进行分配。由于它们的分配系数不同，在流动相中具有较大溶解度的组分移动速度较快，而在水中溶解度较大的组分移动速度较慢，从而达到分离的目的。因此，纸色谱也称为纸上分配色谱。

与薄层色谱一样，纸色谱也用于有机化合物的分离、鉴定和定量测定。它特别适用于多官能团或极性大的化合物的分析，如糖类化合物、氨基酸和天然色素等。只要滤纸的质量、展开剂和温度等条件相同，比移值（R_f）对于每种化合物都是一个特定的值，可作为各组分的定性指标。实际上，由于影响比移值的因素很多，实验数据与文献记载的不完全相同，因此在测定时要与标准样品对照才能断定是否为同一物质。纸色谱的缺点是溶剂展开所需的时间长，操作不如薄层色谱方便。

（1）滤纸的选择

选择的滤纸应厚薄均匀、平整无折痕，通常用新华 1 号滤纸。滤纸大小可自行选择，一般长 20～30 cm，宽度以样品个数多少而定。操作时手指不能与滤纸的色谱部分接触，否则指印将和斑点一起显出。

（2）展开剂的选择

要根据被分离物质的性质选用合适的展开剂。水是展开剂的组分之一，因此所有展开剂通常需先用水饱和，以使溶剂在滤纸上移动时有足够水分供给滤纸吸附。文献中所指的展开剂如正丁醇-水，就是指用水饱和的正丁醇。

（3）点样

点样方法与薄层色谱类似。

(4) 展开

展开需在密闭的层析缸中进行，在层析缸中加入展开剂，将滤纸的一端悬挂在层析缸的支架上，另一端浸在展开剂液面以下 1 cm 左右，并使试样的原点在液面之上。由于毛细作用，展开剂沿滤纸条慢慢上升，当接近终点时，取出纸条，记下展开剂前沿位置，晾干。也可将滤纸卷成大圆筒，使点样线在筒的内部进行展开。展开方式除了上述上升法外，还有下降法、双向层析法和环行法等。

(5) 显色

纸色谱的显色与薄层色谱相似。

实验21 纸色谱实验

实验目的：

理解纸色谱的原理和应用纸色谱进行有机化合物的分离、鉴别；掌握纸色谱基本操作要领，进行分离、鉴别。

仪器与药品：

滤纸、烧杯、硅胶 G、广口瓶（带塞）；0.5%羧甲基纤维素钠水溶液、1%偶氮苯的苯溶液、1%苏丹Ⅲ的苯溶液、9∶1 的无水苯-乙酸乙酯

实验操作：

将滤纸在展开剂的蒸气中放置过夜，在滤纸一端 2～3 cm 处用铅笔画好起始线，然后将要分离的样品溶液用毛细管点在起始线上。待样品溶剂挥发后，将滤纸的另一端悬挂在展开槽的玻璃钩上使滤纸下端与展开剂接触。由于毛细作用，展开剂沿滤纸条上升。当展开剂前沿接近滤纸上端时，将滤纸取出，记下溶剂的前沿位置，晾干。若被分离物中各组分是有色的，滤纸条上就有各种颜色的斑点显出。

按下式计算化合物的比移值（R_f）：

$$R_f=\frac{\text{溶质的最高浓度中心至原点中心的距离}}{\text{溶剂前沿至原点中心的距离}}$$

R_f 受被分离化合物的结构、固定相与流动相的性质、温度以及滤纸的质量等因素的影响。当温度、滤纸等实验条件固定时，比移值就是一个特有的常数，因而可作定性分析的依据。由于影响 R_f 的因素很多，实验数据往往与文献记载不完全相同，因此在鉴定时常常采用标准样品作对照。此法一般适用于微量有机化合物（5～500 mg）的定性分析，分离出来的色点也能用比色方法进行定量分析。

当分离无色的混合物时，通常将展开后的滤纸风干后，置于紫外灯下观察是否有光，或者根据化合物的性质，喷上显色剂，观察斑点位置，它与 TLC 显色方法相似。

思考题：

1. 色谱分析中，什么是比移值 R_f？为什么可以用 R_f 来鉴定化合物？

2. 薄层色谱或纸色谱中，点样和展开在操作上应注意什么问题？操作的好坏对实验结果有什么影响？

2.5.4 气相色谱

1. 基本原理

组分性质不同，在固定相上的溶解或吸附能力不同，即它们的分配系数大小不同。分配系数大的组分在固定相上的溶解或吸附能力强，停留时间也长，移动速度慢，因而后流出柱子。可见只要选择合适的固定相，使被分离组分的分配系数有足够差别，再加上对色谱柱和其他操作条件的合理选择，就可得到令人满意的分离效果。

2. 气相色谱仪的结构

气相色谱仪由五大系统组成：气路系统、进样系统、分离系统、温度控制系统以及检测和记录系统，结构如图 2.28 所示。

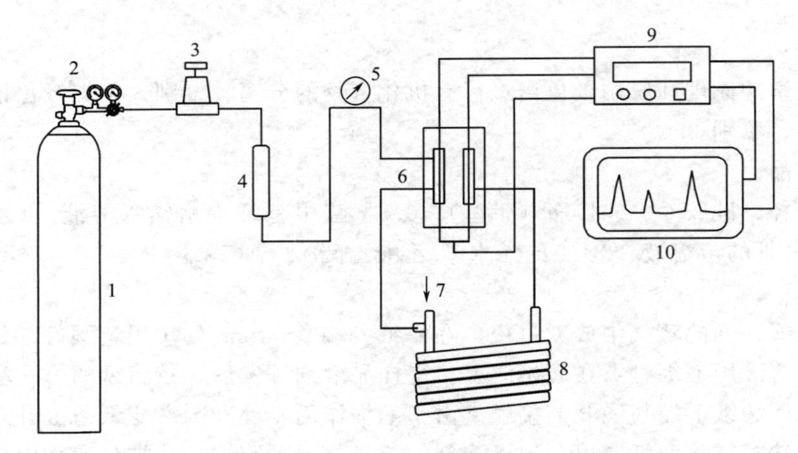

图 2.28 气相色谱流程及仪器设备

1—高压钢瓶；2—减压阀；3—流量精密调节器；4—净化器；5—压力表；6—检测器；7—进样器和气化室；8—色谱柱；9—测量电桥；10—记录仪

（1）气路系统

气相色谱仪具有一个让载气连续运行、管路密闭的气路系统。通过该系统可以获得纯净的、流速稳定的载气。它的气密性、载气流速的稳定性以及测量流量的准确性，对色谱结果均有很大的影响，因此必须注意控制。

（2）进样系统

进样系统包括进样器和气化室两部分。

进样系统的作用是将液体或固体试样在进入色谱柱之前瞬间气化，然后快速定量地转入色谱柱中。进样量的大小、进样时间的长短、试样的气化速度等都会影响色谱的分离效果及分析结果的准确性和重现性。

（3）分离系统

分离系统由色谱柱组成。色谱柱主要有两类：填充柱和毛细管柱。

（4）温度控制系统

温度直接影响色谱柱的选择分离、检测器的灵敏度和稳定性。温度控制主要指对色谱柱炉、气化室、检测室的温度进行控制。色谱柱的温度控制方式有恒温和程序升温两种。

对于沸点范围很宽的混合物，一般采用程序升温法进行。程序升温指在一个分析周期内柱温随时间由低温向高温作线性或非线性变化，以达到用最短时间获得最佳分离效果的目的。

(5) 检测和记录系统

1) 检测系统。

根据检测原理的差别，气相色谱检测器可分为浓度型和质量型两类。

浓度型检测器测量的是载气中组分浓度的瞬间变化，即检测器的响应值正比于组分的浓度，如热导检测器（TCD）和电子捕获检测器（ECD）。

质量型检测器测量的是载气中所携带的样品进入检测器的速度变化，即检测器的响应信号正比于单位时间内组分进入检测器的质量，如火焰离子化检测器（FID）和火焰光度检测器（FPD）。

2) 记录系统。

记录系统是一种能自动记录由检测器输出的电信号的装置。

实验22 气相色谱法测定乙酸乙酯

实验目的：

了解气相色谱分析仪的基本流程，由学生自己根据学过的知识去摸索实验最佳条件，然后完成色谱分析全过程。

仪器与药品：

岛津 GC-14B 气相色谱仪（不锈钢填充柱、火焰离子化检测器）、微量注射器；乙酸乙酯

实验操作：

1. 色谱柱的制备。
2. 将色谱柱接入色谱仪，完成分析前的一切工作。
3. 操作条件选择：可自己初步拟定分离条件，在分离后加以改进。

建议条件如下：柱温 50 ℃，检测室温度 120 ℃，气化室温度 110 ℃。氢气和空气流量分别为 35 mL/min 和 350 mL/min。

4. 结果处理：在色谱工作站上完成。

思考题：

有很多因素影响柱效，如柱温、载气流量、固定液含量、载气性质、进样速度、进样量等，对自己拟定的分析方法和结果进行讨论。

2.5.5 液相色谱

1. 基本原理

液相色谱按分离原理可分为吸附色谱、键合相色谱、离子交换色谱和凝胶排阻色谱。吸附色谱法是当组分分子流经固定相（吸附剂，如硅胶或氧化铝）时，不同组分分子、流动相分子会对吸附剂表面的活性中心展开吸附竞争。这种竞争能力的大小决定了保留时间长短，

即被活性中心吸附得越牢的分子保留值越大。采用化学键合固定相实现物质分离的方法称为键合相色谱。化学键合固定相是通过化学反应将各类有机官能团键合到硅胶表面而制得的。若采用极性键合相，非极性流动相，则称为正相色谱；采用非极性键合相，极性流动相，则称为反相色谱。保留值的大小取决于组分分子与键合固定液分子间作用力的大小。离子交换色谱的固定相是离子交换树脂。流动相中的待分离离子与固定相上的离子可以发生可逆的离子交换，由于待分离离子与固定相上的离子亲和力不同，从而达到分离的目的。组分离子对交换剂基体离子亲和力越大，保留时间就越长。凝胶排阻色谱法的固定相是一类孔径大小有一定范围的多孔材料。被分离的分子大小不同，它们扩散渗入多孔材料的容易程度不同，小分子最易扩散进入细孔中，保留时间最长；大分子完全排斥在孔外，随流动相很快流出，保留时间最短。

2. 液相色谱仪的结构

高效液相色谱仪由高压输液系统、进样系统、分离系统、检测系统、记录系统五大部分组成，结构如图 2.29 所示。

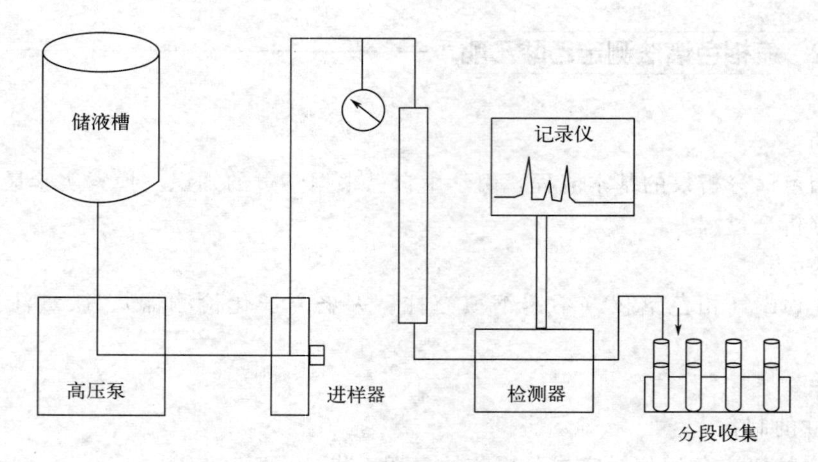

图 2.29 高效液相色谱流程

(1) 高压输液系统

高压输液系统由储液槽、高压泵、梯度洗脱装置和压力表等组成。

(2) 进样系统

进样系统包括进样口、注射器和进样阀等，它的作用是把分析试样有效地送入色谱柱上进行分离。

(3) 分离系统

分离系统包括色谱柱、恒温器和连接管等部件。色谱柱一般用内部抛光的不锈钢管制成。其内径为 2～6 mm，柱长为 10～50 cm，柱形多为直形，内部充满微粒固定相。柱温一般为室温或接近室温。

(4) 检测系统

检测器是液相色谱仪的关键部件之一。对检测器的要求是：灵敏度高、重复性好、线性范围宽、死体积小，以及对温度和流量的变化不敏感等。

在液相色谱中有两种类型的检测器：一类是溶质型检测器，它仅对被分离组分的物理或化学特性有响应，如紫外检测器、荧光检测器、电化学检测器等；另一类是总体检测器，它对试样和洗脱液总的物理和化学性质响应，如示差折光检测器等。

（5）记录系统

记录系统是一种能自动记录由检测器输出的电信号的装置。记录器可采用记录仪或色谱工作站。

高效液相色谱可用于有机化合物的分离、分析。目前，已有 80%的有机化合物能用高效液相色谱进行分离、分析，特别是那些高沸点、难挥发、热稳定性差、高分子量、离子型有机化合物也能用高效液相色谱进行分离、分析。

2.5.6 液相色谱-质谱

液相色谱-质谱（liquid chromatography-mass spectrometry，LC-MS）综合应用色谱和质谱对复杂样品能进行分离和鉴别的特点，对复杂混合物中各组成的含量和结构进行分析测定。该联用技术由 Horning 自 20 世纪 70 年代进行开创性研究以来，各种商品化仪器相继问世，成为药物研究中不可或缺的有效工具。利用 LC-MS 方法分析样品，高效快速且灵敏度高，只需对样品进行简单预处理或衍生化，可以避免常规 HPLC 法仅基于保留时间对物质进行定性的甚至错误的判断，其结果的可靠性大大提高。此法尤其适用于含量少、不宜分离得到或在分离过程中容易发生变化或损失的成分。随着各种离子化技术的不断出现，LC-MS 的联用在生物、医药等领域的地位越来越重要。

1. LC-MS 联用的接口技术

液相色谱-质谱联用仪主要由色谱仪、接口、质谱仪、电子系统、记录系统和计算机系统六大部分组成。混合样品注入色谱仪后，经色谱柱进行分离。从色谱仪流出的被分离组分依次通过接口进入质谱仪，并首先到达离子源处被离子化，然后离子在加速电压作用下进入质量分析器进行质量分离。分离后的离子按质量的大小，先后由收集器收集，并记录质谱图。根据质谱峰的位置和强度可对样品的成分和结构进行分析。

液相色谱仪与质谱仪联用时，存在着以下困难问题需要解决：

① 色谱仪与质谱仪的压力匹配问题。质谱仪要求在高真空［$1.33\times(10^{-5}\sim10^{-2})$Pa，即 $10^{-7}\sim10^{-5}$ mmHg］条件下工作，而液相色谱仪柱后压力约为常压 1.013×10^{5} Pa（760 mmHg）。色谱流出物直接引入质谱的离子源时，可能破坏质谱仪的真空度而不能正常工作。

② 色谱仪与质谱仪的流量匹配问题。一般质谱仪最多只允许 1～2 mL/min 气体进入离子源，而流量通常为 1 mL/min 的液体流动相气化后，气体的流量为 150～1200 mL/min。

③ 气化问题。被色谱分离后的样品必须以气态的、未发生裂解和分子重排的形式进入质谱仪离子源。这就要求色谱流出物在进入质谱仪以前气化。HPLC 的流出物为液体，必须采用不使组分发生化学变化的方法使之气化。

由于 MS 对高真空度、高温、气相和低流速的操作要求，与 HPLC 的液相操作、高压、高流速和相对低温等实际特点之间存在矛盾，因此要解决矛盾，实现液相色谱仪与质谱仪的联机，一般要在两种仪器之间加入一种称为接口的连接装置。接口是色谱-质谱的关键部件，它起着除去大量色谱流动相浓集样品和气化样品的作用。接口性能很大程度上决定着色谱-质谱联用仪性能的优劣。

在接口研制方面，前后发展了有 20 多种，其中主要有直接导入接口、移动带接口、渗透薄膜接口、热喷雾接口和粒子束接口，但这些技术都有不同方面的限制和缺陷，直到大气压电离（atmospheric pressure ionization，API）技术成熟后，LC-MS联用技术才得到实质性的进展，迅速成为科研和常规分析的有力工具。API技术是当今质谱界最为活跃的领域，它是一种常压电离技术，不需要真空，减少了许多设备，使用方便，因而近年来得到了迅速发展。API主要包括电喷雾离子化（ESI）、大气压化学电离（APCI）等模式。它们的共同点是样品的离子化在处于大气压下的离子化室内完成，离子化效率高，大大增强了分析的灵敏度和稳定性。ESI、APCI等电离方式同时作为LC-MS的接口。API接口及离子源包括5个部分：①液体引入装置或喷雾探针；②大气压离子源，通过ESI、APCI或其他方法使样品发生电离；③样品离子化孔；④大气压到真空的接口；⑤离子光学系统，随后离子转移到质量分析器。

2. LC-MS分析的影响因素

LC-MS在实际操作中的影响因素比较多，下面以PE公司的API3000型LC-MS仪为例，对ESI操作中常见的影响因素作一一说明。

（1）喷针的位置

喷针的位置对灵敏度影响很大，使用中要仔细调整喷针位置，使其达到最大灵敏度，同时又不致将溶剂直接喷入质谱仪高真空区。

（2）电压

电离电压对喷雾效果和离子的形成会产生较大影响。电离电压的大小和极性通常根据样品的结构和性质来选择，一般3000～6000 V即可使样品携带电荷。负离子扫描时电离电压不可过高，一般不超过3800 V，否则会引起氮气电离。

聚焦环和锥形孔的电压一般根据实验情况进行调节。这两处电压过低易导致灵敏度的降低；过高则易导致样品的源内碎裂，使样品的谱图复杂化。

（3）气体的流速和温度

API3000型LC-MS仪内的气流有如下几种：

① 辅助雾化气。

② 气帘气（curtain gas）——该气体的主要作用是在大气和高真空之间形成一个清洁氮气的气帘，防止溶剂直接进入质谱仪高真空区，并利于样品溶剂的挥发。

③ Turbo气——溶剂难挥发时使用，加速溶剂的蒸发。

实验中根据溶剂类型和样品的挥发性来选择气体的流速和温度。气体流速过大会使源内压力增加，促使样品发生源内碎裂。Turbo气的温度过高，会促使热不稳定化合物的分解。一般来说，在不影响灵敏度的前提下，辅助雾化气的流速尽量小，气帘气的流速尽量大，合适的气流选择可以使喷射斑点清晰可见而没有明显液滴沿壁流下。

（4）样品的浓度

样品的浓度应该适合质谱的检测，一般应为10～100 μg/mL。浓度过低，往往仪器无法检测出。浓度过高，会产生多聚体或簇离子，使谱图复杂化，还可能导致空间电荷效应产生，使谱图发生歧变。此外，样品的浓度过高，还会污染仪器管道，导致严重的仪器本底。

（5）杂质的影响

ESI方式首先在细小液滴的表面产生电荷，当液滴表面电荷密度达到临界值后，溶质离子产生。在此过程中，杂质和样品在液滴表面会发生竞争行为，从而影响样品的离子化。

杂质的含量对样品测量的影响不同，极少量杂质的存在有助于样品离子的产生，杂质含量太高会掩盖样品的检测信号，有碍于样品的检测。杂质中表面活性剂和不挥发性盐类会影响带电液滴表面溶剂的挥发，阻碍样品离子的生成。此外，对组成过于复杂的样品进行分析时，其中的组分会互为杂质，单独对每一组分检测时都会受到来自其他组分的干扰。因此，一般情况下，LC 流出物进入质谱前应去除其中的表面活性剂和不挥发性盐类组合，过于复杂的样品则应该经过分离后再进行质谱分析。

(6) pH

对样品进行分析前，应调节合适的 pH，使样品在溶液中发生适当的电离。

对碱性样品（如生物碱等）进行分析时，通常采用正离子检测，需要对样品溶液进行酸化，以利于样品与质子发生加成，产生正离子。碱性样品溶液的适合 pH 应比样品的 pK_a 低 2 个单位。

对酸性样品（如羧酸等）进行分析时，则通常采用负离子检测。与正离子检测的情况刚好相反，一般对样品溶液进行碱化处理，样品溶液的 pH 应比样品的 pK_a 高 2 个单位。

常用来调节样品溶液 pH 的试剂主要是具有挥发性的酸和碱，如甲酸、乙酸、三氟乙酸和氨水等。

(7) 流动相的组成

LC-MS 要求样品的流动相具有如下特点：有一定的导电性，支持离子的形成；较低的表面张力和较小的溶剂化能，有利于溶剂的蒸发和样品离子的解吸；为调节流动相性质所加入的试剂（添加剂）应具有挥发性。

ESI 质谱中，一般 LC 流动相的常用溶剂包括甲醇、乙腈、异丙醇、乙醇和水，此外有时也使用氯仿、二氯甲烷、丙酮和正丁醇。苯、甲苯、烷烃、环烷烃和四氯化碳则不适合作为流动相的溶剂。使用 APCI 接口时对溶剂的选择范围比 ESI 方式要宽得多。流动相中常用的调节 pH 的试剂包括甲酸、乙酸、三氟乙酸和氨水，常用的缓冲液是乙酸铵和甲酸铵缓冲液。磷酸、硼酸及其盐类、氯化钠、表面活性剂以及强离子对试剂则不适合作为流动相的添加剂使用。

(8) 流动相流速

喷射流速在不使用气流辅助时为 1～10 μL/min，在使用辅助雾化气时为 50～200 μL/min，使用传统的 4.6 mm 内径 LC 柱时需要经过分流才可以与质谱连接。APCI 的喷射流速则为 1 mL/min 左右，与大多数分析型 LC 流速相匹配。

(9) 样品的结构和性质

样品自身的结构和性质，如分子量范围、挥发性、极性、稳定性和官能团结构等会对分析产生重要的影响，应根据这些性质选择合适的接口。

使用质谱测定生物大分子时，应调节其溶液的 pH 使被测样品的 m/z 能够处于仪器的测量范围之内。

挥发性大的样品，使用 ESI 或 IS 技术电离时，会在溶剂挥发过程中随溶剂流失，从而无法测定，此时可考虑使用 APCI 方法电离。有些不稳定的样品，可能会在测定前或测定过程中发生分解，对其存放方式要加以注意，应低温遮光保存，同时避免反复加热、降温。

3. 正、负离子模式的选择

一般的商品仪器中，ESI 和 APCI 接口都有正负离子测定模式可供选择。选择的一般性原则为：

(1) 正离子模式

适合碱性样品，如含有赖氨酸、精氨酸和组氨酸的肽类。可用乙酸（pH＝3～4）或甲酸（pH＝2～3）对样品加以酸化。如果样品的 pK_a 是已知的，则 pH 要至少低于 pK_a 2 个单位。

（2）负离子模式

适合酸性样品，如含有谷氨酸和天冬氨酸的肽类可用氨水或三乙胺对样品进行碱化。pH 要至少高于样品的 pK_a 2 个单位。

样品中含有仲胺或叔胺基时可优先考虑使用正离子模式，如果样品中含有较多的强负电性基团，如含氯、含溴和多个羟基时可尝试使用负离子模式。有些酸碱性并不明确的化合物则要进行预试方可决定，此时也可优先选用 APCI 进行测定。

4. ESI/APCI 的适用对象

ESI 适用于中等极性、热不稳定化合物；APCI 适用于中等极性及化合物分子中不含酸、碱基团的化合物，如碳氢化合物、醇类、酯类等。

LC-MS 联用技术结合了色谱、质谱两者的优点，将色谱的高分离性能和质谱的高鉴别特点相结合，组成了较完美的现代分析技术。近年来，LC-MS 联用在技术及应用方面取得了很大进展，在各研究领域特别是在有机化合物的分离与鉴定方面应用越来越广泛，尤其随着现代技术的不断发展及 LC-MS 联用技术自身的优点，其必将在未来几年不断发展且在有机化合物分析中发挥越来越重要的作用。

2.6 波谱分析技术

2.6.1 红外光谱

红外光谱（infrared spectroscopy，IR）是有机化合物结构表征的重要方法，在有机实验室中得到了广泛的应用。有机化合物的化学键或官能团都有各自的特征振动频率，因此可以测定化合物的红外光谱，根据吸收带的位置，推断出分子中可能存在的化学键或官能团，再结合其他信息便可确定化合物的结构。

红外光谱又称分子振动转动光谱，是一种分子吸收光谱。当样品受到频率连续变化的红外光照射时，分子吸收了某些频率的辐射，产生分子振动和转动能级从基态到激发态的跃迁，使相对于这些吸收区域的透射光强度减弱。通过记录红外光的透光率与波数或波长关系曲线，便得到红外光谱。

1. 红外光谱仪

测定分子的红外光谱采用红外光谱仪或称红外分光光度计（图 2.30）。其原理与紫外分光光度计类似。双臂红外光谱仪的光源通常是电阻丝或电加热棒。从光源发出的红外光被反射镜分成两个强度相同的光束，一束为参考光源，另一束通过样品称为样品光束。两束光交替地经反射后射入分光棱镜或光栅，使其成为波长可选择的红外光，然后经过一狭缝连续进入检测器，以检测红外光的相对强度。样品光束通过样品池被其中的样品不同程度地吸收了某些频率的红外光，因而在检测器内产生了不同强度的吸收信号，并以吸收峰的形式记录下来。由于玻璃和石英能几乎全部吸收红外光，因此通常用金属卤化物（氯化钠或溴化钾）的晶体来制作样品池和分光棱镜。

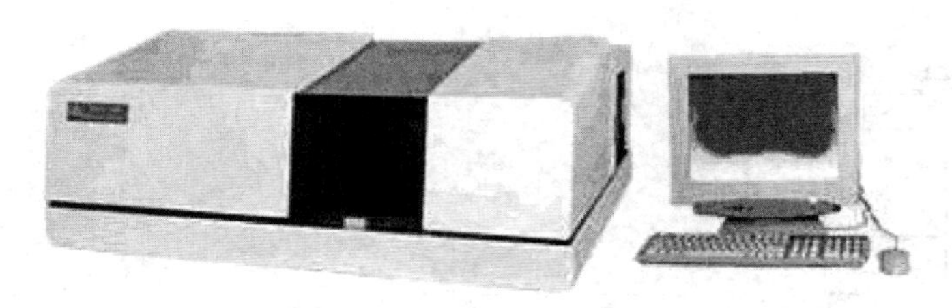

图 2.30 色散型双光束红外光谱仪

图 2.31 为色散型双光束红外光谱仪结构简图，主要包括光源、单色器、检测器、放大器和记录仪五大部分。

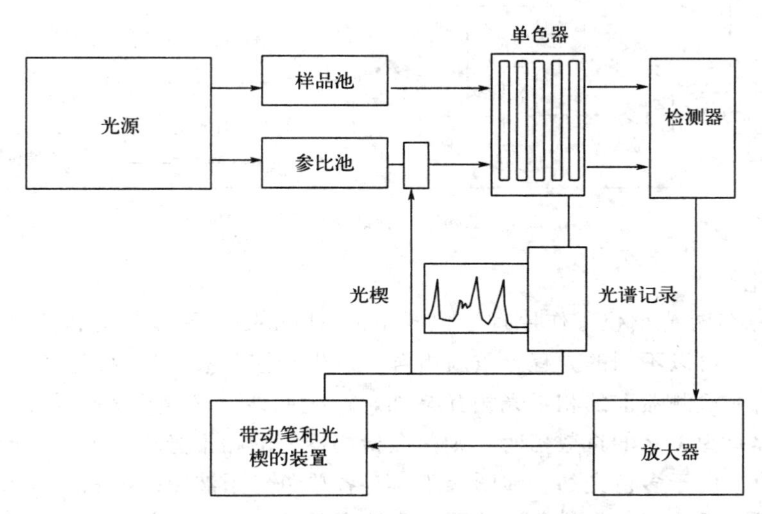

图 2.31 色散型双光束红外光谱仪示意图

(1) 光源

理想的光源是能连续发射高强度红外光的物体。例如能斯特 (Nernst) 灯和硅碳棒 (globar)，其发光面积大，寿命长，工作前不需要预热。自光源发射的红外光，经过两个凹面镜，反射成两束强度相等的收敛光，分别通过样品池和参比池到达斩光器。斩光器为具有半圆形或两个直角扇形的可逆转的反射镜，使测试光束和参比光束交替通过入射狭缝进入单色器。

(2) 单色器

单色器是指从入射狭缝到出射狭缝这段光程所包括的部分，是红外光谱仪的心脏，可以把复色的红外光分为单色光。

(3) 检测、放大、记录系统

把照射在检测器上面的红外光转变为电信号，再经过放大器多级放大，整流后进入记录仪。

目前使用的红外光谱仪主要是傅里叶 (Fourier) 变换红外光谱仪。

Fourier 变换红外光谱仪主要由光源（硅碳棒、高压汞灯）、迈克耳孙 (Michelson) 干涉仪、检测器、计算机和记录仪组成。如图 2.32 所示。核心部分为 Michelson 干涉仪，它将光源传送来的信号以干涉图的形式送往计算机进行 Fourier 变换的数学处理，最后将干涉

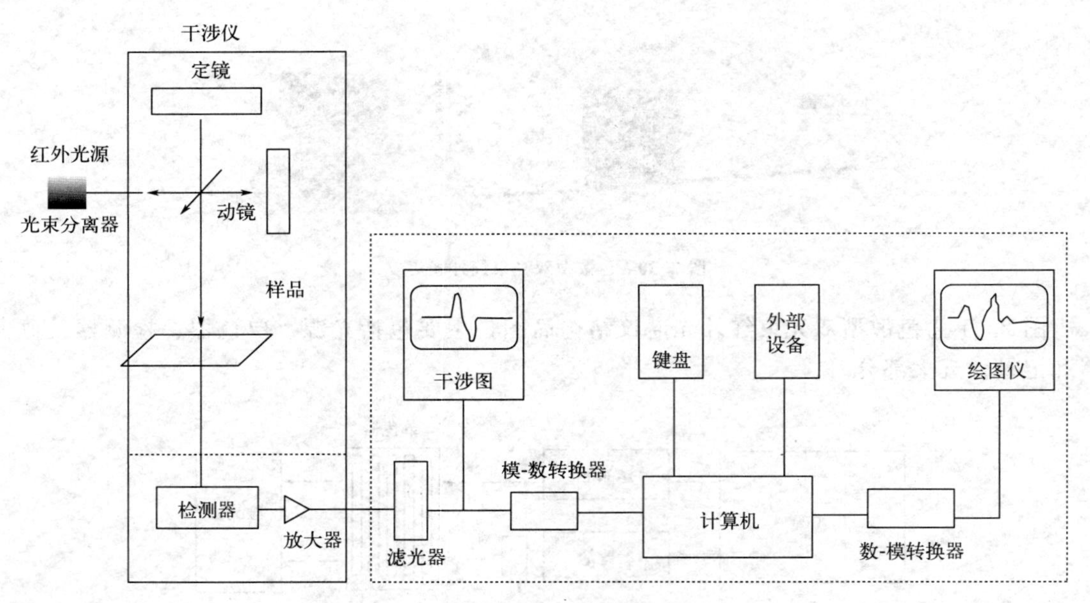

图 2.32 Fourier 变换红外光谱仪示意图

图还原成光谱图。

Fourier 变换红外光谱仪工作原理：仪器中的 Michelson 干涉仪的作用是将光源发出的光分成两束光后，再以不同的光程差重新组合，发生干涉现象。当两束光的光程差为 $\lambda/2$ 的偶数倍时，则落在检测器上的相干光相互叠加，产生明线，其相干光强度有极大值；相反，当两束光的光程差为 $\lambda/2$ 的奇数倍时，则落在检测器上的相干光相互抵消，产生暗线，相干光强度有极小值。由于多色光的干涉图等于所有各单色光干涉图的加和，故得到的是具有中心极大，并向两边迅速衰减的对称干涉图。干涉图包含光源的全部频率和与该频率相对应的强度信息，所以如将一个有红外吸收的样品放在干涉仪的光路中，由于样品能吸收特征波数的能量，所得到的干涉图强度曲线就会相应地产生一些变化。包括每个频率强度信息的干涉图，可借数学上的 Fourier 变换技术对每个频率的光强进行计算，从而得到吸收强度或透过率和波数变化的普通光谱图。

Fourier 变换红外光谱仪具有以下突出的特点：

① 在同一时间内测定所有频率的信息，测定速度快。得到一张红外光谱图只需要 1 s 或更短的时间，从而实现了与色谱仪的联用。

② 干涉仪部分不涉及狭缝装置，输出能量无损失，灵敏度高，其检测限可达 10^{-12}～10^{-9} g。

③ 分辨率高，波数精度可达 0.01 cm^{-1}。测定的光谱范围宽。

2. 红外光谱样品的制备

(1) 固体样品的制法（溴化钾压片法）

1) 所用仪器：玛瑙研钵、压片模具、压片机（图 2.33）。

2) 步骤：从干燥器中将模具、溴化钾晶体取出，在红外灯下用镊子取酒精药棉，将所用的玛瑙研钵、刮匙、压片模具的表面等擦拭一遍，烘干。取 200～300 mg 无水溴化钾和 2～3 mg 试样于玛瑙研钵中，将其研碎成细粉末并充分混匀。用剪子将一直径约 1.5 cm 的硬纸盘片剪成内圆直径约 1.3 cm 的纸环，并放在一模具面中心。用刮匙把磨细的粉末均匀地

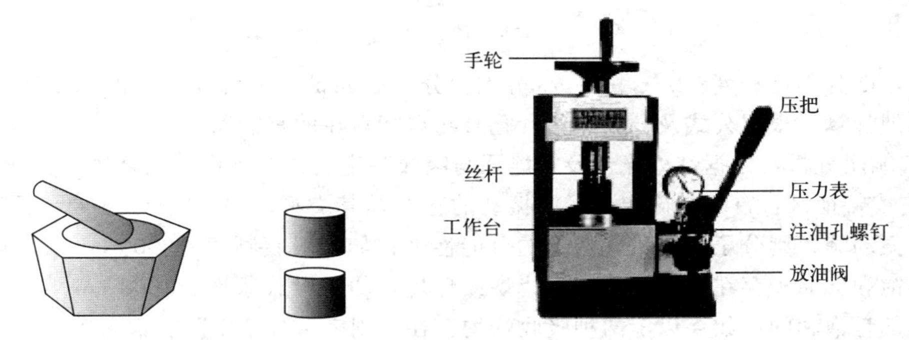

图 2.33　红外光谱制样仪器

放在纸环内，盖上另一块模具，放入压片机中进行压片。压好的溴化钾盘片在样品架上夹好并放入红外光谱仪中扫谱测试。

3）压片机的操作方法：先将注油孔螺钉旋下，顺时针拧紧放油阀，将模具置于工作台的中央，用丝杆拧紧后，前后摇动手动压把，达到所需压力（6～7 MPa），保压几分钟后，逆时针松开放油阀，取下模具即可。

（2）液体样品的制备（液膜法）

1）所用仪器：液体吸收池，如图 2.34 所示。

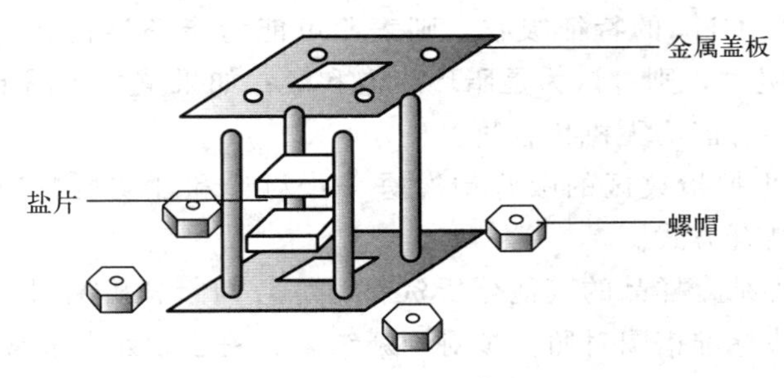

图 2.34　液体吸收池

2）操作步骤：将液体吸收池的两块盐片从干燥器中取出，在红外灯下用酒精药棉将其表面擦拭一遍，烘干。将盐片放在吸收池的孔中央，在盐片上滴一滴试样，将另一盐片压紧并轻轻转动，以保证形成的液膜无气泡，组装好液池试样。随后，将液池试样夹在金属盖板孔中心用螺帽旋紧固定。然后将液体吸收池置于红外光谱仪样品托架上，进行扫谱测试。

3. 定性、结构及定量分析

（1）定性和结构分析

用于定性分析的样品应该具有很高的纯度（>98%）才能得到准确的结果，另外，KBr 或 NaCl 易吸收水分，故样品中不应含水。用红外光谱对物质进行定性和结构分析，除根据谱图提供的信息外，通常还需要根据其他方法（如紫外光谱、核磁共振、质谱及物质的熔点、沸点等）提供的信息进行综合分析才能最终确定。

谱图解析：红外光谱的解析至今还没有一套系统的方法，一般的原则是：先特征区后指纹区，先强峰后弱峰，先否定后肯定，先粗查后细查。

① 计算不饱和度：

$$\Omega = 1 + n_4 + \frac{1}{2}(n_3 - n_1)$$

式中，Ω 为不饱和度；n_4、n_3、n_1 分别为分子中四价、三价和一价的原子数目。二价原子不参加计算。根据公式及分子式估计化合物可能存在的官能团。

② 官能团分析：根据红外光谱及官能团与吸收频率表，初步推测化合物的类别。

③ 查找特征区：首先，确定C—H振动的存在及其类型。在 3000～2800 cm^{-1} 区域内有C—H振动峰，则分子为有机化合物的可能性大；如果吸收频率＞3000 cm^{-1}，则表示分子中有不饱和碳原子存在或样品为高卤代烷或环烷；如果吸收频率＜3000 cm^{-1}，则表示分子中碳原子是饱和的；如果以上两种吸收峰均存在，则表示分子中既有饱和碳原子又有不饱和碳原子存在；若在 1460 cm^{-1} 处有吸收峰，则表明分子中有 CH_3 或 CH_2 存在；若在 1380 cm^{-1} 处有吸收峰，则表明分子中有 C—CH_3 存在，并可根据峰形判断分子的分枝情况；若在 720 cm^{-1} 处有中等强度吸收峰，则可推测分子中有直链存在，且 CH_2 的数目在 4 个以上。

然后，确定化合物可能的类型。若在 1600～1500 cm^{-1} 处有中等强度吸收峰，则表明分子中有芳烃存在；若在 1650～1610 cm^{-1} 处有中等强度吸收峰，则表明分子为烯烃，但C═C键位于对称中心时往往不出现此吸收；若在 2210 cm^{-1} 处有弱吸收或在 2190 cm^{-1} 和 2115 cm^{-1} 处有中等强度吸收峰，则表明为炔烃类，但C≡C位于对称中心时常无此吸收；如果只有 CH_2 而无 C—CH_3 的特征吸收，则表明可能为脂环族化合物；如果只有 CH_2 和 CH_3 而无芳烃或炔烃吸收，则可认为是脂环族饱和烃；如果整个谱图上只有少数几个宽峰，且无C—H的吸收，则可能为无机化合物。

④ 查找指纹区：根据指纹区的吸收情况进一步讨论和证实所判断的官能团是否存在，及其与其他官能团的结合方式。

根据以上分析，再结合样品的其他分析资料，综合判断分析结果，提出可能的结构式。最后用已知样品谱图或标准谱图对照，核对判断结果。表 2.3 列出了常见官能团和化学键的红外吸收特征频率。

表 2.3 常见官能团和化学键的红外吸收特征频率

官能团	波数/cm^{-1}	强度
A. 烷基		
C—H(伸缩)	2962～2853	s
—CH$(CH_3)_2$	1385～1380,1370～1365	m
—C$(CH_3)_3$	1395～1385,～1365	s
B. 烯烃基		
C—H(伸缩)	3095～3010	m
C═C(伸缩)	1680～1620	v
R—CH═CH_2	1000～985,920～905	s
R_2C═CH_2　C—H 面外弯曲	900～880	s
(Z)-RCH═CHR	730～675	s
(E)-RCH═CHR	975～960	s
C. 炔烃基		
≡C—H(伸缩)	～3300	s
C≡C(伸缩)	2260～2100	v

续表

官能团	波数/cm^{-1}	强度
D. 芳烃基		
Ar—H(伸缩)	~3030	v
芳环取代类型(C—H面外弯曲)		
一取代	710~690,770~730	v,s
邻二取代	770~735	s
间二取代	725~680,810~750	s
对二取代	840~790	s
E. 醇、酚和羧酸		
OH(醇、酚)	3600~3200	宽,s
OH(羧酸)	3600~2500	宽,s
F. 醛、酮、酯和羧酸		
C═O(伸缩)	1750~1690	s
G. 胺		
N—H(伸缩)	3500~3300	m
H. 氰		
C≡N(伸缩)	2600~2200	m

注：m=中，s=强，v=不定。

(2) 定量分析

物质对红外光的吸收符合朗伯-比尔（Lambert-Beer）定律，但该方法的灵敏度较低，不适合微量组分的测定。红外光谱定量分析时吸光度的测定常用基线法，如图2.35所示，吸光度 $A=\lg(I_0/I_t)$。

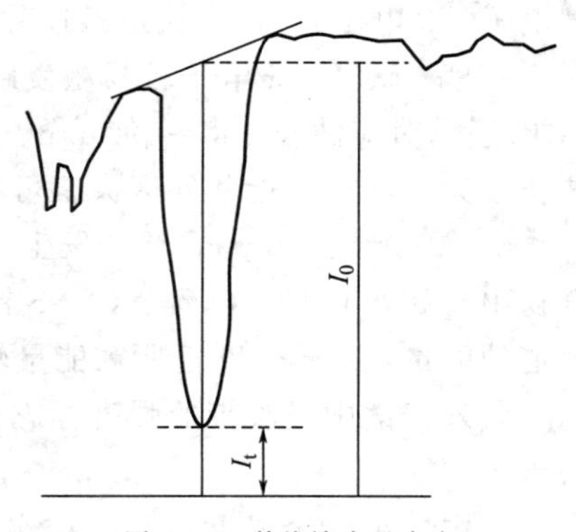

图2.35 基线法求吸光度

1) 标准曲线法：通过测量一系列标准样品的吸光度，绘制标准曲线，再测量试样的吸光度，从标准曲线上找出其对应的浓度。此法适合测定溶液样品，测定时标准样品与试样使用同一液体吸收池，测定的条件也应完全相同。

2) 内标法：红外光谱能测定气体、液体及固体样品，但采用薄膜涂片、液膜或KBr压片等制样时，样品的厚度（即透过光程）很难控制，这时采用内标法较为合适。选择一个合适的内标物，其吸收峰与样品的吸收峰不重叠。称取一定量的内标物混入样品中进行测定。即

$$A_{样}=a_{样}b_{样}c_{样} \qquad A_{标}=a_{标}b_{标}c_{标}$$

则

$$R=A_{样}/A_{标}=Kc_{样}/c_{标}$$

以纯待测物质与内标物按一定比例混合进行测定，可计算得到 K，进而求得 $c_{样}$。也可以用纯待测物质与内标物按不同比例混合得到一系列不同 $c_{样}/c_{标}$ 的标准样品，测定后绘制 $c_{样}/c_{标}$-R 的工作曲线，从而得到 $c_{样}$。

2.6.2 紫外光谱

紫外-可见光谱（ultraviolet-visible spectrum）是电子光谱，研究分子中电子能级的跃迁。190～400 nm 为近紫外区，又称紫外光区；400～800 nm 为可见光区。200～800 nm 包含了紫外及可见光区。用紫外光测得的电子光谱称为紫外光谱。

紫外-可见分光光度法是利用某些物质的分子吸收 200～800 nm 光谱区的辐射来进行分析测定的方法。这种分子吸收光谱产生于价电子和分子轨道上的电子在电子能级间的跃迁，广泛用于有机化合物的定性和定量测定。

1. 基本原理

在紫外-可见光照射下，引起分子中电子能级的跃迁，产生电子吸收光谱。电子能级的跃迁主要是价电子吸收一定波长的电磁波发生的跃迁。有机化合物的价电子包括成键的 σ 电子、π 电子和非成键的 n 电子。

（1）有机分子电子跃迁类型

$\sigma \rightarrow \sigma^*$ 跃迁：σ 电子能级低，一般不易激发。$\sigma \rightarrow \sigma^*$ 跃迁所需的能量高，对应波长范围$<$150 nm，近紫外光谱观测不到，唯有环丙烷的 $\sigma \rightarrow \sigma^*$ 跃迁对应波长约 190 nm，位于近紫外区的末端吸收。

$n \rightarrow \sigma^*$ 跃迁：含杂原子（O、N、S、Cl、Br、I）的饱和烃的衍生物，其杂原子上未成键电子（n 电子）向 σ^* 轨道跃迁称为 $n \rightarrow \sigma^*$ 跃迁。$n \rightarrow \sigma^*$ 跃迁所需能量较 $\sigma \rightarrow \sigma^*$ 跃迁低。

$\pi \rightarrow \pi^*$ 跃迁：π 电子较易激发跃迁到 π^* 轨道，对应波长范围较大。非共轭 π 轨道的 $\pi \rightarrow \pi^*$ 跃迁，对应波长 160～190 nm。两个或两个以上 π 键共轭，$\pi \rightarrow \pi^*$ 跃迁能量降低，对应波长增大，红移至近紫外区甚至可见光区。

$n \rightarrow \pi^*$ 跃迁：$n \rightarrow \pi^*$ 跃迁发生在碳原子或其他原子与带有未成键的杂原子形成的 π 键化合物中，如含有 C═O 键、C═S 键、N═O 键等的化合物分子。n 轨道的能量高于成键 π 轨道的能量，$n \rightarrow \pi^*$ 跃迁所需能量较低，对应波长范围在近紫外区。

紫外光谱中吸收带的强度标志着相应电子能级跃迁的概率，遵从 Lambert-Beer 定律：

$$A = \lg(I_0/I_t) = alc$$

式中，A 为吸光度；I_0、I_t 分别为入射光、透射光的强度；a 为吸光系数；l 为样品池厚度，cm；c 为浓度。

若 c 的单位用摩尔浓度表示，则 $A = \varepsilon lc$。其中，ε 为摩尔吸光系数。ε 值在一定波长下相当稳定。即测试条件一定时，ε 为常数，它是鉴定化合物及定量分析的重要数据。

（2）紫外光谱表示法

紫外光谱可用图表示或以数据表示。

图示法：常见的有 A-λ 作图、ε-λ 作图或 $\lg\varepsilon$-λ 作图，波长 λ 的单位为 nm。

数据表示法：以谱带的最大吸收波长 λ_{max} 和 ε_{max}（或 $\lg\varepsilon_{max}$）值表示。如 λ_{max} = 237 nm，$\varepsilon_{max} = 10^4$。

（3）紫外光谱常用术语

生色团：指分子中产生所示谱带的主要官能团。

助色团：指本身不产生紫外吸收的基团，但与生色团相连时，使生色团的吸收向长波方向移动，且吸收强度增大。

红移：由于取代基或溶剂的影响，λ_{max} 增大，即向长波方向移动。

蓝移：由于取代基或溶剂的影响，λ_{max} 减小，即向短波方向移动。

增色效应：由于助色团或溶剂的影响，吸收强度增大的效应。

减色效应：由于取代基或溶剂的影响，吸收强度减小的效应。

末端吸收：指吸收曲线随波长变短而强度增大，直至仪器测量极限，在仪器测量极限处测出的吸收为末端吸收。

肩峰：指吸收曲线在下降或上升处有停顿，或吸收稍微增加或降低的峰，是由于主峰内隐藏有其他峰。

2. 紫外-可见分光光度计

紫外-可见分光光度计的基本结构由五个部分组成：光源、单色器、吸收池、检测器和信号指示系统（图 2.36）。

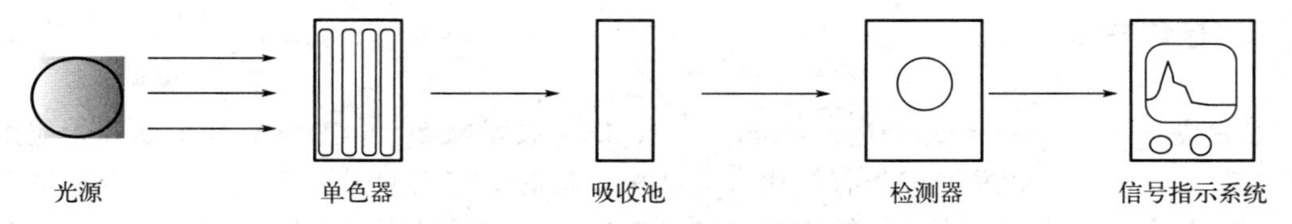

图 2.36 紫外-可见分光光度计的基本结构

(1) 光源

对光源的基本要求是应在仪器操作所需的光谱区域内能够连续辐射，有足够的辐射强度和良好的稳定性，而且辐射能量随波长的变化应尽可能小。

分光光度计中常用的光源有热辐射光源和气体放电光源两类。热辐射光源用于可见光区，如钨丝灯和卤钨灯；气体放电光源用于紫外光区，如氢灯和氘灯。

(2) 单色器

单色器是能从光源辐射的复合光中分出单色光的光学装置，且单色光波长在紫外可见区域内任意可调。

(3) 吸收池

吸收池用于盛放分析试样，一般有石英和玻璃材料两种。

(4) 检测器

检测器是检测信号、测量单色光透过溶液后光强度变化的一种装置。常用的检测器有光电池、光电管和光电倍增管等。

(5) 信号指示系统

它的作用是放大信号并以适当方式指示或记录下来。

在有机化学实验中，主要用紫外光谱表征有机化合物的结构，确定有机分子结构有两种方法：一是将测得的谱图与标准谱图比较，如果一致，可确定它们可能有相同的发色分子结构。二是利用经验规则计算最大吸收波长，然后与实测值比较。往往单凭紫外光谱很难确定一个化合物的结构，需要红外光谱、核磁共振、化学分析等方法支持才能确定化合物的结构。

3. 制备样品

比色皿：由于在紫外光区测试，样品池需用石英比色皿，普通玻璃吸收紫外光。

浓度：对于测定物质组成不确定时，可用吸光度 $A_{1\ cm}^{1\%}$ 或 $E_{1\ cm}^{1\%}$ 表示。如 $A_{1\ cm}^{1\%}(237)=0.625$，表示样品浓度 1%（$W/V$），通过 1 cm 样品池，在波长 237 nm 处测得的吸光度为 0.625。若样品的分子量为 m，则

$$\varepsilon=A_{1\ cm}^{1\%}\times 0.1m$$

在一定的测试条件下，λ_{max} 对应的 ε_{max} 为一常数，近似地表示跃迁概率的大小。

溶剂：紫外光谱的测定，通常都是在极稀的溶液中进行，溶剂在样品吸收范围内应无吸收（透明）。溶剂不同，紫外干扰范围也不同。以水作溶剂，在 1 cm 厚的样品池中测得溶液吸光度为 0.1 时的波长为溶剂的"剪切点"，剪切点以下的短波区，溶剂有明显的紫外吸收，剪切点以上的长波区，可以认为溶剂透明。

从紫外-可见光谱图中可以得到各吸收带的 λ_{max} 和相应的 ε_{max} 两类重要数据，它们反映了分子中生色团或生色团与助色团的相互关系，即分子内共轭体系的特征。

2.6.3 核磁共振

核磁共振（nuclear magnetic resonance，NMR）技术从 20 世纪 50 年代中期开始应用于有机化学领域，并不断发展成为有机化合物结构分析的最有用的工具之一。它可以解决有机化学领域中的以下问题：化合物结构的测定或确定，一定条件下可测定构型和构象；化合物的纯度检查；混合物分析，当主要信号不重叠时，可测定混合物中各组分的比例；质子交换、单键旋转、环的转化等化学变化速度的测定及动力学研究。

NMR 的优点是：能分析物质分子的空间构型；测定时不破坏样品；信息精密准确。NMR 通常与 IR 并用，与 MS、UV 及化学分析方法等配合解决有机化合物的结构问题，还广泛应用于生化、医学、石油、物理化学等方面的分析鉴定及对微观结构的研究。

1. 基本原理

(1) 核的自旋与磁性

核磁共振主要由核的自旋运动所引起。一个原子核通常可以表示为 $^{A}_{Z}X$，其中 A 为原子量，X 为元素符号，Z 为原子序数，如 $^{1}_{1}H$、$^{12}_{6}C$、$^{13}_{6}C$、$^{19}_{9}F$、$^{16}_{8}O$ 等，通常省略原子序数写成 ^{1}H、^{12}C、^{13}C、^{19}F、^{16}O。

不同原子核的自旋运动情况不同。原子核自旋时产生自旋角动量 P，用核的自旋量子数 I 表示。自旋量子数与原子的质量数和原子序数之间存在一定的关系，大致分为三种情况，如表 2.4 所示。

表 2.4　原子核的自旋量子数

分类	质量数	原子序数	自旋量子数 I	NMR 信号	示例
Ⅰ	偶数	偶数	0	无	^{12}C
Ⅱ	偶数	奇数	整数 1,2,3,…	有	^{2}H, ^{14}N
Ⅲ	奇数	偶数或奇数	半整数 1/2,3/2,5/2,…	有	^{1}H, ^{13}C, ^{15}N

实验证明：原子核作为带电荷的质点，自旋时可以产生磁矩，但并非所有的原子核自旋都产生磁矩，只有那些原子序数或质量数为奇数的原子核，自旋时才具有磁矩，才能产生核磁共振信号，如 ^{1}H、^{13}C、^{15}N、^{17}O、^{19}F、^{29}Si、^{31}P 等。

I 为 0 的原子核可看作是一种非自旋的球体；I 为 1/2 的原子核可看作是一种电荷分布均匀的自旋球体；I 大于 1/2 的原子核可看作是一种电荷分布不均匀的自旋椭圆体。

有机化合物中的主要元素为 C、H、N、O 等，^{1}H、^{13}C 为磁性核。^{1}H 的天然丰度较大(99.985%)，磁性较强，易于观察到比较满意的核磁共振信号，因而用途最广。^{13}C 的天然丰度较低，只有 ^{12}C 的 1.1%，灵敏度只有 ^{1}H 的 1.59%，但碳谱 ^{13}C-NMR 在有机结构分析中起着重要作用。

(2) 核磁共振现象

原子核是带正电荷的粒子，能自旋的核有循环电流，产生磁场，形成磁矩。核磁矩用 μ 表示，μ 与自旋角动量 P 存在以下关系：

$$\mu = \gamma P = \gamma \frac{h}{2\pi} I$$

式中，γ 为磁旋比或旋磁比，是自旋核的磁矩与角动量之比，是各种核的特征常数；h 为普朗克常量。

当磁核处于无外加磁场时，磁核在空间的分布是无序的，自旋磁核的取向是混乱的。但当把磁核置于外加磁场中时，磁矩矢量沿外加磁场的轴向只能有一些特别值，不能任意取向。按空间量子化规则，自旋量子数为 I 的核，在外加磁场中有 $2I+1$ 个取向，取向数目用磁量子数 m 来表示，$m=-I, -I+1, \cdots, I-1, I$ 或 $m=I, I-1, I-2, \cdots, -I$。

对于 ^{1}H 核，$I=1/2$，$m=+1/2, -1/2$。

$m=+1/2$，相当于核的磁矩与外加磁场方向同向排列，能量较低，$E_1=-\mu H_0$。

$m=-1/2$，相当于核的磁矩与外加磁场方向逆向排列，能量较高，$E_2=\mu H_0$。

因此，^{1}H 核在外加磁场中发生能级分裂，有两种取向或能级，其能级差 $\Delta E=2\mu H_0$，如图 2.37 所示。

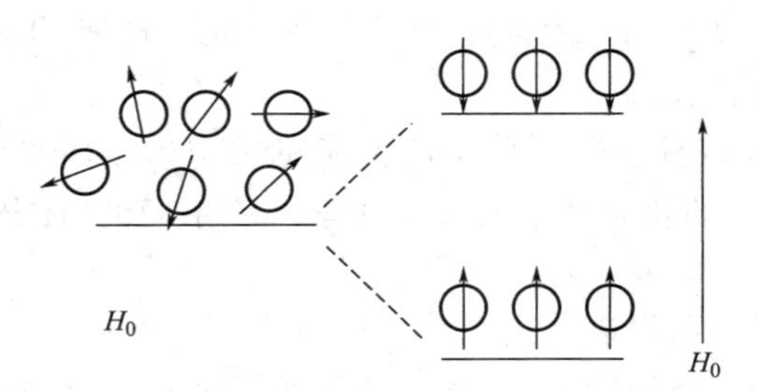

图 2.37 在外加磁场作用下 ^{1}H 自旋能级分裂示意图

实际上，当自旋核处于磁场强度为 H_0 的外加磁场中时，除自旋外，还会绕外加磁场运动，其运动情况与陀螺的运动十分相像，称为进动或回旋。进动的角速度 ω_0 与外加磁场强度 H_0 成正比，比例常数为磁旋比 γ，进动频率用 υ_0 表示：

$$\omega_0 = 2\pi\upsilon_0 = \gamma H_0, \quad \upsilon_0 = \frac{\gamma}{2\pi} H_0$$

氢核的能量 $E=-\mu H_0 \cos\theta$，θ 为核磁矩与外加磁场之间的夹角。当 $\theta=0°$ 时，E 最小，即顺向排列的磁核能量最低；$\theta=180°$ 时，E 最大，即逆向排列的磁核能量最高。它们之间的能量差为 ΔE。因此一个磁核从低能态跃迁到高能态，必须吸收 ΔE 的能量。

当用一定频率的电磁波辐射处于外加磁场中的氢核，辐射能量恰好等于自旋核两种不同取向的能量差时，低能态的自旋核吸收电磁辐射能跃迁到高能态，这种现象称为核磁共振。

核磁共振的基本方程为：$\upsilon_{跃迁}=\upsilon_{辐射}=\upsilon_0=\gamma H_0/2\pi$。

对于^{1}H 核：$H_0=14092$ G（1 G$=10^{-4}$ T）时，$\upsilon=60$ MHz；$H_0=23490$ G 时，$\upsilon=100$ MHz；$H_0=46973$ G 时，$\upsilon=200$ MHz；$H_0=140920$ G 时，$\upsilon=600$ MHz。

对于^{13}C 核：$H_0=14092$ G 时，$\upsilon=15.08$ MHz。

对于^{19}F 核：$H_0=14092$ G 时，$\upsilon=66.6$ MHz。

即：一个特定的核在一定强度的外加磁场中只有一种共振频率，而不同的核在相同外加磁场强度 H_0 时其共振频率不同。

通常发生共振吸收有两种方法：第一，扫场。电磁振荡频率 υ 一定，改变 H_0；第二，扫频。H_0 一定，改变电磁振荡频率。一般采用扫场法，当改变 H_0 至一定值，刚好满足共振方程时，能量被吸收，产生电流，当 $\upsilon_{辐射}\neq\gamma H_0/2\pi$ 时，电流计的读数降至水平，从而得到核磁共振能量吸收曲线。

在外加磁场的作用下，^{1}H 倾向于与外加磁场顺向排列，所以，处于低能级的核数目比处于高能级的核数目多，但由于两者之间的能量差很小，因此低能级的核只比高能级的核略多，只占微弱的优势。正是这种微弱过剩的低能级核吸收辐射能跃迁到高能级产生^{1}H-NMR 信号。如果高能级核无法返回低能级，那么，随着跃迁的不断进行，处于低能级的核数目与高能级的核数目相等，这时，NMR 信号逐渐减弱至消失，这种现象称为饱和。但正常测试情况下不会出现饱和现象。^{1}H 可以通过非辐射方式从高能级转变成低能级，该过程称为弛豫。弛豫的方式有两种，处于高能级的核通过交替磁场将能量转移给周围的分子，即体系往环境释放能量，这个过程称为自旋晶格弛豫，其速率表示为 $1/T_1$，T_1 为自旋晶格弛豫时间。自旋晶格弛豫降低了磁性核的总体能量，又称为纵向弛豫。当两个处于一定距离内、进动频率相同而取向不同的核相互作用，交换能量，改变进动方向的过程称为自旋-自旋弛豫，其速率表示为 $1/T_2$，T_2 为自旋-自旋弛豫时间。自旋-自旋弛豫未降低磁性核的总体能量，又称为横向弛豫。

当使用 60 MHz 的仪器时，是否所有的^{1}H 核都在 $H_0=14092$ G 处产生吸收呢？实际上，核磁共振与^{1}H 核所处的化学环境有关，化学环境不同的^{1}H 核将在不同的共振磁场下产生吸收峰。

（3）核磁共振仪与核磁共振谱

目前使用的核磁共振仪有连续波（CW）和脉冲傅里叶变换（PFT）两种形式。连续波核磁共振仪主要由磁铁、射频发生器、监测器和放大器、记录仪等组成。磁铁有永久磁铁、超导磁铁，最高频率已达到 600 MHz 以上。频率大的仪器，分辨率好、灵敏度高、谱图简单易于分析。

20 世纪 70 年代中期出现了脉冲傅里叶变换核磁共振仪，使^{13}C-NMR 的研究得以迅速发展。

核磁共振谱提供了三类非常有用的信息：化学位移、偶合常数和积分曲线。应用这些信息，可以推测氢在分子中的位置。

2. 化学位移

（1）屏蔽效应和化学位移

分子中的磁性核并不是完全裸露的，质子被价电子所包围。这些电子在外加磁场中作循环流动，产生了一个感应磁场。如果感应磁场与外加磁场方向相反，则质子实际感受到的磁场强度应是外加磁场强度减去感应磁场强度，即 $H_{有效}=H_0-H_{感应}=H_0-\sigma H_0=H_0(1-\sigma)$。其中，$\sigma$ 为屏蔽常数，电子的密度越大，屏蔽常数越大。

这种核外电子对外加磁场的抵消作用称为屏蔽效应，也称抗磁屏蔽效应，如图 2.38 所示。质子发生核磁共振应满足共振方程：$\upsilon=\gamma H_{有效}/2\pi$。由于屏蔽效应，则必须增加外加磁场强度 H_0 以满足共振方程，获得共振信号，故乙炔质子的吸收峰向高场移动。

若质子所处的感应磁场的方向与外加磁场方向相同时，则质子所感受到的有效磁场强度是 H_0 与 $H_{感应}$ 的加和，所以要降低外加磁场强度以抵消感应磁场的作用，满足共振方程获得核磁信号。这种核外电子对外加磁场的追加（补偿）作用称为去屏蔽效应，如图 2.38 所示。去屏蔽效应使苯环质子吸收峰位置向低场位移。

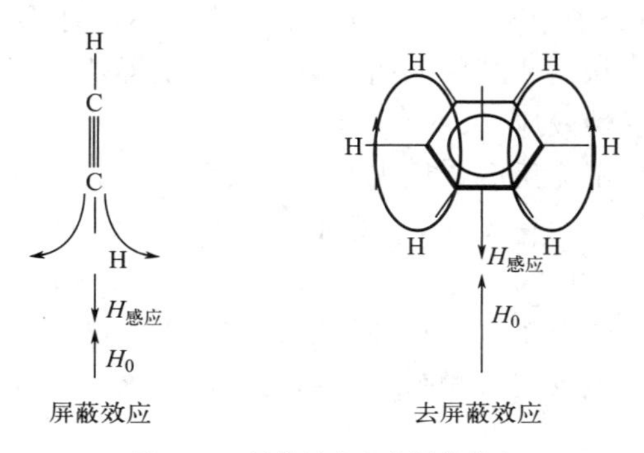

图 2.38 屏蔽效应和去屏蔽效应

由此可见，屏蔽效应使吸收峰位置移向高场，而去屏蔽效应使吸收峰位置移向低场。这种由电子的屏蔽效应和去屏蔽效应引起的核磁共振吸收位置的移动称为化学位移。因此，一个质子的化学位移是由质子的电子环境所决定的。在一个分子中，不同环境的质子有不同的化学位移，环境相同的质子有相同的化学位移。

（2）化学位移的表示方法

不同氢核的共振磁场差别很小，一般为几赫兹到几百赫兹，与 H_0 相比，是 H_0 的百万分之几（$\times10^{-6}$），很难测定其精确值，因此采用相对数值表示。即选用一个标准物质，以该物质的共振吸收峰的位置为原点，其他吸收峰的位置根据吸收峰与原点的距离来确定。最常用的标准物质是四甲基硅烷［$(CH_3)_4Si$，简称 TMS］。TMS 分子高度对称，氢数目多且都处于相同的化学环境中，只有一个尖锐的吸收峰。另外，TMS 的屏蔽效应很强，共振吸收在高场出现，一般有机化合物的质子吸收不发生在该区域，而在它的低场。

化学位移依赖于磁场强度，磁场强度越大，化学位移也越大。为了在表示化学位移时其数值不受测量条件的影响，化学位移用相对值表示。将化学位移 δ 定义为

$$\delta=\frac{\upsilon_{样品}-\upsilon_{TMS}}{\upsilon_{仪器}}\times10^6=\frac{\Delta\upsilon\ (Hz)}{\upsilon\ (MHz)}\times10^6$$

多数有机化合物的信号发生在 δ 为 0～10。TMS 的信号在最右端的高场，其他有机化合物的核磁信号在其左边的低场。

（3）影响化学位移的因素

化学位移 δ 取决于核外电子云密度，因此，凡是能引起核外电子云密度改变的因素都能影响化学位移的大小。

1）电负性：电负性大的原子或基团（吸电子基）降低了氢核周围的电子云密度，屏蔽

效应降低，化学位移向低场移动，其值增大；给电子基团增加了氢核周围的电子云密度，屏蔽效应增大，化学位移移向高场，其值降低。

例如：CH_3X	X：	F	OH	Cl	Br	I	H
	电负性：	4.0	3.5	3.1	2.8	2.5	2.1
	δ：	4.26	3.40	3.05	2.68	2.16	0.23

又如：		CH_3Cl	CH_2Cl_2	$CHCl_3$
	δ：	3.05	5.30	7.27
再如：		$\underline{CH_3}Br$	$\underline{CH_3}CH_2Br$	$\underline{CH_3}CH_2CH_2Br$
	δ：	2.68	1.65	1.04

2）各向异性效应：当分子中某些基团的电子云排布不呈球形对称时，它对邻近的氢核产生一个各向异性的磁场，从而使某些空间位置的氢核受屏蔽，而另一些空间位置的氢核去屏蔽。这一现象称为各向异性效应。

如下列分子的化学位移不能用电负性来解释，其大小与分子的空间构型有关。

	CH_3CH_3	$CH\equiv CH$	$CH_2=CH_2$	C_6H_5-H	RCHO
δ：	0.96	1.80	5.25	7.26	7.8～10.8

原因：在含双键或三键的体系中，在外加磁场作用下，其环电流有一定的取向，因此产生的感应磁场对邻区的外加磁场起着增强或减弱的作用，这种屏蔽作用的方向性称为磁各向异性效应。

在外加磁场作用下，乙烯双键上的 π 电子环流产生一个感应磁场以对抗外加磁场，感应磁场在双键及双键平面的上下方与外加磁场方向相反，该区域称为屏蔽区，用（+）表示。处于屏蔽区的质子峰移向高场，δ 变小。由于磁力线的闭合性，在双键周围侧面，感应磁场的方向与外加磁场方向一致，该区域称为去屏蔽区，用（−）表示。处于去屏蔽区的质子峰移向低场，δ 变大。乙烯分子中的氢处于去屏蔽区，因此其吸收峰移向低场，如图 2.39 所示。

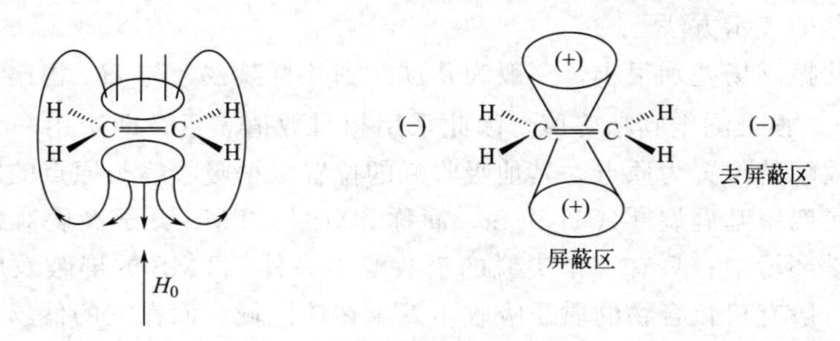

图 2.39　乙烯的各向异性效应

如图 2.40 所示，乙炔氢位于屏蔽区，因此其化学位移较小；而苯和醛基的质子位于去屏蔽区，因此二者化学位移较大（表 2.5）。此外，分子中相同官能团上质子的化学位移还会因为所处的空间环境不同而表现出较大的差异。

3）氢键的影响：氢键的生成使质子周围的电子云密度减小，产生强的去屏蔽作用，吸收峰移向低场，δ 增大，如图 2.41 所示。

4）范德瓦耳斯效应：当两原子非常靠近时，带负电荷的电子云互相排斥，使质子周围的电子云密度减小，从而降低了对质子的屏蔽作用，使信号向低场位移，δ 增大，如图 2.42 所示。

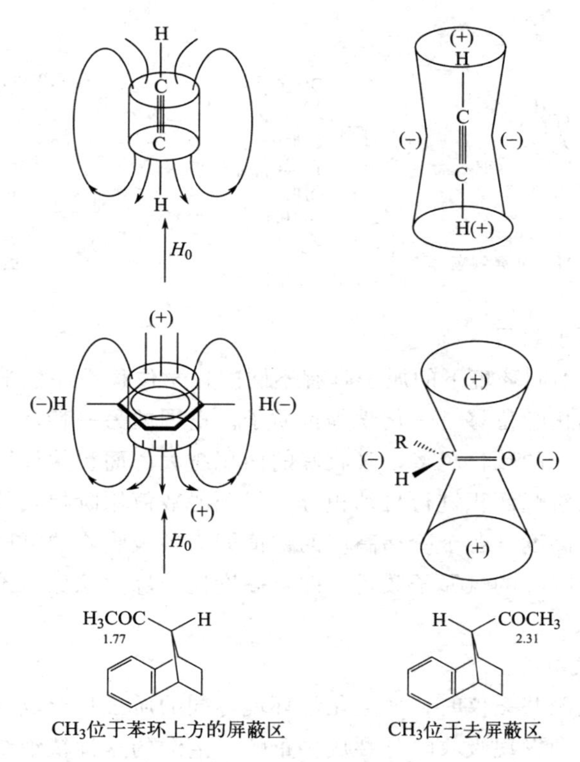

图 2.40 其他各向异性效应的例子

表 2.5 特征质子的化学位移

质子类型	化学位移	质子类型	化学位移
$RC\underline{H}_3$	0.9	$RC\underline{H}_2Br$	3.5～4
$R_2C\underline{H}_2$	1.3	$RC\underline{H}_2I$	3.2～4
$R_3C\underline{H}$	1.5	$RO\underline{H}$	0.5～5.5
环丙烷	0.2	$ArO\underline{H}$	4.5～7.7
$=C\underline{H}_2$	4.5～5.9	$C=C-O\underline{H}$	10.5～16，15～19（分子内缔合）
$=C\underline{H}R$	5.3	$RCH_2O\underline{H}$	3.4～4
$C=C-C\underline{H}_3$	1.7	$R-OC\underline{H}_3$	3.5～4
$C\equiv C-\underline{H}$	1.7～3.5	$RC\underline{H}O$	9～10
$Ar-C\underline{H}_3$	2.2～3	$CHR_2COO\underline{H}$	10～12
$Ar\underline{H}$	6～8.5	$\underline{H}_3C-COOR$	2～2.2
$RC\underline{H}_2F$	4～4.5	$RCOO-C\underline{H}_3$	3.7～4
$RC\underline{H}_2Cl$	3～4	$R\underline{NH}_2$	0.5～5（不尖锐，常呈馒头状）

5）溶剂效应：各种溶剂对质子的影响不同，使化学位移发生变化，因此在报道 NMR 数据或与文献值进行比较时必须注意所用的溶剂。

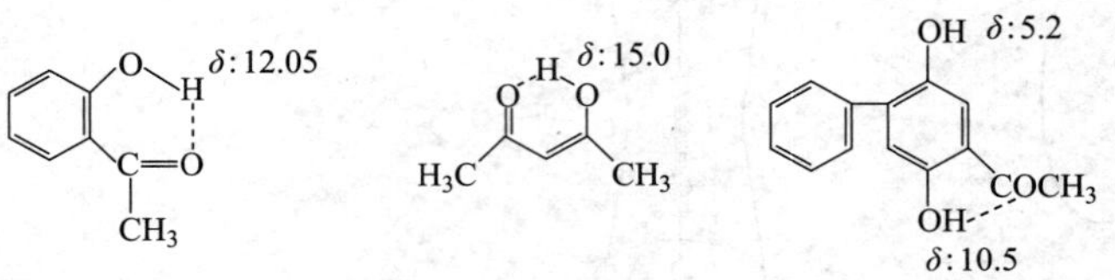

图 2.41　氢键效应

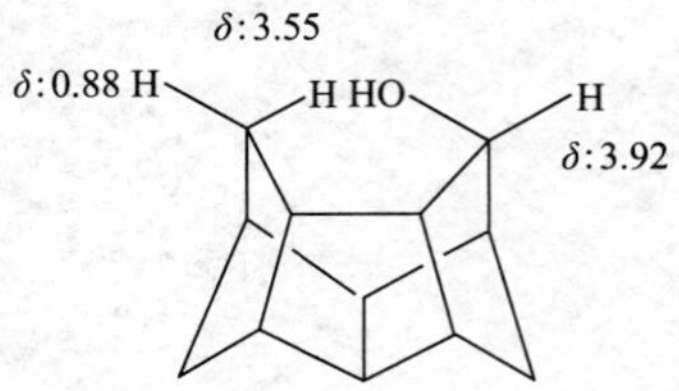

图 2.42　范德瓦耳斯效应

（4）峰面积与氢原子数目

在 NMR 谱图中，不同环境下的质子具有不同的化学位移——化学不等价质子，相同环境下的质子具有相同的化学位移——化学等价质子。谱图的另一特征是吸收峰的面积与质子的数目成正比。等价质子的数目越多，吸收峰的面积越大。面积的计算方法通常采用积分曲线高度法。自动积分仪对峰面积进行自动积分，得到的数值用阶梯式的积分曲线高度表示出来。测量每一个阶梯的高度，各个阶梯高度的比值即为各吸收峰的氢原子数目之比，再根据氢原子总数计算各个吸收峰的氢原子数目。即：高度比＝峰面积比＝不同类质子数比，积分高度和＝分子中质子总数。

3. *自旋偶合和自旋裂分*

使用低分辨率的核磁共振仪时，各类化学环境等同的质子只形成一个单峰，当使用高分辨率的核磁共振仪时，则发现吸收峰分裂成多重峰。谱线的这种精细结构是由邻近质子的相互作用引起了能级的裂分而产生的。这种由于邻核的自旋而产生的相互干扰作用称为自旋偶合，由自旋偶合引起的谱线增多的现象称为自旋裂分。

（1）产生的原因

在外加磁场作用下，质子自旋产生一个较小的磁矩 H'，通过成键价电子的传递，对邻近的质子产生影响，从而引起共振信号的自旋裂分。如图 2.43 所示，质子 H_a 自旋有两种取向，若其取向与外加磁场方向相同（顺向排列），则质子 H_a 所受到的总磁场强度 H 为 H_0+H'。假设 H_b 在不受 H_a 影响的情况下，当外加磁场强度等于 H_0 时发生跃迁，但由于 H_a 的存在，实际上在扫描时当外加磁场强度比 H_0 小时，H_b 即可产生共振信号。而 H_a 自旋取向与外加磁场方向逆向排列时，则其使邻近质子 H_b 所受到的总磁场强度 H 为 H_0-H'，因此扫描时当加外磁场强度比 H_0 略大时 H_b 才发生能级跃迁。综上所述，当发生核磁共振时，质子 H_b 发出的信号就被邻近的自旋质子 H_a 分裂成两个信号，即发生了自旋裂分。

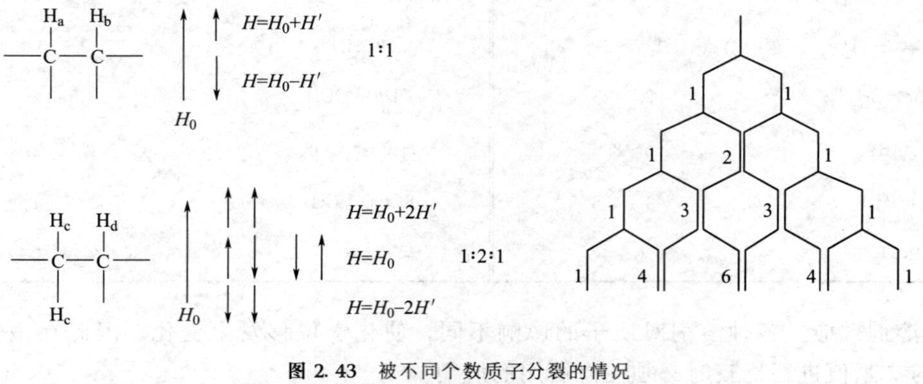

图 2.43　被不同个数质子分裂的情况

邻近质子数目越多，则裂分峰的数目越多，例如在图 2.43 中，H_d 被 H_c 裂分成了三个信号。

例如 CH_3CH_2Br，CH_3 有三个氢，自旋组合有四种方式，使邻近的 CH_2 分裂成四重峰，强度为 1∶3∶3∶1；CH_2 有两个氢，自旋组合有三种方式，使邻近的 CH_3 分裂成三重峰，强度为 1∶2∶1。

裂分后峰的总面积＝裂分前的峰面积。裂分峰间的距离称为偶合常数 J。

（2）裂分规律

① 若自旋偶合的邻近氢原子相同，则裂分峰的数目为（$n+1$）。

② 若自旋偶合的邻近氢原子不同，则裂分峰的数目为（$n+1$）×（$n'+1$）×（$n''+1$）…。例如 $Cl_2CH—CH_2—CHBr_2$，CH_2 裂分峰的数目为（1+1）×（1+1）＝4，四重峰。

③ 裂分强度：在（$n+1$）情况下，裂分峰的强度之比恰好等于二项式（$a+b$）^{n} 展开式中的各项系数之比。在（1+1）×（1+1）情况下，四重峰相等。在（$n+1$）×（$n'+1$）×（$n''+1$）…情况下，各峰常不易分辨。

④ 裂分峰的形状：在（$n+1$）情况下（一级谱图），每组峰的中心可作为每组化学位移的位置。理论上，裂分峰的形状是对称的，不对称的谱线是彼此靠着的，即两边低，中间高，高的靠着高的。如果发现两组的峰线不是彼此靠着，而是彼此对着，那么很可能这两组的质子没有偶合。

（3）自旋偶合的条件和限度

① 质子必须是不等价的。

② 偶合作用通常发生在邻位碳上，随着距离的增大自旋间的作用很快消失，两个质子间少于或等于三个单键可以发生偶合作用，相隔四个单键可视为零，但中间插入双键或三键可以发生远程偶合。

③ 偶合作用通过成键电子传递，通过双键或三键的偶合作用比单键大。

④ 如果是活性氢，如—OH、—COOH、—CHO 等，通常情况下只出现单峰，可看作无偶合作用。

（4）等价与不等价质子

分子中两个相邻的质子处于相同的化学环境称为化学等价。一组化学等价的质子，如果与组外任何其他质子的偶合常数也都相同，那么这组质子就称为磁等价质子。从一级 NMR 谱图上可直接得到化学位移 δ 和偶合常数 J。化学等价的质子其化学位移必然相同，但化学位移相同的质子不一定是化学等价的。磁等价质子必定是化学等价的，而化学等价的质子不一定是磁等价的，如图 2.44 所示。

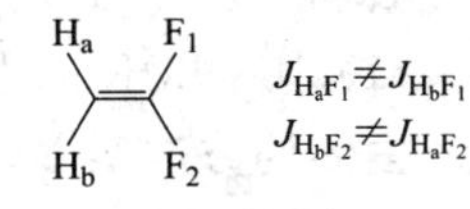

图 2.44 H_a 和 H_b 化学等价而磁不等价

产生化学不等价的原因：

① 单键旋转受阻时产生化学不等价质子，如低温下的环己烷。通过对称轴的旋转能够互换的质子称为等位质子。

② 单键带有双键性质时产生化学不等价质子，如酰胺 $RCONH_2$。

③ 与手性碳原子相连的同碳质子是化学不等价质子，如 $C^*—CH_2—$。

④ 双键上的同碳质子有可能是化学不等价的，如 $CH_2═CHR$。

（5）偶合常数

自旋偶合的量度称为自旋的偶合常数 J。J 的大小表示偶合作用的强弱，偶合常数不随外加磁场强度的改变而改变。J_{ab} 表示质子 a 被质子 b 裂分，$J_{同}$ 表示同碳质子偶合。超过三个碳的偶合称为远程偶合。J 的单位是 Hz。互相偶合的两组质子，其 J 值相同。例如 CH_3CH_2Br，$J_{ab}=J_{ba}$。

4. 特征质子的化学位移与谱图解析

满足（$n+1$）规律谱图的称为一级谱图，一级谱图满足两个条件：一是两组质子的 δ 之差 $\Delta\upsilon$ 至少是 J 的六倍以上，$\Delta\upsilon/J \geqslant 6$；二是一组质子中的各质子必须是化学等价和磁等价的。

在一级氢谱中，偶合裂分的规律可以归纳为：

① 自旋裂分的峰数目符合（$n+1$）规律。

② 自旋裂分的峰高度比与二项展开式的各项系数比一致。

③ $J_{ab}=J_{ba}$。

④ 偶合常数不随外加磁场强度的改变而改变。

根据 NMR 谱图正确地推导化合物的结构，通常有以下步骤：

① 标识杂质峰：如溶剂峰、旋转边峰、^{13}C 同位素峰。

② 根据积分曲线计算各组峰的相应质子数。

③ 根据 δ 确定它们的归属。

④ 根据 J 和峰形确定基团之间的相互关系。

⑤ 采用重水交换法识别活泼氢。

⑥ 综合各种分析，推断化合物的结构。

特征质子的化学位移如表 2.5 所示。

对于高级谱图难以直接剖析，通常采用合理的方法简化谱图，常用的方法有：增大磁场强度；双照射（去偶）法；NOE（nuclear Overhauser effect，核欧沃豪斯效应）（对相邻两个核的其中之一进行双照射，则另一个核的信号加强）；采用位移试剂，使化合物中的各种质子的化学位移产生不同程度的变化，使重叠的谱图展开，易于分辨和剖析。位移试剂是有顺磁性的金属络合物，通常是镧系元素铕和镨的络合物。

5. 碳谱（^{13}C-NMR）简介

有机分子的骨架是由碳组成的，因此 ^{13}C-NMR 谱能提供有机分子骨架的信息。^{13}C 与其直接相连的氢核及邻近氢核均会发生偶合作用，从而使谱线彼此交叠，谱图复杂难以辨认。通过去偶处理，可以使谱图变得清晰可辨。

(1) ^{13}C-NMR 的去偶处理

去偶的方法很多，主要有三种应用共振技术的去偶方式：

① 质子（噪声）去偶——识别不等性碳核（宽带去偶）。

② 质子偏共振去偶——识别碳的类型（部分去偶）。

③ 选择去偶——标识谱线。

(2) ^{13}C-NMR 谱的特点

与 ^{1}H-NMR 谱相比，^{13}C-NMR 谱有以下特点：

① ^{1}H-NMR 谱提供了化学位移、偶合常数、积分曲线三个重要信息，积分曲线与氢原子数目有一定的定量关系；而 ^{13}C-NMR 谱中，峰面积与碳原子数目之间没有定量关系，因此没有积分曲线。

② ^{13}C 的化学位移比氢大得多，以 TMS 为内标，氢的化学位移在 0～10，而 ^{13}C 的化学

位移在 0～250。由于其范围宽，碳核周围的化学环境有微小差别，在谱图上就有所区别，因此，^{13}C-NMR 谱比^{1}H-NMR 谱能给出更多的有关结构的信息。

③ 在^{1}H-NMR 谱中，必须考虑氢核之间的偶合裂分，在^{13}C-NMR 谱中，由于^{13}C 的天然丰度只有 1.1%，碳核之间的偶合机会很少。另外，^{13}C-NMR 谱中的偶合常数没有^{1}H-NMR 谱中的偶合常数用途大。

④ 弛豫时间对^{1}H-NMR 谱的解析用途不大，而对^{13}C-NMR 谱的解析用处很大。弛豫时间越长，谱线强度越弱。不同化学环境下的碳核弛豫时间差别很大，只要测定了弛豫时间，就可以根据^{13}C-NMR 谱中各谱线的相对强度将碳核识别出来。化学位移、偶合常数、弛豫时间是剖析^{13}C-NMR 谱的重要数据。

(3)^{13}C 化学位移与偶合常数

^{13}C 的化学位移以 TMS 为内标，规定其 $\delta=0$，其左边值大于 0，右边值小于 0。影响 δ_C 的因素很多，有碳的杂化方式、分子内或分子间的氢键、各种电子效应、构型、构象、溶剂的种类、体系的酸碱性等。

不去偶或部分去偶的^{13}C，^{13}C 与^{1}H 发生偶合作用，谱线的裂分数目为 $2nI+1$，其中，I 是偶合核的自旋量子数，n 是偶合核的数目，谱线的间距则是^{13}C 与邻近质子的偶合常数，其数值一般比较大。质子去偶的^{13}C-NMR 谱，若分子中不存在其他自旋核，得到的谱图是各种碳的尖锐单峰，若分子中有其他自旋核，^{13}C 将与这些核发生偶合裂分，裂分数目也符合 $2nI+1$，裂距是它们的偶合常数。

(4)^{13}C-NMR 谱的应用

进行^{13}C-NMR 测定一般都是采用质子去偶。解析质子去偶谱要抓住两点：① 谱线数与碳数之间的关系。无对称分子，分子中的碳数应等于谱线数，若谱线比碳数少，说明分子中存在某种对称性。若谱线多，通常是存在异构体、溶剂峰、杂质峰等。②确定各谱线的化学位移。

^{13}C-NMR 谱不仅在有机化合物的结构测定中十分有用，而且在生物大分子的合成研究，合成高分子的结构与组成研究，金属络合物结构特点的研究，反应机理的研究，分子动态过程如构型和构象的转换、互变异构体的转变、化学变化、反应速率的研究等方面的应用也都十分广泛。

有机化合物制备 3

3.1 烯烃的制备

烯烃（alkene）是重要的有机化工原料。石油裂解是烯烃的主要工业来源。在实验室中，烯烃主要通过醇以及卤代烃消除反应、Wittig 反应等方法来制备。

实验 23　2-甲基-2-丁烯（2-methyl-2-butene）的制备

主反应：

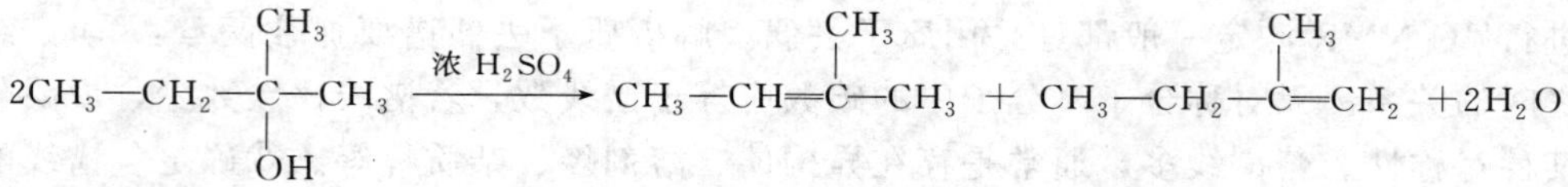

$$2CH_3-CH_2-\underset{OH}{\overset{CH_3}{\underset{|}{\overset{|}{C}}}}-CH_3 \xrightarrow{\text{浓 } H_2SO_4} CH_3-CH=\overset{CH_3}{\overset{|}{C}}-CH_3 + CH_3-CH_2-\overset{CH_3}{\overset{|}{C}}=CH_2 + 2H_2O$$

药品及用量：

叔戊醇 7.5 g（9 mL，0.085 mol）、浓硫酸 4.5 mL（$d_4^{20}=1.84$）、饱和 Na_2CO_3 溶液、无水硫酸钠

实验操作：

按图 3.1 安装分馏装置。

在 50 mL 圆底烧瓶中加入 9 mL 水，边搅拌边加入 4.5 mL 浓硫酸，待溶液温度降到常温后，加入 9 mL 叔戊醇，安装好仪器。

加热混合物至沸腾，直至烃类完全蒸出为止。将馏出液移至分液漏斗中，加入饱和 Na_2CO_3 溶液至溶液呈中性，分液去掉水层；再用等体积水洗涤，放出水层，烃层倒入一干燥的 25 mL 圆底烧瓶中，再用无水硫酸钠干燥。

干燥后的 2-甲基-1-丁烯和 2-甲基-2-丁烯混合物用分馏装置进行蒸馏，分别收集 29～33 ℃和 37～40 ℃的馏分。

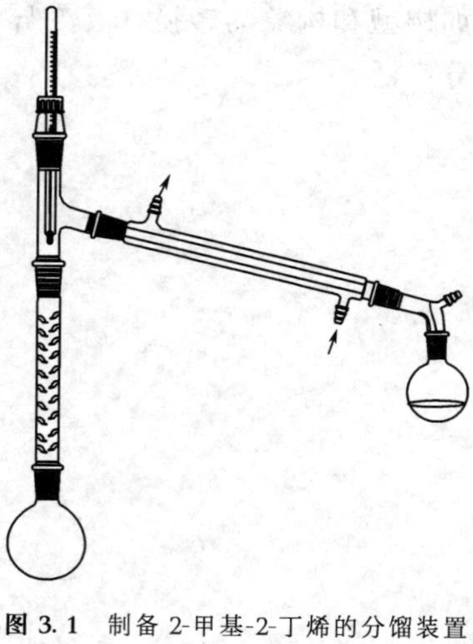

图 3.1　制备 2-甲基-2-丁烯的分馏装置

纯 2-甲基-1-丁烯为无色透明液体，沸点 31.1 ℃，$d_4^{20}=0.650$；纯 2-甲基-2-丁烯为无色透明液体，沸点 38.5 ℃，$d_4^{20}=0.662$。叔戊醇沸点 102 ℃。

产物谱图（图 3.2 和图 3.3）：

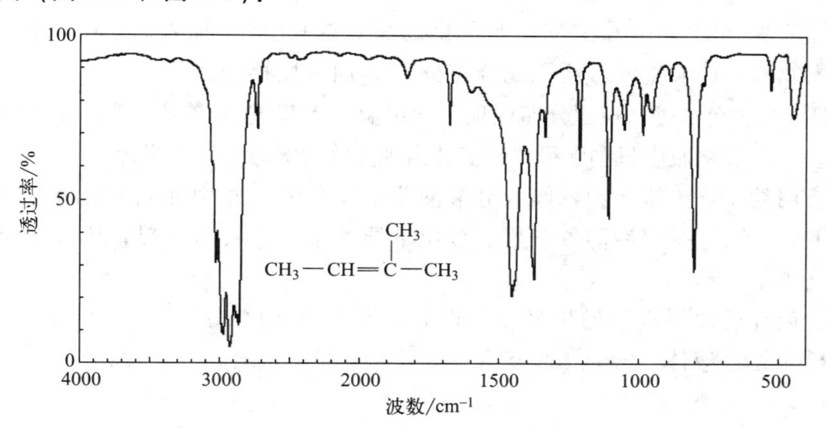

图 3.2 2-甲基-2-丁烯的红外光谱

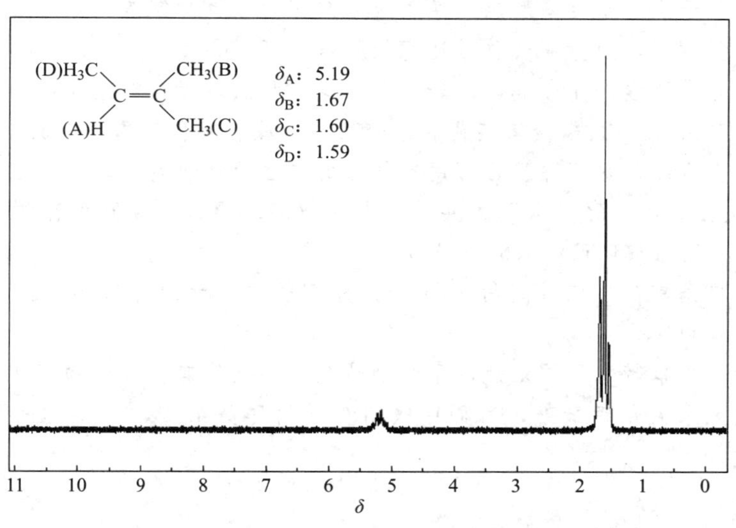

图 3.3 2-甲基-2-丁烯的核磁共振氢谱

实验 24 环己烯（cyclohexene）的制备

主反应：

OH

$$\xrightarrow[\triangle]{H_2SO_4} \quad + H_2O$$

实验室通常可用浓硫酸、浓磷酸等作脱水剂使环己醇脱水生成环己烯。本实验是以浓硫酸为脱水剂制备环己烯。由于反应是可逆的，故可采用移去生成物水的方法使反应向正反应的方向移动。

药品及用量：

环己醇 7 g（7.3 mL，0.070 mol）、浓硫酸 0.5 mL（10～12 滴）、5%的碳酸钠溶液、食盐、无水氯化钙

实验操作：

安装分馏装置（图 3.1）。在 50 mL 干燥的圆底烧瓶中[1] 加入 7.3 mL 环己醇[2]，边振摇边缓慢滴入 0.5 mL 浓硫酸，使之混合充分[3]，加入搅拌子。

小火加热混合物至沸腾，控制分馏柱顶部馏出温度不超过 90 ℃[4]，收集馏出液（环己烯及水的混合物）。当圆底烧瓶中只剩下很少残液并出现阵阵白雾时[5]，即可停止加热，结束反应。

将馏出液用约 1 g 食盐饱和，倾入分液漏斗。在分液漏斗中加入 5%的碳酸钠溶液洗涤至有机相 pH 呈中性，振摇后静置分层。放出下层的水，上层的粗产品转入干燥的小锥形瓶中用无水氯化钙干燥[6]。

干燥后的粗环己烯用水浴加热蒸馏，收集 80～85 ℃的馏分。

纯环己烯为无色液体，沸点 82.98 ℃，$d_4^{20}=0.8098$，$n_D^{20}=1.4465$。

注释：

[1] 反应瓶应干燥。水会使反应朝逆反应方向移动，也会使浓 H_2SO_4 稀释。

[2] 环己醇很黏稠，用量筒转移时注意损失（也可以称量，约 7 g）。

[3] 滴加浓硫酸要慢，充分混匀。若混合不均，加热时极易产生局部炭化，反应物溶液变黑。本实验也可用 85%浓磷酸溶液代替浓硫酸，以减轻炭化现象，但反应时间略有延长。

[4] 控制小火缓缓加热至沸腾。可用空气浴的方法使加热均匀，分馏柱顶部温度不超过 90 ℃，以免未反应的环己醇与水形成共沸物蒸出（97.8 ℃）。其他几种共沸物是环己烯与水（70.8 ℃），环己烯与环己醇（64.9 ℃）。

[5] 判断反应结束：反应时间约 40 min，分馏柱顶部无液体流出，圆底烧瓶中只有少量残液并出现阵阵白雾。

[6] 干燥时用小口带塞的锥形瓶，干燥剂适量。不同的有机化合物需使用不同的干燥剂干燥。该实验用无水氯化钙最好，可同时吸附少量的醇类杂质，干燥时间要充分，不时摇动，以利于吸收。

产物谱图（图 3.4 和图 3.5）：

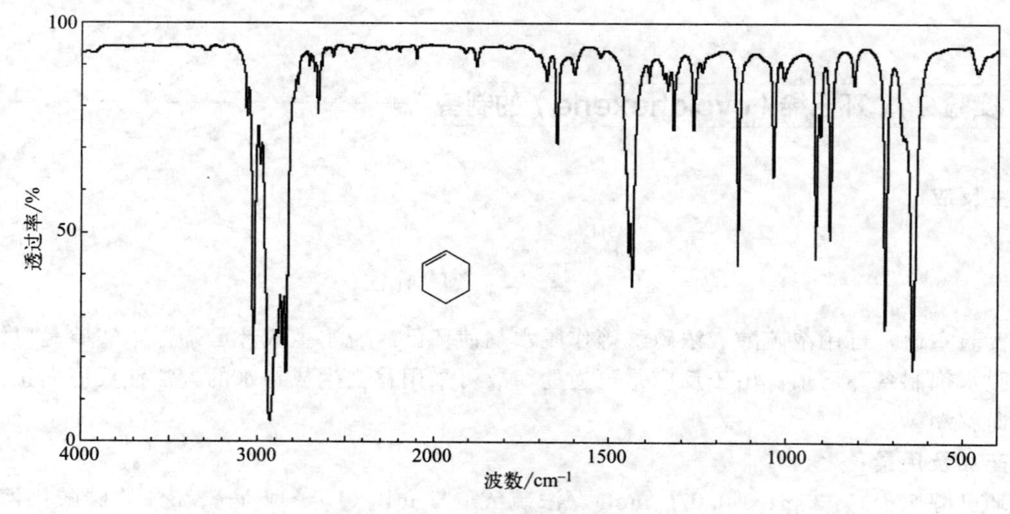

图 3.4 环己烯的红外光谱

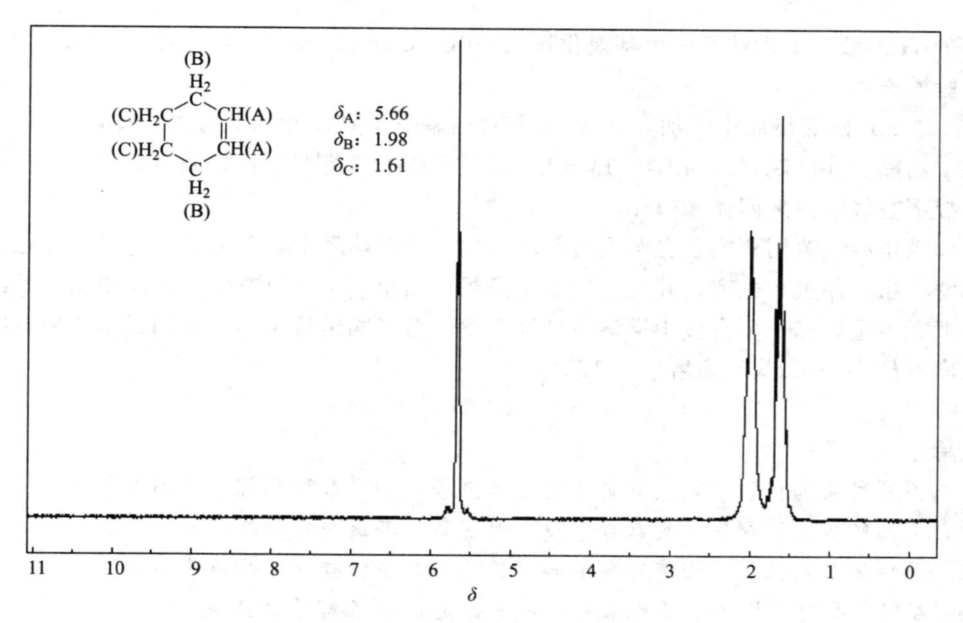

图 3.5 环己烯的核磁共振氢谱

实验 25 (*E*)-1,2-二苯乙烯 [(*E*)-1,2-diphenylethene] 的制备

1953 年，德国化学家 G. Wittig 报道了一种合成烯烃的方法，这种方法是先用三苯基膦与卤化物反应生成季磷盐，然后用强碱脱去卤化氢，使它变成一种带有“+”“−”电荷的分子，也被称作内鎓盐或音译为叶立德（ylide 或 ylid）。叶立德可以与醛酮作用制备烯烃，同时产生三苯氧膦。Wittig 反应具有产率高、不产生重排产物等优点，因此 Wittig 于 1979 年获得了诺贝尔化学奖。此后 Horner 等科学家对 Wittig 反应进行了改良，改进后的反应称为 Wittig-Horner 反应，反应式如下：

$$RCH_2-\underset{OR}{\overset{O}{\overset{\|}{P}}}-OR \xrightarrow{EtONa} R\overset{\ominus}{C}H-\underset{OR}{\overset{O}{\overset{\|}{P}}}-OR \xrightarrow{R^1R^2C=O} RCH=C\begin{matrix}R^1\\R^2\end{matrix} + NaO-\underset{OR}{\overset{O}{\overset{\|}{P}}}-OR$$

主反应：

$$C_6H_5CHO + C_6H_5CH_2-\overset{O}{\overset{\|}{P}}(OEt)_2 \xrightarrow[\text{环己烷}]{NaOH/H_2O} (E)\text{-}C_6H_5CH=CHC_6H_5 + (Z)\text{-}C_6H_5CH=CHC_6H_5$$

主要产物

$$CH_3(CH_2)_{15}-\overset{\oplus}{N}(CH_3)_3\ Br^{\ominus}$$

三甲基十六烷基溴化铵

药品及用量：

苯甲醛 1.0 g（0.96 mL，0.0094 mol）、苄基膦酸二乙酯 2.4 g（2.16 mL，0.010 mol）、

40% NaOH 溶液、十六烷基三甲基溴化铵 0.69 g（0.0019 mol）、环己烷 15 mL

实验操作：

在 100 mL 圆底烧瓶中，加入 0.69 g 十六烷基三甲基溴化铵、1.0 g 苯甲醛、2.4 g 苄基膦酸二乙酯、环己烷（15 mL）、14 mL 40% NaOH 溶液[1]。搭好回流装置，反应混合液剧烈搅拌下空气浴加热回流 40 min[2]。

待体系稍冷，改用蒸馏装置蒸出溶剂环己烷，此时体系中出现大量白色固体（粗产品）。利用抽滤将粗产品进行分离，并用蒸馏水洗涤粗产品至 pH 值为中性[3]。所得粗产品纯度较高，一般无需重结晶，可直接干燥称重计算产率。若产物纯度不佳，可用无水乙醇重结晶。

纯净（*E*)-1,2-二苯乙烯熔点为 125 ℃。

注释：

[1] 不可更改加料顺序，尤其是不能先加氢氧化钠再加环己烷，否则苄基磷酸二乙酯容易水解。苄基磷酸二乙酯有一定毒性，取用时应戴手套避免接触皮肤。

[2] 反应体系碱性强，回流冷凝管和蒸馏头磨口应涂抹真空酯防止粘连。

[3] 若粗产品有少许油状带色杂质，可用少量 80% 乙醇溶液清洗。

产物谱图（图 3.6 和图 3.7）：

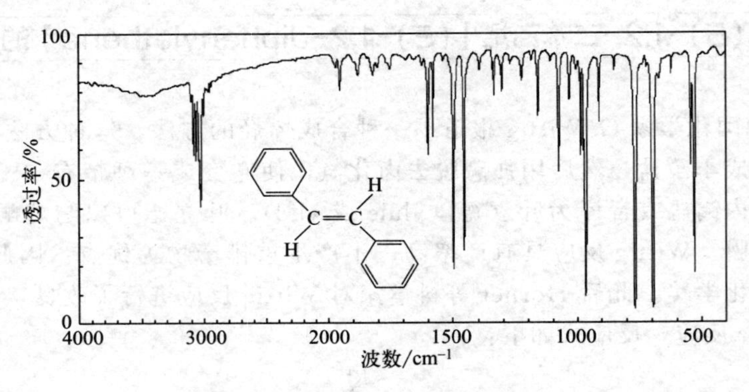

图 3.6 (E)-1,2-二苯乙烯的红外光谱

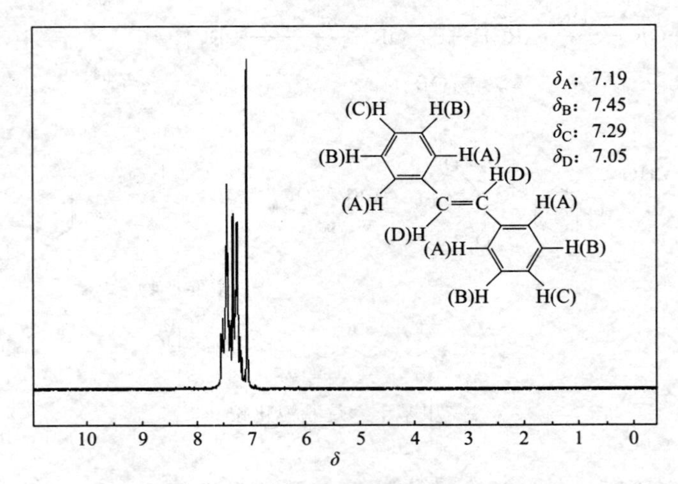

图 3.7 (E)-1,2-二苯乙烯的核磁共振氢谱

3.2 卤代烃的制备

卤代烃（halohydrocarbon）是重要的有机合成中间体和试剂。通过卤代烃的亲核取代反应，能够得到各种类型的有机化合物。由卤代烃和镁制备的格氏（Grignard）试剂与羰基化合物、二氧化碳等反应，可以合成各种结构的醇和酸。

实验室最常用的卤代烃是溴代烷，它主要是通过醇和氢溴酸在浓硫酸催化作用下制备。通过醇和亚硫酰氯，或在氯化锌存在下醇和浓盐酸作用，可以得到氯代烷。芳香族卤代物一般用卤素如氯或溴，在铁粉或三卤化铁催化下，将卤原子引入芳环。芳环上连有碘原子或氟原子的卤化物，通常是通过重氮盐来制备。

实验26 正溴丁烷（normal butylbromide）的制备

主反应：

$$CH_3CH_2CH_2CH_2OH + HBr \xrightarrow{H_2SO_4} CH_3CH_2CH_2CH_2Br + H_2O$$

其中，HBr来自：$NaBr + H_2SO_4 \longrightarrow HBr + NaHSO_4$

副反应：

成烯：$CH_3CH_2CH_2CH_2OH \xrightarrow{H_2SO_4} CH_3CH_2CH{=}CH_2 + H_2O$

成醚：$2CH_3CH_2CH_2CH_2OH \xrightarrow{H_2SO_4} (CH_3CH_2CH_2CH_2)_2O + H_2O$

成Br_2：$2NaBr + 3H_2SO_4 \longrightarrow Br_2 + SO_2 + 2H_2O + 2NaHSO_4$

药品及用量：

浓硫酸 7 mL、正丁醇 4.9 g（6 mL，0.066 mol）、无水溴化钠 8 g（约 0.077 mol）、5% NaOH 溶液饱和碳酸钠溶液、无水氯化钙

实验操作：

安装带有气体吸收装置的回流冷凝装置（图 3.8），用 5% NaOH 溶液作吸收剂。在 50 mL 圆底烧瓶中加入 10 mL 水，小心加入 7 mL 浓硫酸，混匀后冷却至室温，再依次加入正丁醇和溴化钠[1]，加入搅拌子。小火加热至沸腾，保持平稳回流[2]，大约需要 30 min。

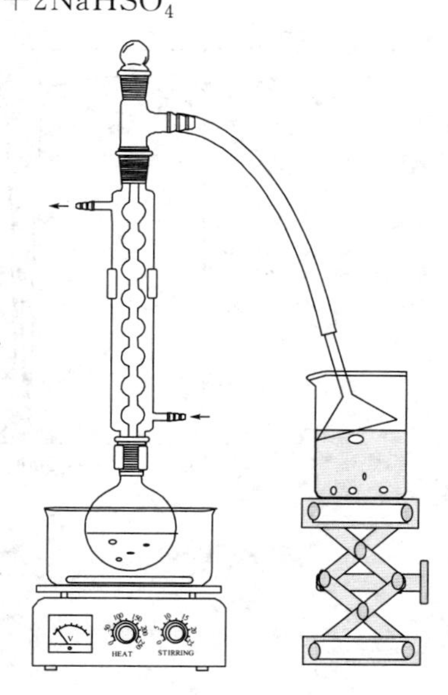

图 3.8　正溴丁烷的制备装置

撤去热源，冷却后改为蒸馏装置，蒸出粗产品正溴丁烷[3]。将馏出液转移至分液漏斗中，加入等体积水洗涤；再转移至一干燥分液漏斗中，用等体积浓硫酸洗涤；尽量分去浓硫酸，有机层依次用等体积的水、饱和碳酸钠溶液、水洗涤后转移至干燥的小锥形瓶中[4]，用适量无水氯化钙

干燥[5]。

最后将干燥后的产物转移至蒸馏瓶中蒸馏，收集 99～103 ℃的馏分。

纯正溴丁烷的沸点 101.6 ℃，$d_4^{20}=1.2758$，$n_D^{20}=1.4399$。

注释：

[1] 浓硫酸倒入水中会放热，待温度下降后方能加入其他原料。注意加料顺序，溴化钠需研细，加入后先充分摇匀，再加搅拌子，加热至沸腾。

[2] 注意气体吸收装置的漏斗不要全部浸入水中，以免发生倒吸。也不要让 HBr 气体大量逸出。反应时间延长对产量提高无明显作用。

[3] 正溴丁烷是否蒸出完可以从以下三方面判断：馏出液是否由浑浊变清亮；蒸馏瓶上层的油层是否消失；取一支试管收集几滴馏出液，加少许水摇动，若无油珠出现则表明馏出液中已无产物，以上三方面可综合考虑。

[4] 洗涤：

水洗：洗去残余酸性杂质，注意产物在下层。最好将上下两层的产物分别装瓶，先不要轻易倒弃。注意分液漏斗的使用方法，若水洗后有机化合物层仍显红色（Br_2），可用亚硫酸氢钠除去。

酸洗：用浓硫酸，目的是除去生成的有机副产物丁醚、丁烯及原料丁醇等，注意此时产物在上层，从上口倒出。

再依次用水、饱和碳酸钠溶液、水等洗涤，目的是彻底除去酸等洗涤时引入的杂质，在洗涤时注意放气。尤其是使用饱和碳酸钠溶液洗涤时，产生的气体较多。

[5] 干燥：充分洗涤后的产品装进一小锥形瓶内，放 1 g 左右干燥剂（无水 $CaCl_2$），盖上塞子，间或摇动。干燥剂不要放得太多，以免影响产量。

产物谱图（图 3.9）：

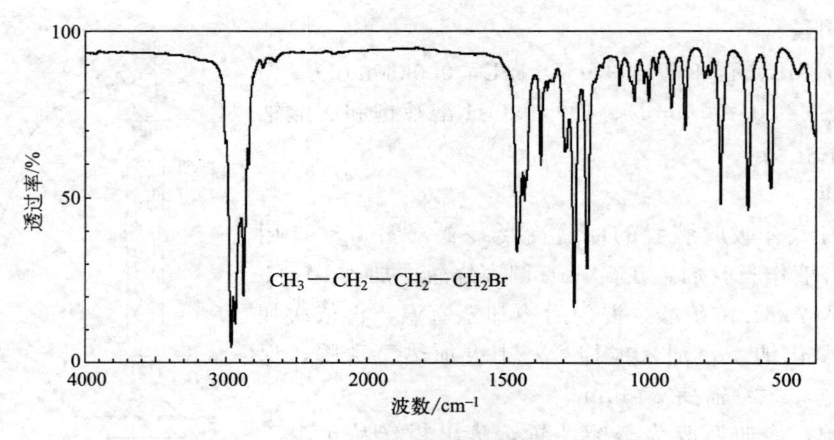

图 3.9 正溴丁烷的红外光谱

3.3 醇的制备

醇（alcohol）是一类重要的化工原料，它不但可以用作溶剂，而且易转化成卤代物、烯烃、醚、醛、酮和羧酸等化合物。工业上醇可以通过下列方法制备：水煤气合成；淀粉发酵；石油裂解气中烯烃部分的催化加水；卤代烷的水解等。实验室中结构复杂的醇主要通过格氏反应来合成。此外，如果醛、酮或酯类容易得到，通过对其还原也可合成醇类化合物。

实验 27 苯甲醇（benzyl alcohol）的制备

主反应：

$$2\,C_6H_5\text{—}CH_2Cl + K_2CO_3 + H_2O \longrightarrow 2\,C_6H_5\text{—}CH_2OH + 2KCl + CO_2$$

药品及用量：

氯化苄 5 g（4.6 mL，0.039 mol）、碳酸钾 4 g（0.029 mol）、四乙基溴化铵（50%水溶液）1 mL、无水硫酸镁、乙醚

实验操作：

在装有搅拌子的 100 mL 三颈瓶中加入碳酸钾水溶液（4 g 碳酸钾溶于 50 mL 水中）及 1 mL 50%四乙基溴化铵水溶液。装上回流冷凝管和恒压滴液漏斗，装置如图 3.10 所示，在恒压滴液漏斗中加入 5 g 氯化苄。开动磁力加热搅拌器，加热至回流，将氯化苄滴加入三颈瓶中。滴加完毕后，继续在搅拌下加热回流，直到油层不再沉到瓶底（暂停搅拌观察），而且氯化苄的气味消失为止，此时反应已完成[1]。

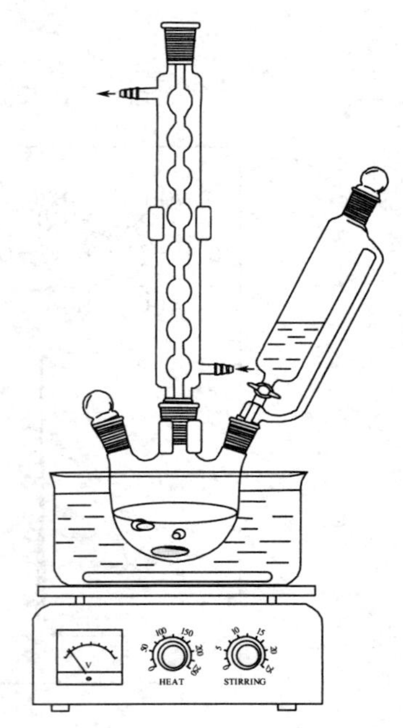

图 3.10 苯甲醇的制备装置

停止加热，将三颈瓶冷却到 30～40 ℃[2]。把反应液转移到分液漏斗中，分出油层。碱液用乙醚萃取 3～4 次，每次用 4 mL 乙醚。合并萃取液和粗苯甲醇，用无水硫酸镁或碳酸钾干燥。

将干燥透明的苯甲醇乙醚溶液倒入 25 mL 蒸馏瓶中，安装好蒸馏装置。先在热水浴上蒸出乙醚，然后改用空气冷凝管，在空气浴下加热蒸馏。收集 200～208 ℃的馏分。

纯苯甲醇为无色透明液体，沸点 205.4 ℃，$d_4^{20}=1.045$，$n_D^{20}=1.5396$。

注释：

［1］反应时间约1.5 h。如不加相转移催化剂（四乙基溴化铵），反应需6～8 h才能完成。

［2］温度过低，碱会析出，给分离带来困难。

思考题：

1. 在实验室中，还有哪些合适的方法可用来制备苯甲醇？
2. 本实验采用碳酸钾作为氯化苄的碱性水解试剂，有哪些优点？

产物谱图（图3.11和图3.12）：

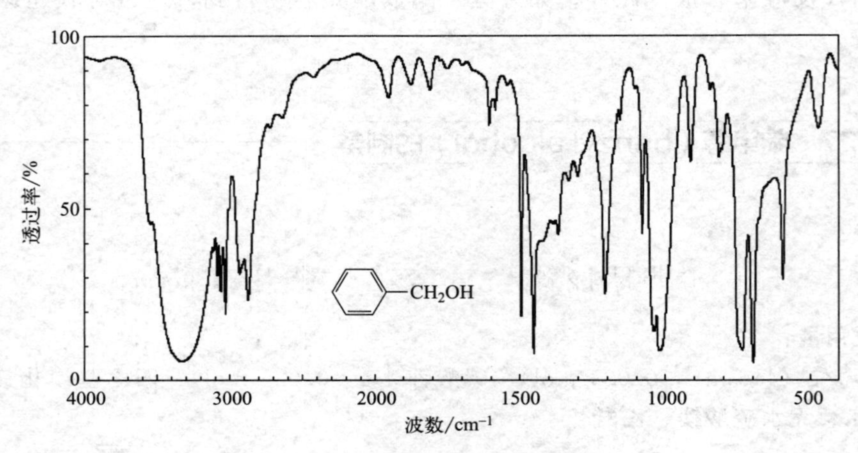

图3.11 苯甲醇的红外光谱

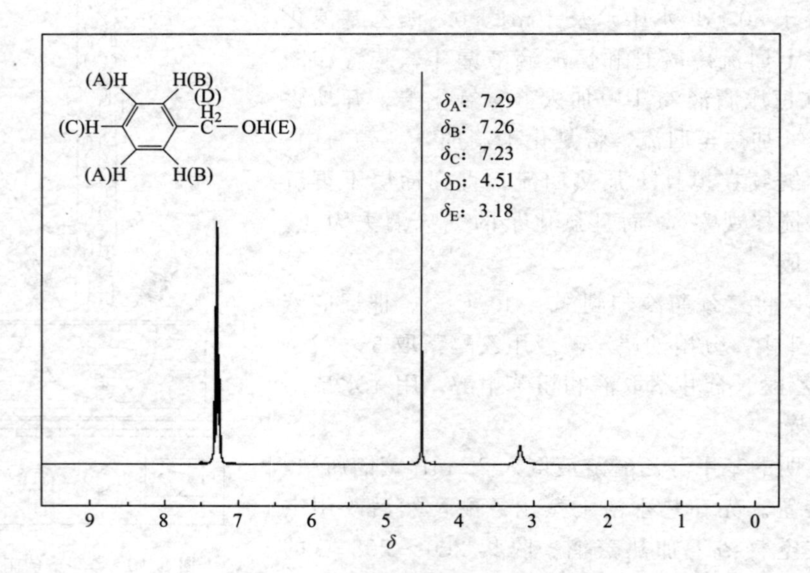

图3.12 苯甲醇的核磁共振氢谱

实验28 2-呋喃甲醇（furan-2-ylmethanol）及2-呋喃甲酸（furan-2-carboxylic acid）的制备

主反应：

$$2\ \text{(O)CHO} \xrightarrow{NaOH} \text{(O)}CH_2OH + \text{(O)COONa}$$

$$\text{(O)COONa} \xrightarrow{HCl} \text{(O)COOH}$$

即在浓碱条件下，无 α-H 的醛发生坎尼扎罗反应。

药品及用量：

新蒸馏的呋喃甲醛[1] 9.5 g（8.2 mL，0.099 mol）、氢氧化钠 4 g（0.10 mol）、乙醚、浓盐酸、无水碳酸钾

实验操作：

实验装置如图 3.13 所示。将呋喃甲醛放入 100 mL 烧杯中，将烧杯置于冰水浴中冷却至 5 ℃左右。在不断搅拌下将 4 g 氢氧化钠配成的 40%的溶液慢慢滴入烧杯中，同时注意保持反应温度在 8～12 ℃。加完后于冰水浴中室温下放置 40 min，间或搅拌，得到黄色浆状物，反应结束[2]。

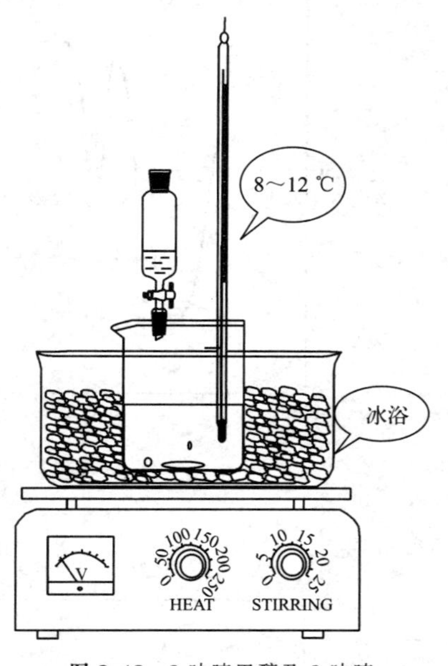

图 3.13 2-呋喃甲醇及 2-呋喃甲酸的制备装置

搅拌下加适量的水，使沉淀刚好溶解[3]。在分液漏斗中分别用 8 mL 乙醚萃取三次，合并乙醚，用无水碳酸钾干燥。热水浴上蒸去乙醚，再加热馏出 2-呋喃甲醇，收集 169～172 ℃的馏分[4]。

用乙醚萃取过的水溶液中主要含呋喃甲酸钠，用浓盐酸酸化至刚果红试纸变蓝，析出 2-呋喃甲酸固体，滤出粗产品。粗产品用水重结晶，得白色针状晶体。

呋喃甲醛为无色（淡黄）液体，沸点 155～162 ℃，n_D^{20}=1.1585。2-呋喃甲醇为无色液体，沸点 171 ℃，n_D^{20}=1.4868。

注释：

[1] 若呋喃甲醛的储放时间过长，会变成暗褐色，需要重新蒸馏，收集 155～162 ℃的馏分。

[2] 因反应是放热反应，用滴加的方式保持反应温度在 8～12 ℃（高于 12 ℃时，反应快且难以控制，反应液呈深红色；低于 8 ℃反应缓慢，一旦积累过多的 NaOH，会使反应不易控制，产生大量的副产物）。滴加的 NaOH 溶液为 40%的浓溶液，浓度低反应将很难发生。

[3] 反应中有不少 2-呋喃甲酸钠盐析出，如果水加得过多，会损失部分产品。

[4] 用热水蒸去乙醚（不要用明火，因乙醚的沸点很低且易燃）。然后再蒸馏 2-呋喃甲醇。2-呋喃甲酸熔点 133～134 ℃，白色针状晶体。

思考题：

1. 试比较坎尼扎罗反应与羟醛缩合反应在醛的结构上有哪些不同？
2. 本实验根据什么原理来分离和提纯 2-呋喃甲醇和 2-呋喃甲酸这两种产物？

产物谱图（图 3.14～图 3.17）：

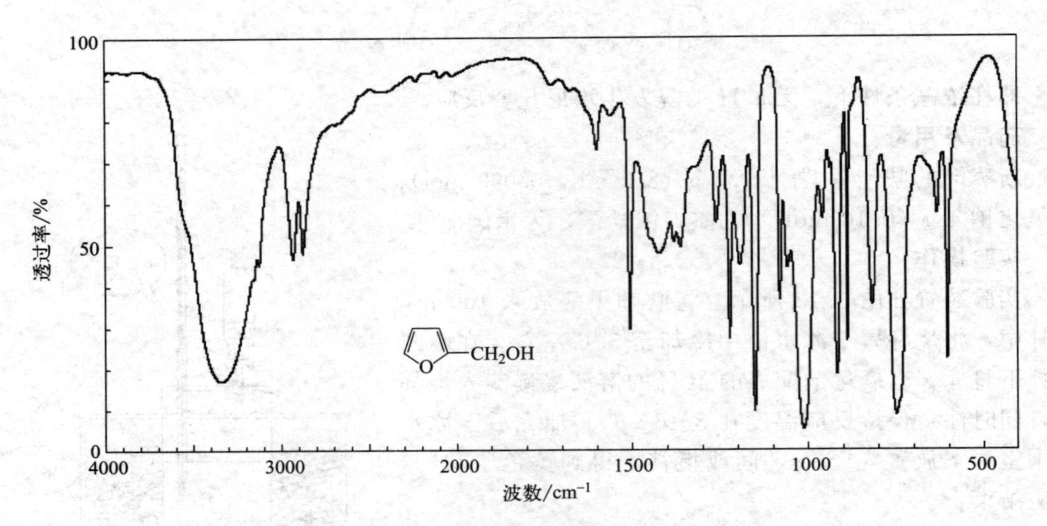

图 3.14 2-呋喃甲醇的红外光谱

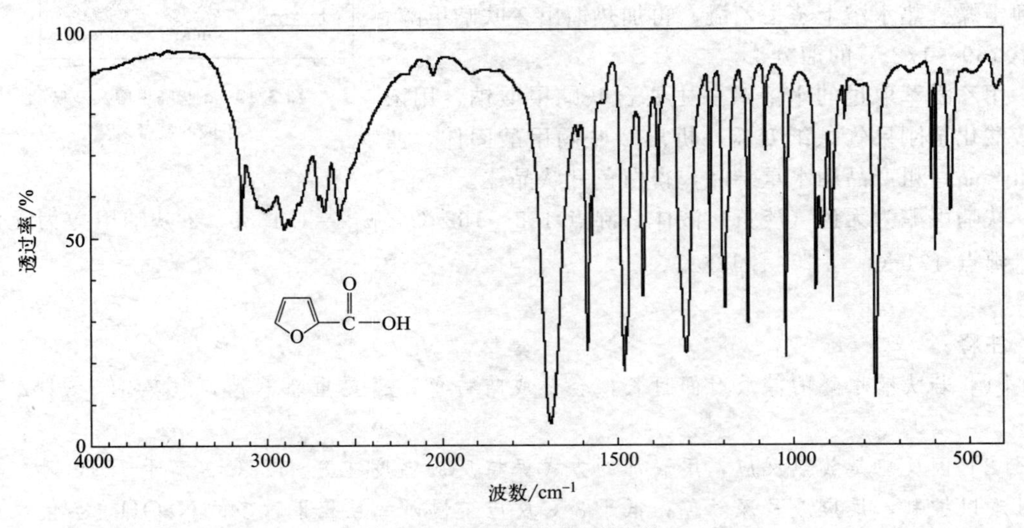

图 3.15 2-呋喃甲酸的红外光谱

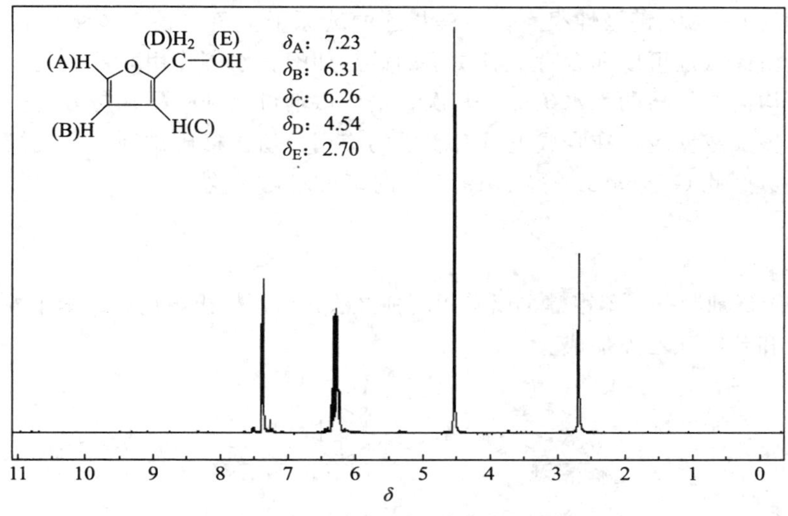

图 3.16 2-呋喃甲醇的核磁共振氢谱

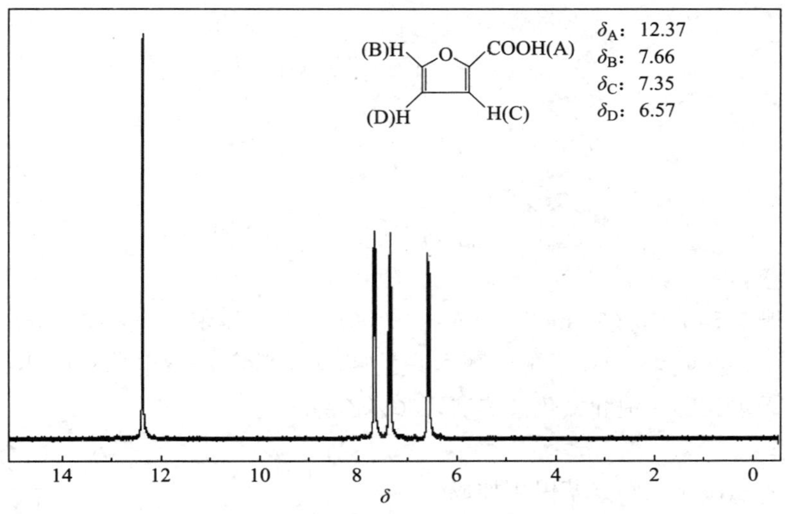

图 3.17 2-呋喃甲酸的核磁共振氢谱

实验 29 三苯甲醇（triphenylmethanol）的制备

卤代烃在常温下可以与金属镁反应生成烃基卤化镁，结构通式为 RMgX（R 代表烃基，X 代表卤素）。这种金属有机化合物最初是由法国科学家 Grignard 首次合成的，因此也被称作格氏试剂（Grignard reagent）。卤代烃和金属镁的反应活性 RI＞RBr＞RCl，同时三级卤代烃＞二级卤代烃＞一级卤代烃。在实验过程中对某些活性不够的底物通常需要加入少量的引发剂，比如碘或者 1,2-二溴乙烷。格氏试剂的产生是自由基历程，由于反应过程中有烃基自由基的生成，因此格氏试剂制备过程中的主要副产物是烃基偶联的产物。格氏试剂的制备通常采用醚类溶剂，比如乙醚、四氢呋喃，这是因为醚类溶剂的孤对电子能够很好地稳定格氏试剂。

格氏试剂的C—Mg键极性很大，与镁相连的碳原子呈负电性，体现出很强的碱性和亲核性。首先，格氏试剂可以和含有活泼质子的试剂如醇、水等作用而被氢化，因此格氏试剂的制备和储存均需要严格的无水条件；其次，格氏试剂可以和醛酮、羧酸衍生物等多种有机化合物发生亲核加成反应，在合成上具有重要的应用价值。格氏试剂的发现极大地促进了有机化学的发展，因此 Grignard 获得了 1912 年的诺贝尔化学奖。

主反应：

用苯基格氏试剂制备三苯甲醇可以采用两种办法：(1) 格氏试剂和二苯甲酮加成；(2) 两分子格氏试剂和苯甲酸乙酯加成。

Br　$\xrightarrow[\text{无水乙醚}]{\text{Mg}}$　MgBr　$\xrightarrow[\text{2) } NH_4Cl\text{, } H_2O]{\text{1) 二苯甲酮 (O)}}$　OH

2 MgBr　$\xrightarrow[\text{2) } NH_4Cl\text{, } H_2O]{\text{1) COOEt}}$　OH

副反应：

2 Br　$\xrightarrow[\text{无水乙醚}]{\text{Mg}}$　$+ MgBr_2$

药品及用量：

镁粉或镁屑 0.75 g (0.031 mol)、1.5 g (0.061 mol)，溴苯 4.8 g (3.2 mL，0.030 mol)、9.6 g (6.4 mL，0.061 mol)，二苯甲酮 5.5 g (0.030 mol)，苯甲酸乙酯 4.5 g (4.3 mL，0.030 mol)，无水乙醚，饱和氯化铵溶液，80%乙醇

实验操作：

方法一：苯基溴化镁和二苯甲酮加成。

在 100 mL 干燥的三颈烧瓶中加入 0.75 g 镁粉或镁屑[1]，以及 1～2 小粒碘单质。烧瓶上加装回流冷凝管和恒压滴液漏斗（图 3.18），并在回流冷凝管上方加上无水氯化钙干燥管[2]。向恒压滴液漏斗中加入 3.2 mL 溴苯以及 15 mL 无水乙醚[3]，混合均匀。先将 5 mL 溴苯-乙醚溶液放至三颈烧瓶中，反应在数分钟内即可发生，此时碘的颜色消失，溶液变为灰色浊液，同时镁的表面有气泡产生。反应若不发生可将装置置于热水浴中温热，或补加一粒碘单质。反应引发后再开启磁力搅拌器，同时缓慢滴加剩余的溴苯-乙醚溶液，滴加过程中保持溶液呈微沸状态[4]。滴加完全后，在热水浴上继续回流 0.5 h，使反应完全。

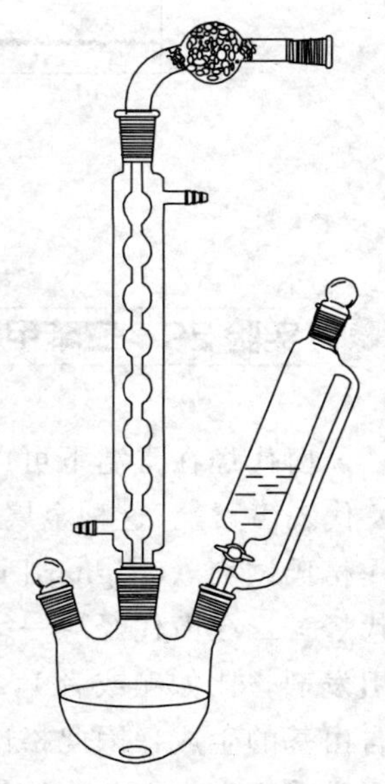

图 3.18　三苯甲醇的制备装置

将上述装置置于冷水浴中，搅拌下滴入二苯乙酮的乙醚溶液 (5.5 g 二苯甲酮溶于 20 mL 无水乙醚中)。滴加完全后，在热水浴上回流 0.5 h，使反应完全。再将装置置于冰水浴中冷却，向恒压

滴液漏斗中倒入 26 mL 饱和氯化铵溶液并缓慢滴加至烧瓶中，以分解加成产物。随后将烧瓶中的产物倒入分液漏斗中分出乙醚相，蒸馏除去大部分乙醚，再进行水蒸气蒸馏除去未反应的溴苯和副产物联苯。瓶中析出大量三苯甲醇固体，冷却后抽滤，水洗，粗产物用 80% 乙醇重结晶。纯净的三苯甲醇为无色棱状晶体，熔点为 162.5 ℃。

方法二：两分子苯基溴化镁和苯甲酸乙酯加成。

格氏试剂制备的仪器装置和操作步骤同方法一。用 1.5 g 镁屑或镁粉与 6.4 mL 溴苯（溶于 30 mL 无水乙醚）制备格氏试剂。将反应装置放于冷水浴中，搅拌下滴加苯甲酸乙酯的乙醚溶液（4.3 mL 苯甲酸乙酯溶于 10 mL 无水乙醚）。滴加完毕后回流 1 h，用 30 mL 饱和氯化铵淬灭反应。分出乙醚相，蒸出大部分乙醚后改为水蒸气蒸馏除去未反应的溴苯和苯甲酸乙酯。冷却抽滤出产物。

附：三苯甲基碳正离子的观察

取一支洁净的试管，放入 20～50 mg 三苯甲醇和 3 mL 冰醋酸，加热使其溶解，向试管中滴加 2～5 滴浓硫酸，溶液颜色立即变为橙红色，再加入 2～4 mL 水，颜色褪去，并产生白色沉淀。实验中橙红色溶液即是三苯甲基碳正离子的颜色。

注释：

[1] 镁屑或镁粉应尽可能避免氧化，否则镁表面的氧化物会导致反应难以发生。少量镁屑的活化可以用 5%稀盐酸浸泡数分钟，待表面光亮后，滤掉盐酸，再依次用无水乙醇、无水乙醚洗净后抽干备用。

[2] 格氏试剂制备装置均需干燥，从烘箱中取出的仪器应尽快搭建好装置，避免仪器冷却时重新吸附水分。

[3] 乙醚为易燃易爆物，本实验过程中严禁使用明火。

[4] 溴苯滴加不宜过快，否则会导致副产物联苯增多。

产物谱图（图 3.19）：

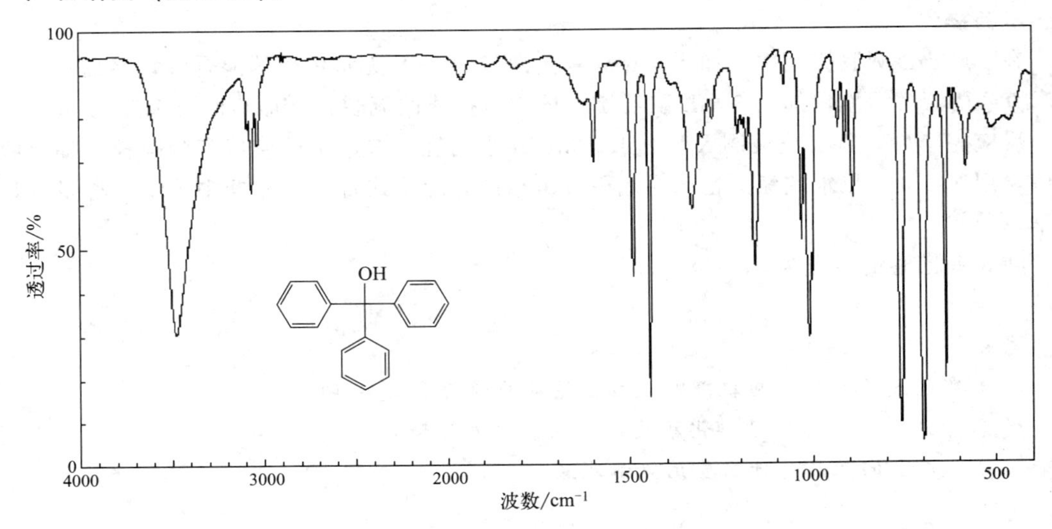

图 3.19 三苯甲醇的红外光谱

3.4 醚的制备

醚（ether）是有机合成中常用的溶剂。醚的制备方法有两种：一种是醇的脱水制取纯醚；另一种是醇（或酚）金属盐与卤代烃（或硫酸酯）作用，即通过威廉逊（Williamson）合成法，以制备纯醚或混合醚。例如，β-萘乙醚的合成。

β-萘乙醚是肥皂中的一种香料，也可作为肥皂中其他香气的定香剂，这些香气包括玫瑰香、薰衣草香、柠檬香等。加入定香剂后能减慢这些香气消失的速度，使产品的香气在较长时间内得以保持。

实验30 β-萘乙醚（β-naphthol ethyl ether）的制备

主反应：

$$\text{OH} \quad + KOH \longrightarrow \quad \text{OK} \quad + H_2O$$

$$\text{OK} \quad + C_2H_5I \longrightarrow \quad OC_2H_5 \quad + KI$$

此法被称为威廉逊合成醚法。

药品及用量：

β-萘酚 5 g（0.035 mol）、氢氧化钾 4 g（0.071 mol）、无水甲醇 50 mL、碘乙烷 5.8 g（3 mL，0.037 mol）

实验操作：

在 100 mL 圆底烧瓶中，加入 4 g 氢氧化钾与 50 mL 无水甲醇的混合液，然后加入 5 g β-萘酚，待溶解后慢慢加入 3 mL 碘乙烷，摇匀后搭建回流装置，加热回流 1.5～2 h。

反应完毕后，将反应液倒入盛有 150 mL 冰水的烧杯中，用玻璃棒充分搅拌。抽滤收集固体，用 300 mL 热水洗涤。粗产品用甲醇重结晶，晾干或置于干燥器中干燥。称量并计算产率。

纯 β-萘乙醚的熔点为 37～38 ℃。

思考题：

1. 本实验属于哪种反应机理？试画出该反应的势能-进程图。
2. 为什么不用乙醇和 β-碘化萘反应来制备 β-萘乙醚？
3. β-萘乙醚的粗品为什么要用热水洗涤？

产物谱图（图 3.20 和图 3.21）：

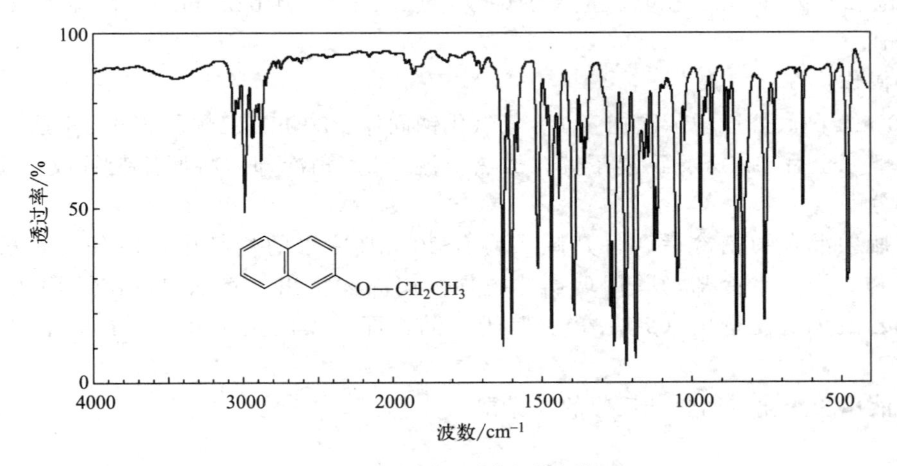

图 3.20 β-萘乙醚的红外光谱

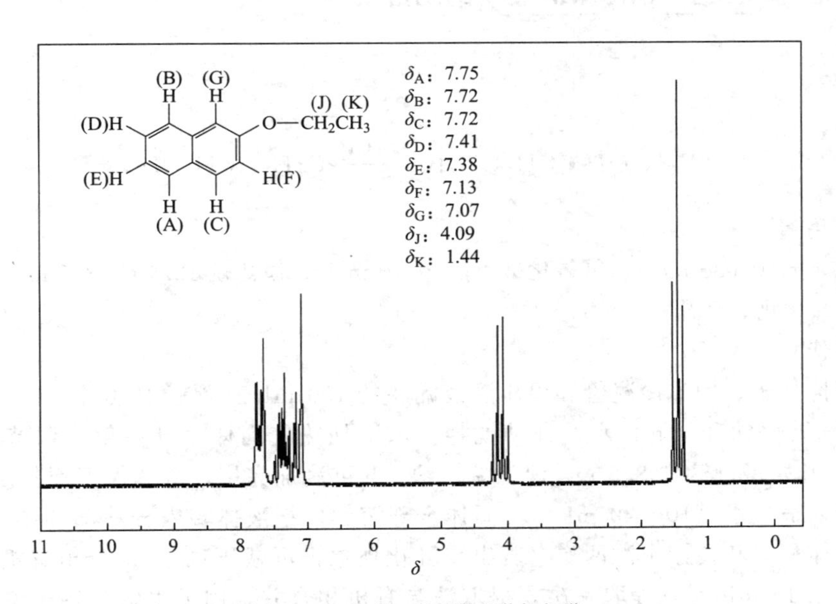

图 3.21 β-萘乙醚的核磁共振氢谱

实验 31 β-萘酚正丁基醚（β-naphthol normal butyl ether）的制备

主反应：

$$\text{OH} \xrightarrow[C_2H_5OH]{NaOH} \text{ONa}$$

$$\text{ONa} + CH_3CH_2CH_2CH_2Br \longrightarrow OCH_2CH_2CH_2CH_3$$

药品及用量：

β-萘酚 2.9 g（0.020 mol）、正溴丁烷 3 g（2.4 mL，0.022 mol）、固体氢氧化钠 1 g、乙醇 20 mL

实验操作：

在 50 mL 圆底烧瓶中依次加入 1 g 氢氧化钠固体、20 mL 乙醇及 2.9 g β-萘酚并充分搅拌，待溶解完全后加入 3 g 正溴丁烷，加热回流 2 h。稍冷却后将回流装置改为蒸馏装置，蒸出大部分醇。

反应瓶中混合物稍冷后，将其倾入盛有 20 mL 冷水的烧杯中，冷却使之析出固体。如有油状物，用冰水冷却，并用玻璃棒搅拌，使固体析出。将滤出的沉淀用稀碱液洗涤至洗液加乙醚无沉淀析出（β-萘酚）。晾干产品，即 β-萘酚正丁基醚，具有水果香气，熔点 35.5 ℃。

将滤液用酸酸化，回收未反应的 β-萘酚。

实验32 苯乙醚（phenetole）的制备

主反应：

$$C_6H_5OH + CH_3CH_2Br \xrightarrow{NaOH} C_6H_5OCH_2CH_3$$

药品及用量：

苯酚 7.5 g（0.080 mol）、氢氧化钠 4 g（0.10 mol）、溴乙烷 12.4 g（8.5 mL，0.11 mol）、乙醚、无水氯化钙、食盐

实验操作：

在装有搅拌子、回流冷凝管和恒压滴液漏斗的 100 mL 三颈瓶中（图 3.8），加入 7.5 g 苯酚、4 g 氢氧化钠和 4 mL 水，开动搅拌，水浴加热使固体全部溶解，调节水浴温度在 80～90 ℃，开始慢慢滴加 8.5 mL 溴乙烷，约 1 h 可滴加完毕，继续保温搅拌 2 h，然后降至室温。加入适量水（10～20 mL）使固体全部溶解。把液体转入分液漏斗中，分出水相，有机相用等体积饱和食盐水洗两次（若出现乳化现象，可减压过滤），分出有机相，合并两次洗涤液，用 15 mL 乙醚提取一次，提取液与有机相合并，用无水氯化钙干燥。水浴蒸出乙醚，再减压蒸馏，收集产品，也可以进行常压蒸馏，收集 171～183 ℃馏分。产品为无色透明液体，质量 5～6 g。

注释（表 3.1）：

表 3.1 苯乙醚的压力与沸点关系表

压力/kPa	0.13	0.67	1.33	2.67	5.33	8.00	13.33	26.66	53.33	101.33
沸点/℃	18.1	43.7	56.4	70.3	86.6	95.4	108.4	127.9	149.8	172.0

产物谱图（图 3.22 和图 3.23）：

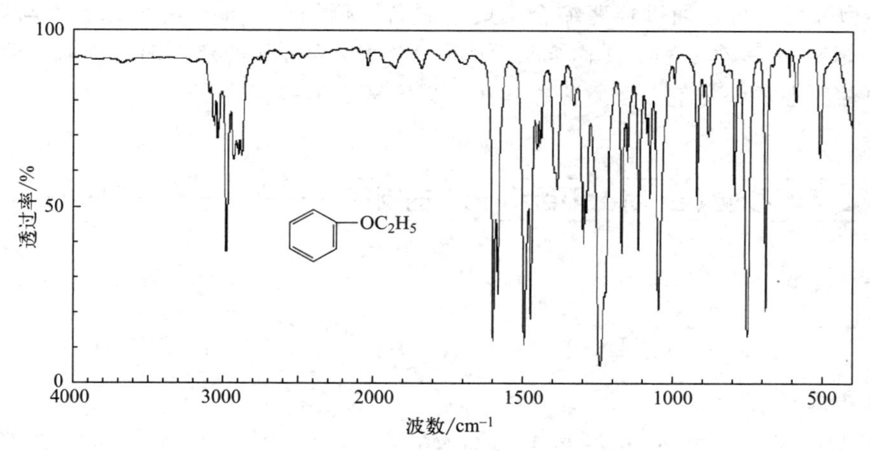

图 3.22　苯乙醚的红外光谱

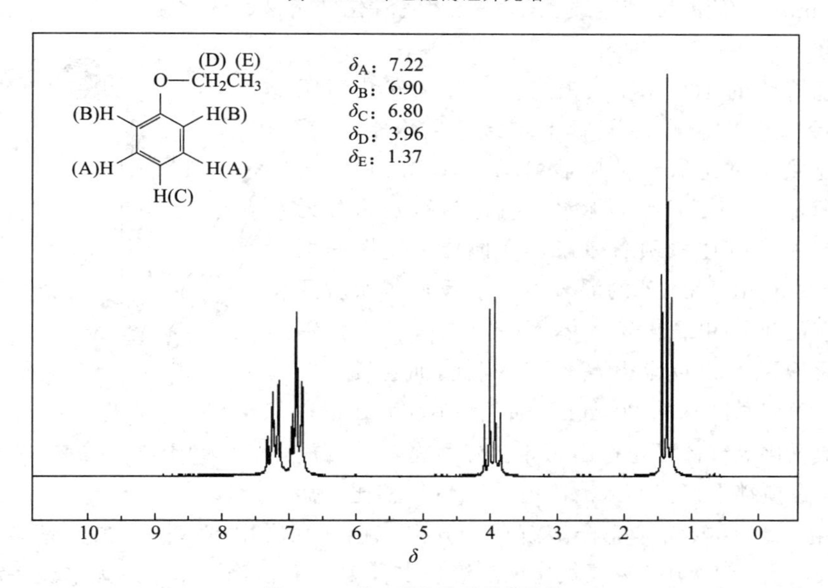

图 3.23　苯乙醚的核磁共振氢谱

3.5　酮的制备

酮（ketone）是一类重要的化工原料，仲醇的氧化和脱氢是制备脂肪酮的主要方法，工业上大多采用气相催化脱氢法或催化脱氢法，而实验室一般用酸性重铬酸钾（钠）氧化法。格氏试剂和腈或酯的加成反应以及乙酰乙酸乙酯合成法也是实验室制备酮的常用方法。二元羧酸钙盐或钡盐的热解脱羧是制备五元、六元环酮的方法之一。

通常利用 Friedel-Crafts 反应制备芳香酮。例如，由苯和乙酸酐或乙酰氯在无水三氯化铝作用下可以得到苯乙酮。它既是塑料生产中的增塑剂，也是香皂和香烟中的香料成分。

α,β-不饱和醛酮可以通过羟醛缩合反应来制备。例如，以苯甲醛为原料，与丙酮缩合，可以得到4-苯基-3-丁烯-2-酮（又称苄叉丙酮）。它可作为香料的定香剂，染料工业用的媒染剂，以及电镀工业的添加剂，以它为原料还可以合成香料等。

实验33 苯乙酮（acetophenone）的制备

主反应：

$$C_6H_6 + (CH_3CO)_2O \xrightarrow{AlCl_3} C_6H_5COCH_3 + CH_3COOH$$

药品及用量：

无水苯17.6 g（20 mL，0.23 mol）、乙酸酐3.2 g（3 mL，0.031 mol）、无水三氯化铝10 g（0.075 mol）、盐酸、苯（或乙醚）、5%氢氧化钠溶液、无水硫酸镁

实验操作：

在装有搅拌子的100 mL三颈瓶上，分别安装恒压滴液漏斗及冷凝管[1]。在冷凝管上端装一氯化钙干燥管，后者再连接一氯化氢气体吸收装置（图3.24）。向三颈瓶中迅速加入10 g研碎的无水三氯化铝和15 mL无水苯[2]，用空心塞塞住三颈瓶瓶口，在搅拌下慢慢滴加3 mL乙酸酐及5 mL无水苯的混合液[3]。反应很快就开始，随着反应的进行和氯化氢气体不断放出，三氯化铝逐渐溶解，反应温度也逐渐升高。应控制滴加速度，使苯缓缓回流，滴加时间约需20 min。加完后在60 ℃左右水浴加热，至氯化氢气体停止逸出为止。然后将三颈瓶浸于冰水浴中，在搅拌下慢慢滴入冰冷的1∶1（体积比）盐酸溶液100 mL。当瓶内固体完全溶解后，分出苯层。水层用苯（或乙醚）萃取两次，每次10 mL。合并苯层，依次用5%氢氧化钠溶液、水各10 mL洗涤，苯层用无水硫酸镁干燥。

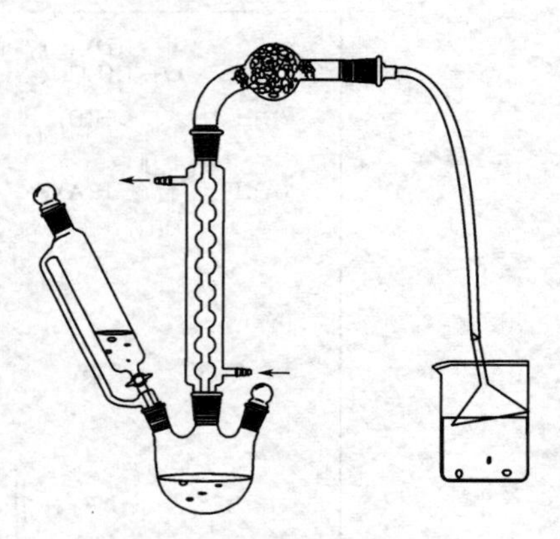

图3.24 苯乙酮的制备装置

将干燥后的苯层溶液过滤，先在水浴上蒸去苯[4]，再在石棉网上加热蒸去残留苯，当温度升至140 ℃左右时，停止加热。稍冷后改用空气冷凝管继续蒸馏，收集198～202 ℃的馏分，产量2～3 g（产率52%～65%）。

纯苯乙酮为无色透明液体，沸点202.0 ℃，熔点19.6 ℃，$n_D^{20}=1.53178$。

注释：

[1] 所用仪器和药品必须充分干燥。

[2] 无水三氯化铝的质量是实验好坏的关键因素。研细、称量和投料时都要迅速，并在带塞的锥形瓶中称量。所用的无水苯应经金属钠干燥过。

[3] 开始先加几滴，待反应开始后再继续滴加，以免反应过于剧烈。

[4] 由于最终产物不多，宜选用较小的蒸馏瓶。苯层溶液可用恒压滴液漏斗，一边蒸馏，一边滴加到蒸馏瓶中。

产物谱图（图 3.25 和图 3.26）：

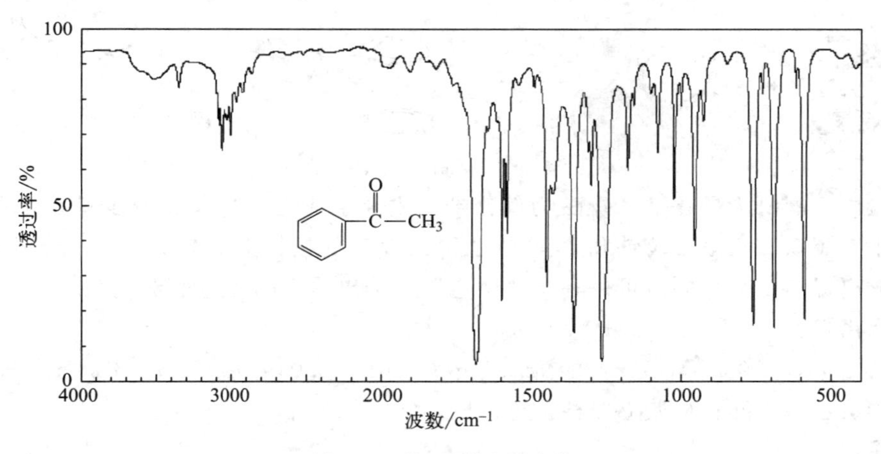

图 3.25 苯乙酮的红外光谱

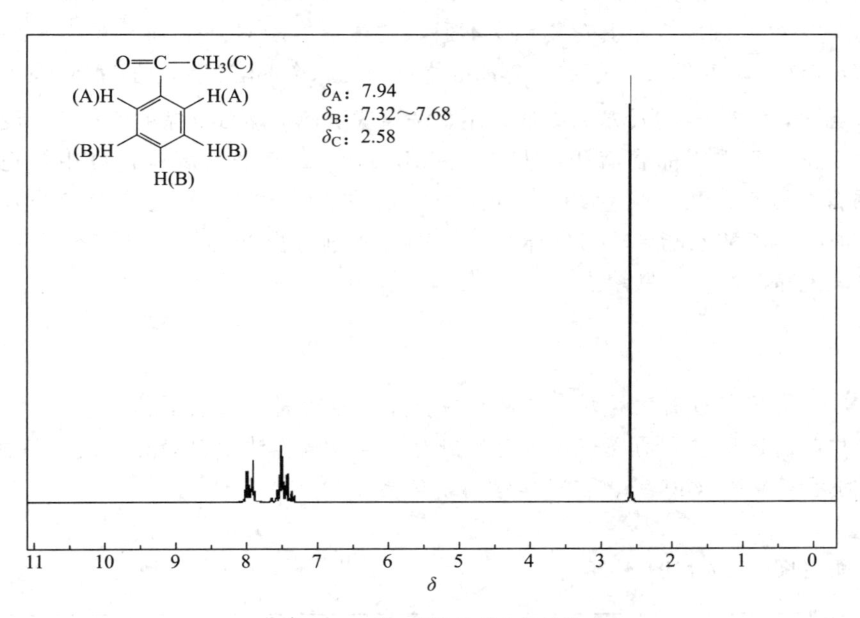

图 3.26 苯乙酮的核磁共振氢谱

实验34 乙酰二茂铁（acetylferrocene）的制备

二环戊二烯合铁即二茂铁是一种重要的过渡金属有机化合物。1951 年，Kealy T J、Pause P J 和 Miller S A 两个研究组独立合成了这个化合物。次年，Wilkinson G 和 Woodward R B 等确定了二茂铁的“夹心面包”结构，即二茂铁是环戊二烯负离子与 Fe^{2+} 的配合物，具有芳香性。该化合物比苯更容易发生亲电取代反应，能发生磺化、烷基化、酰基化等反应。

二茂铁的研究促进了过渡金属有机化学的发展，而过渡金属有机化学今天仍是有机化学领域里一个极为重要而又活跃的研究领域。

主反应：

H_3PO_4

乙酰二茂铁(主产物)

本实验以乙酸酐为酰化剂，磷酸为催化剂，主要生成乙酰二茂铁及少量 1,1′-二乙酰二茂铁。由于二茂铁、乙酰二茂铁和 1,1′-二乙酰二茂铁的极性差异较大，因此本实验可以通过柱色谱分离提纯产品，同时可以利用薄层色谱筛选出适宜的柱色谱洗脱剂。

药品及用量：

二茂铁 1 g（0.0054 mol）、乙酸酐 5.1 g（5 mL，0.049 mol）、85%磷酸 1 mL、碳酸钠、石油醚、乙酸乙酯；硅胶 G、柱色谱硅胶（200～300 目）

实验操作：

在 50 mL 干燥的圆底烧瓶中，加入 1 g 二茂铁和 5 mL 乙酸酐，在冷水浴冷却下缓慢滴加 1 mL 85%磷酸，并在圆底烧瓶上安装一支不通水的球形冷凝器。在 55～60 ℃下反应 15～20 min 后冷却反应液[1]，并倒入装有 20 g 碎冰的烧杯中，冰全部溶解后，加固体 Na_2CO_3 中和反应液[2]，调至 pH 为 7，充分冷却后抽滤，用水洗涤滤饼，干燥后得棕黄色乙酰二茂铁粗品。

得到的乙酰二茂铁粗品含有很少量二茂铁和 1,1′-二乙酰二茂铁，可用柱色谱分离提纯[3]。采用石油醚：乙酸乙酯＝20：1（体积比）的洗脱剂进行柱色谱分离未反应的二茂铁，再用石油醚：乙酸乙酯＝5：1（体积比）的洗脱剂分离产物。蒸干溶剂、干燥、称重，并计算产率。纯净乙酰二茂铁熔点为 85 ℃。

注释：

[1] 反应温度不宜过高，否则会导致反应体系产生大量焦油状固体。

[2] 中和时应选用较大的烧杯，避免反应时产生大量泡沫冲出烧杯导致产品损失。

[3] 也可用石油醚（60～90 ℃）作溶剂重结晶。

产物谱图（图 3.27 和图 3.28）：

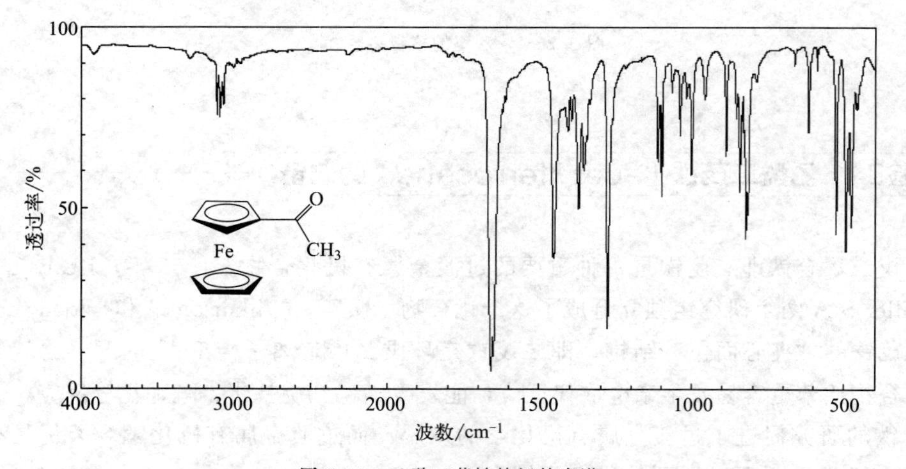

图 3.27　乙酰二茂铁的红外光谱

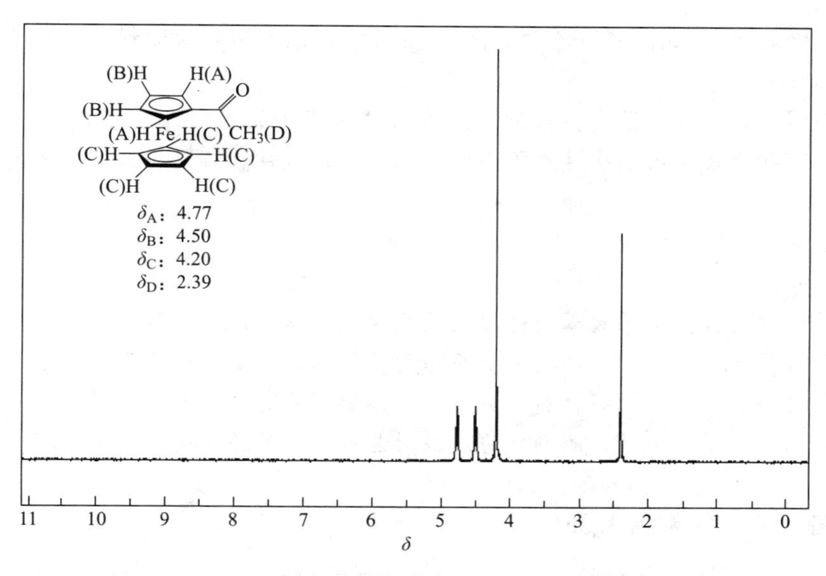

图 3.28 乙酰二茂铁的核磁共振氢谱

实验35 1,5-二苯-1,4-戊二烯-3-酮（1,5-diphenylpenta-1,4-dien-3-one）的合成

主反应：

$$2\ C_6H_5CHO + H_3C\text{–}CO\text{–}CH_3 \xrightarrow[-2H_2O]{OH^-} C_6H_5CH{=}CH\text{–}CO\text{–}CH{=}CHC_6H_5$$

副反应：

$$C_6H_5CHO + H_3C\text{–}CO\text{–}CH_3 \xrightarrow[-H_2O]{OH^-} C_6H_5CH{=}CH\text{–}CO\text{–}CH_3$$

1,5-二苯-1,4-戊二烯-3-酮又称为二苯乙烯基丙酮，它是一种不溶于水但溶于乙醇的亮黄色固体。二苯乙烯基丙酮可用于防晒油的添加剂，还可作为有机金属化学中的常用催化剂配体。本实验制备二苯乙烯基丙酮的主反应是苯甲醛与含有 α-氢原子的丙酮在碱催化下所发生的羟醛缩合反应，脱水得到产率很高的 α，β-不饱和酮，这一类型的反应叫作克莱森-斯密特（Claisen-Schmidt）缩合反应。常用的碱有钠、钾氢氧化物的水溶液或醇溶液，或用醇钠或仲胺。

药品及用量：

苯甲醛 2.6 g（2.5 mL，0.025 mol）、丙酮 0.73 g（1 mL，0.013 mol）、氢氧化钠、95%乙醇

实验操作：

在 100 mL 圆底烧瓶中，将 2.5 g NaOH 溶于 25 mL 蒸馏水和 10 mL 乙醇[1]。同时取一个 10 mL 磨口锥形瓶，向其中加入 2.5 mL 苯甲醛和 1 mL 丙酮混匀备用[2]。在 15～20 ℃下，将混合好的苯甲醛与丙酮加入圆底烧瓶中，并剧烈搅拌。体系约在 2～3 min 内产

生絮状沉淀。随后用 10 mL 95%乙醇润洗 10 mL 磨口锥形瓶确保原料完全转移。保持反应温度，继续搅拌 30 min。

反应结束后，将反应体系进行抽滤，用冷水冲洗粗产品至中性[3]。粗产品用 95%乙醇进行重结晶，若颜色较深可加活性炭脱色，产物为淡黄色片状结晶。纯的二苯乙烯基丙酮的熔点为 111～112 ℃。

注释：

[1] 若碱的浓度偏高会导致苯甲醛发生歧化反应，降低收率。溶液配制要尽量精确。

[2] 丙酮过量会导致单缩合产物苯亚甲基丙酮增加。乙醇一方面可以增加苯甲醛在反应体系中的溶解度，加快反应进程，另一方面可以溶解反应开始时产生的苯亚甲基丙酮。

[3] 粗产物务必调至中性，否则在重结晶时易发生逆羟醛缩合反应导致实验失败。

产物谱图（图 3.29 和图 3.30）：

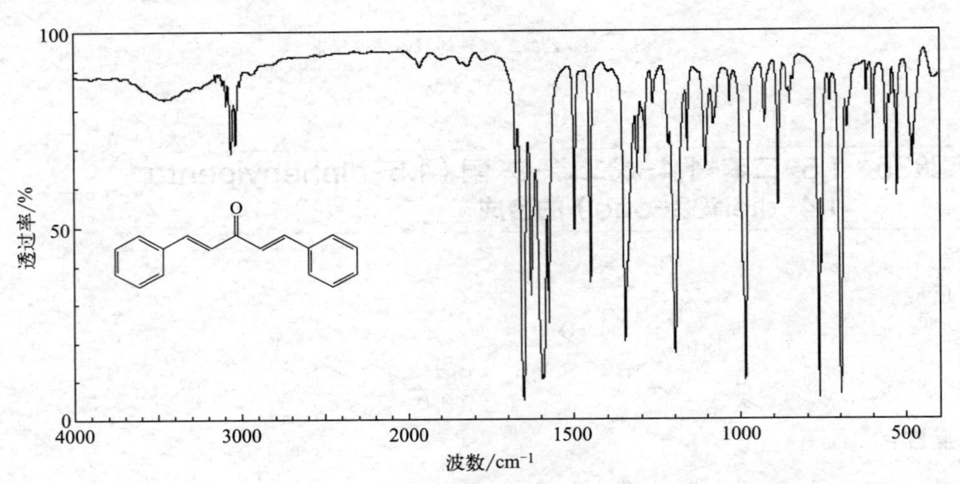

图 3.29 1,5-二苯-1,4-戊二烯-3-酮的红外光谱

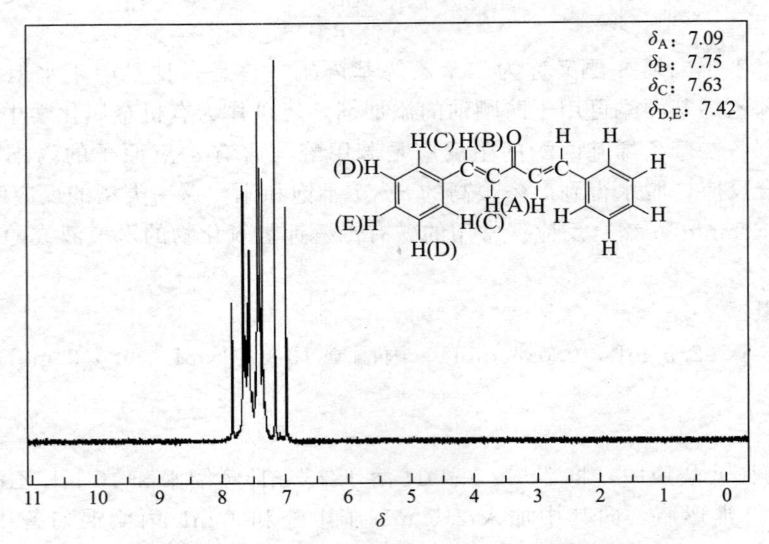

图 3.30 1,5-二苯-1,4-戊二烯-3-酮的核磁共振氢谱

3.6 羧酸的制备

制备羧酸（carboxylic acid）最常用的方法是氧化法。例如，将烯烃、醇、醛和烷基苯等氧化就能够得到羧酸。另外通过腈的水解、格氏试剂和二氧化碳作用、甲基酮的卤仿反应或丙二酸酯合成法等，也能合成羧酸。

己二酸在工业上是通过环己醇的硝酸氧化或环己烷的空气氧化来制备，在实验室可由环己醇的高锰酸钾氧化来制备。它主要用于制造尼龙66、聚氨酯泡沫塑料和增塑剂等。

实验36 苯甲酸（benzoic acid）的制备

主反应：

$$C_6H_5CH_3 + 2KMnO_4 \longrightarrow C_6H_5COOK + KOH + 2MnO_2 + H_2O$$

$$C_6H_5COOK \xrightarrow{HCl} C_6H_5COOH$$

药品及用量：

甲苯1.5 g（1.7 mL，0.016 mol）、高锰酸钾5 g（0.032 mol）、十六烷基三甲基溴化铵0.1 g、浓盐酸

实验操作：

安装好回流装置。向100 mL的圆底烧瓶中分别加入5 g高锰酸钾，0.1 g十六烷基三甲基溴化铵[1]，1.7 mL甲苯及50 mL水，边搅拌边加热至沸腾，保持反应物溶液平稳沸腾[2]。

当大量棕色沉淀产生，高锰酸钾的紫色变浅或消失，甲苯层消失时，反应基本结束[3]。过滤出二氧化锰沉淀[4]，滤液用浓盐酸酸化，析出苯甲酸的沉淀，抽滤得粗产品。

粗产品用水重结晶。在沸水浴上干燥，称量，测其熔点。

甲苯：$d_4^{20}=0.866$，熔点110.6 ℃，不溶于水。

苯甲酸：沸点122 ℃，100 ℃升华。微溶于冷水，易溶于沸水。

注释：

[1] 加入相转移催化剂（十六烷基三甲基溴化铵），可提高产率20%左右，并能缩短反应时间，如不加，反应需7～8 h才能完成。

[2] 此反应属于氧化反应，放热量较大，若控制不好温度，反应物极易从冷凝管上口冲出。可在球形冷凝管上安装一不通冷水的直形冷凝管。

[3] 判断反应结束的现象：

甲苯层消失，无油珠。

高锰酸钾的紫色基本褪去，出现大量 MnO_2 棕色沉淀。

[4] 滤出的 MnO_2 沉淀中会夹杂较多的产品，故要用少量热水冲洗。若滤液呈紫色，可用饱和亚硫酸氢钠溶液还原褪色。析出的 MnO_2 要再过滤一次。

产物谱图（图 3.31 和图 3.32）：

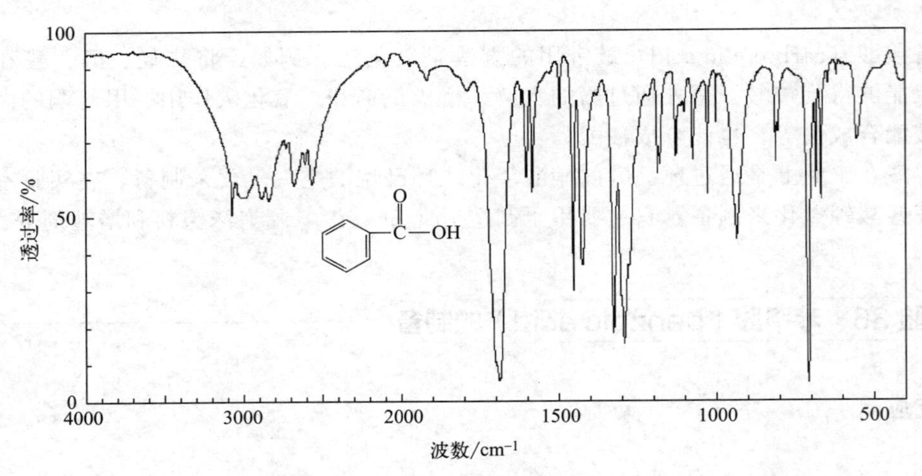

图 3.31 苯甲酸的红外光谱

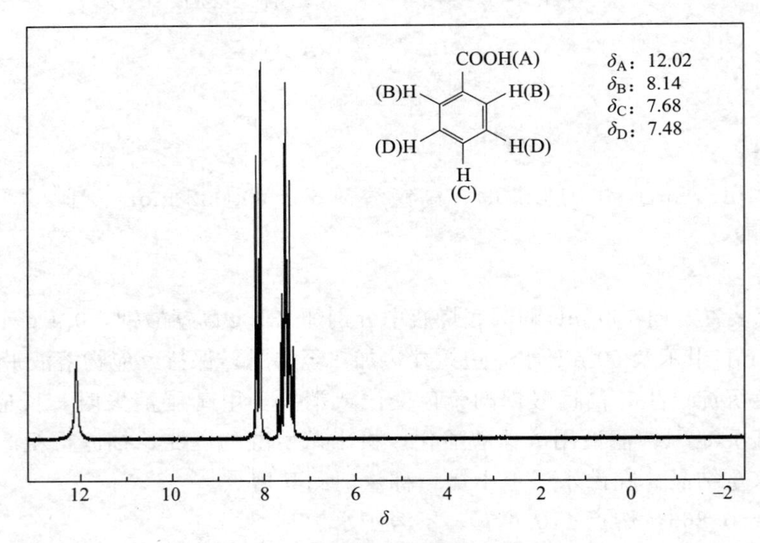

图 3.32 苯甲酸的核磁共振氢谱

实验 37 己二酸（hexane diacid）的制备

主反应：

$$3\ \text{环己醇} + 8KMnO_4 + H_2O \longrightarrow 3HOOC(CH_2)_4COOH + 8MnO_2 + 8KOH$$

药品及用量：

环己醇 2.5 g（2.6 mL，0.025 mol）、碳酸钠 3.7 g、高锰酸钾 11.2 g（0.071 mol）、10%碳酸钠溶液、浓硫酸

实验操作：

在装有搅拌子和温度计的 100 mL 三颈瓶中，加入 2.6 mL 环己醇和 3.7 g 碳酸钠溶于 50 mL 水的溶液。开动搅拌器，在快速搅拌下，分批加入 11.2 g 研细的高锰酸钾，控制加入速度，使反应温度在 30 ℃以下[1]。加完后继续搅拌，直至反应温度不再上升为止。将反应液置于 50 ℃水浴中加热，并不断搅拌 30 min，反应过程中有大量二氧化锰沉淀产生。实验装置如图 3.33 所示。

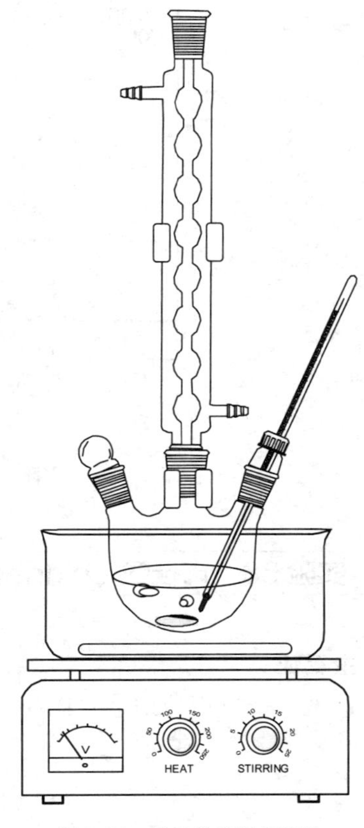

图 3.33　己二酸的制备装置

将反应混合物抽滤，滤饼用 10 mL 10%碳酸钠溶液洗涤[2]。将滤液和洗涤液合并，在搅拌下慢慢滴入浓硫酸，直至溶液呈强酸性。抽滤收集沉淀，用少量冰水洗涤，烘干，熔点 149～151 ℃，产量 2.2 g（产率 62%左右）。

纯己二酸的熔点为 152 ℃。

注释：

［1］加入高锰酸钾后，如果不立即开始反应，可用 40 ℃水浴温热。当温度升到 30 ℃时，必须迅速移去水浴，否则会引起瓶内物质冲出反应器。

［2］二氧化锰中易夹杂己二酸钾盐，故要用碳酸钠溶液将其洗净。

产物谱图（图 3.34 和图 3.35）：

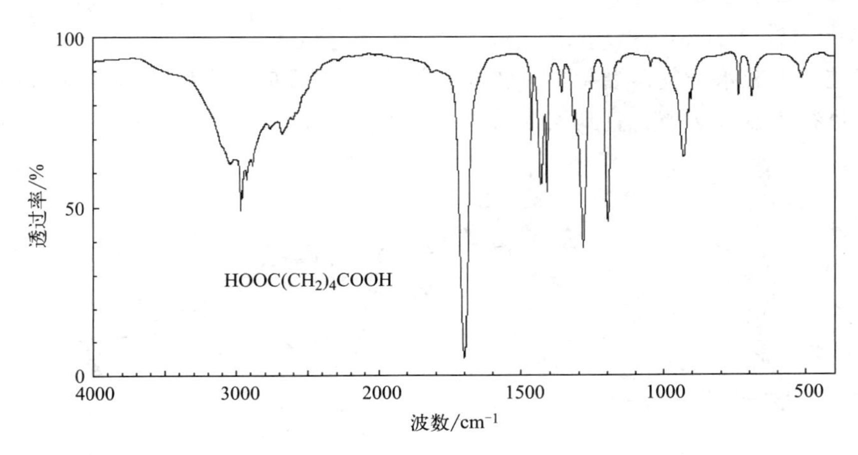

图 3.34　己二酸的红外光谱

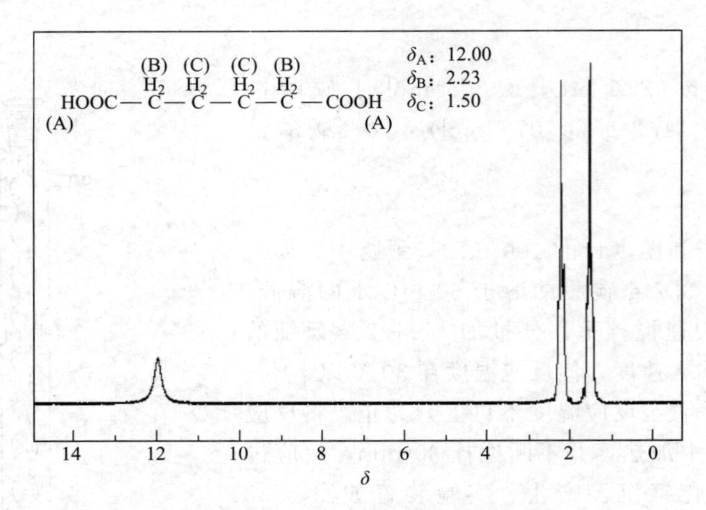

图 3.35 己二酸的核磁共振氢谱

实验 38 肉桂酸（cinnamic acid）的制备

主反应：

这是一个典型的珀金（Perkin）反应：

$$C_6H_5CHO + (CH_3CO)_2O \xrightarrow[\text{或 } K_2CO_3]{CH_3COOK} \xrightarrow{H^+} C_6H_5CH{=}CHCOOH + CH_3COOH$$

芳香醛与乙酸酐在碱性催化剂的作用下进行羟醛缩合，脱水生成 α,β-不饱和芳香酸。

药品及用量：

苯甲醛（新蒸馏）5.7 g（5.5 mL，0.050 mol）、乙酸酐（新蒸馏）7.5 g（7.0 mL，0.074 mol）、无水碳酸钾 3.5 g、10%氢氧化钠溶液、浓盐酸

实验操作：

合成：安装回流装置［图 3.36(a)］。在 125 mL 三颈瓶中加入无水碳酸钾、苯甲醛和乙酸酐，在 170～180 ℃下回流 30 min[1]。

分离提纯：安装水蒸气蒸馏装置［图 3.36(b)］。将反应混合物冷却，加入 20 mL 水浸泡几分钟，进行水蒸气蒸馏，直到无油状物馏出为止[2]。

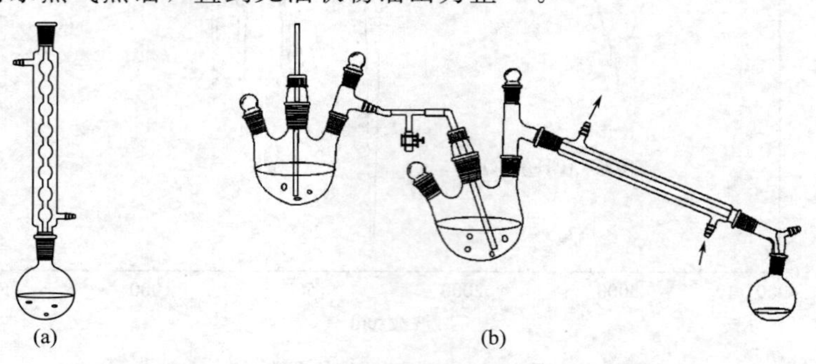

图 3.36 肉桂酸的制备装置

将反应瓶中剩余液体冷却后加入 20 mL 10%氢氧化钠溶液，使固体溶解。再加入 50 mL 水加热煮沸，用活性炭脱色，趁热过滤。滤液冷却后用浓盐酸酸化，析出肉桂酸晶体[3]。抽滤，得粗产物。可用 3∶1（乙醇∶水）的乙醇溶液重结晶。

纯肉桂酸为白色片状晶体，熔点为 133 ℃。

注释：

[1] 回流时加热 30 min，注意控制温度，反应液微沸。温度过高，时间过长都可能引起副反应（脱羧、聚合等）。刚开始时有可能出现泡沫，会随着反应进行消失。

[2] 反应完成后，在三颈瓶中直接加入 20 mL 水进行水蒸气蒸馏。

观察水蒸气蒸馏馏出液中无苯甲醛的油珠时结束反应，蒸出的是未反应的苯甲醛，产物在瓶内。冷却时有固体肉桂酸析出。用 20 mL 10%氢氧化钠溶液溶解。

[3] 搅拌下加浓盐酸于热溶液中，加酸时应小心，酸化至刚果红试纸呈酸性即可。

产物谱图（图 3.37 和图 3.38）：

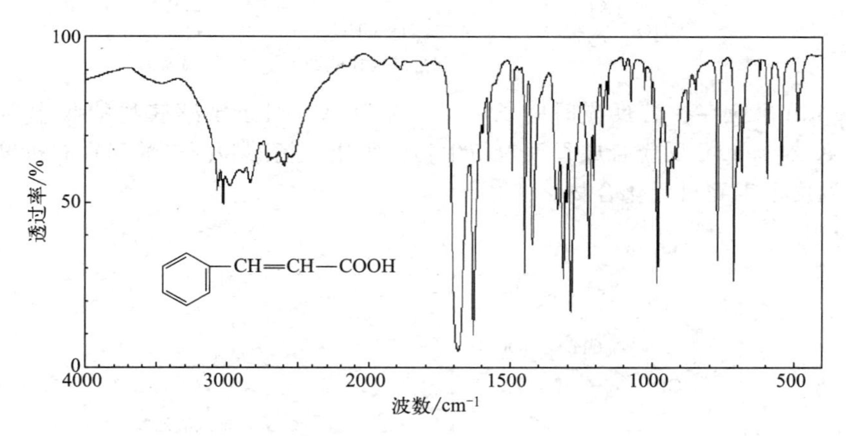

图 3.37 肉桂酸的红外光谱

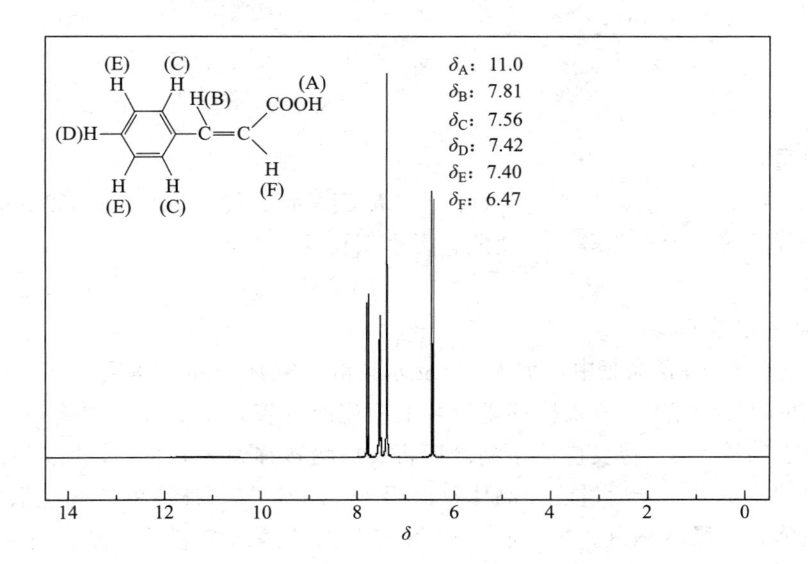

图 3.38 肉桂酸的核磁共振氢谱

实验39 香豆素-3-羧酸（coumarin-3-carboxylic acid）的制备

香豆素又名香豆精，是顺式邻羟基肉桂酸（香豆酸）的内酯，白色斜方晶体或结晶粉末，存在于许多天然植物中，它最早是1820年从香豆的种子中发现的，也存在于薰衣草、桂皮的精油中。香豆素表现出甜而有香茅草的香气，是重要的香料，常用作定香剂，用于配制香水、花露水香精等。香豆素的衍生物除用作香料外，还可以用于农药、医药等领域，也常用于制备一些橡胶制品和塑料制品。由于天然植物中香豆素含量很少，因而大量是通过合成得到的。

香豆素可以利用Perkin反应合成。水杨醛和醋酸酐首先在碱性条件下缩合，经酸化后生成邻羟基肉桂酸，接着自发地闭合成环形成香豆素。反应大致过程如下：

OH, CHO $\xrightarrow[(CH_3CO)_2O]{CH_3COOK}$ OH, CH=CHCOOK $\xrightarrow{H^+}$ O, O

邻羟基肉桂酸钾　　香豆素

然而Perkin反应存在着反应时间长，反应温度高，对于敏感底物的收率不佳等缺陷。本实验采用Knovenagel反应合成香豆素衍生物。采用水杨酸和丙二酸酯在有机碱的催化下，可在较低的温度下得到目标化合物。

主反应：

OH, CHO $+CH_2(COOC_2H_5)_2$ $\xrightarrow{\text{NH}}$ O, O, $COOC_2H_5$

香豆素-3-羧酸乙酯

$\xrightarrow{NaOH}$ ONa, COONa, COONa $\xrightarrow{HCl}$ O, O, COOH

香豆素-3-羧酸

药品及用量：

水杨醛2.5 g（2.1 mL，0.020 mol）、丙二酸酯3.6 g（3.4 mL，0.022 mol）、冰醋酸、50%乙醇、95%乙醇、无水乙醇、浓盐酸、无水氯化钙

实验操作：

1. 香豆素-3-甲酸乙酯

在干燥的50 mL圆底烧瓶中，加入2.5 g水杨醛、3.4 mL丙二酸酯、15 mL无水乙醇、0.3 mL哌啶和一滴冰醋酸。放入搅拌子后装上回流冷凝管，冷凝管上扣接一无水氯化钙干燥管，在水浴上回流2 h。待反应体系稍冷后将反应物转移到锥形瓶中，加入15 mL水，置于冰水浴中冷却待结晶完全后过滤。晶体每次用1～2 mL 50%冰冷的乙醇洗涤2～3次。粗产物为白色晶体，干燥后称重。粗产物可以用25%的乙醇水溶液重结晶，纯净的香豆素-3-甲酸乙酯熔点为93 ℃。

2. 香豆素-3-羧酸

在 50 mL 圆底烧瓶中加入上一步合成的香豆素-3-甲酸乙酯、2.0 g 氢氧化钠、10 mL 95%乙醇和 5 mL 水，用水浴加热至原料全部溶解后再继续回流 15 min[1]。体系稍冷后在搅拌下将反应混合物加入盛有 6 mL 浓盐酸和 25 mL 的水的烧杯中，立即有大量白色结晶析出。在冰浴中使结晶析出完全。抽滤，用少量冰水洗涤晶体，压干。干燥后称重并测量熔点数据。纯净的香豆素-3-羧酸在 190 ℃时分解。

注释：

[1] 回流装置磨口处必须涂抹真空硅脂，以防在强碱性条件下粘连。

产物谱图（图 3.39 和图 3.40）：

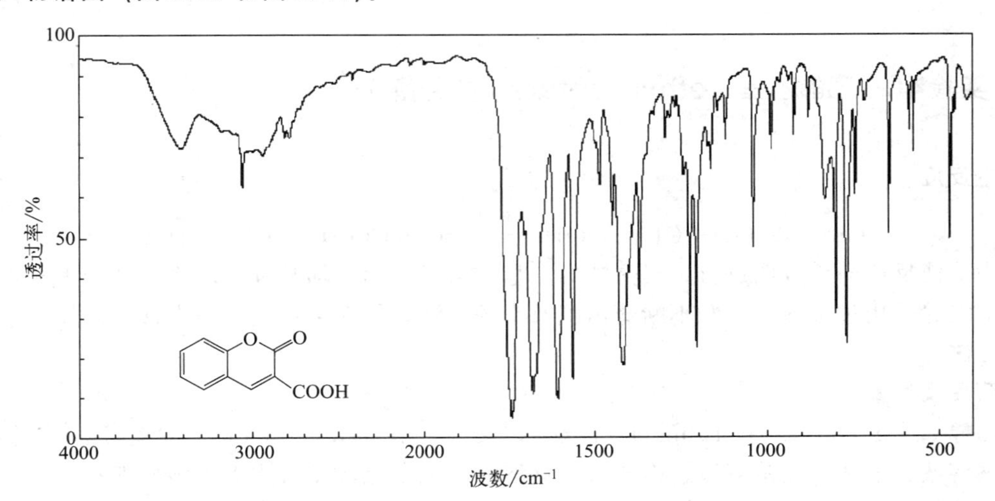

图 3.39 香豆素-3-羧酸的红外光谱

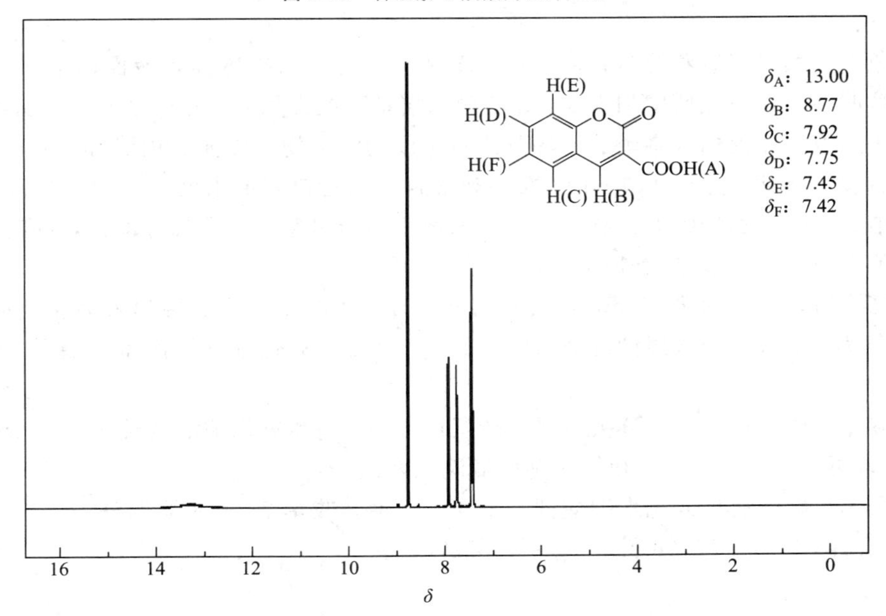

图 3.40 香豆素-3-羧酸的核磁共振氢谱

3.7 羧酸衍生物的制备

羧酸酯通常是由羧酸和醇在少量酸性催化剂存在下直接酯化得到。例如，水杨酸和甲醇在硫酸催化下可以合成水杨酸甲酯，俗称冬青油。该酯具有令人愉快的香气，易被皮肤吸收，有镇痛消炎作用，可治疗风湿病，常作为外用药供用。此外，羧酸酯也可由酰氯或酸酐的醇（或酚）解来制备。例如，乙酰水杨酸可由水杨酸和乙酸酐作用得到，又名阿司匹林，是常用药复方阿司匹林（APC）的成分之一。

实验40 乙酸乙酯（ethyl acetate）的制备

主反应：

$$CH_3CH_2OH + CH_3COOH \xrightleftharpoons{H_2SO_4} CH_3COOCH_2CH_3 + H_2O$$

为了使反应向正方向进行，提高酯的产量，可以采用增加某种反应物、减少生成物的方法。本实验采用过量的乙醇和不断蒸出酯及水的方法，但在工业生产中常常采用加入过量乙酸的方法。

药品及用量：

乙醇 6.3 g（8 mL，0.14 mol）、乙酸 5.3 g（5 mL，0.088 mol）、浓硫酸 2 mL、饱和碳酸钠溶液、饱和氯化钠溶液、饱和氯化钙溶液、无水硫酸镁（或无水碳酸钾）

实验操作：

方法一：

三颈瓶上一颈口安装蒸馏装置，一颈口安装温度计（水银球插入液面以下），一颈口安装恒压滴液漏斗。在三颈瓶中加入 3 mL 乙醇，摇动下缓慢加入 2 mL 浓硫酸，加入搅拌子。

在恒压滴液漏斗内加入剩余的乙醇及乙酸组成的混合物，先向瓶内滴加 1 mL 左右该混合物，然后缓慢将其加热至 110～120 ℃，观察到蒸馏管口有馏出液后，即可自滴液漏斗继续向烧瓶中加乙醇与乙酸的混合物，控制滴加速度与馏出速度大致相等即可，同时保持反应温度在此范围内[1]。实验装置如图 3.41 所示。

滴加完毕后，继续加热 15 min，直到温度上升至 130 ℃不再有馏出液为止。拆除装置，慢慢向粗产品中加入饱和碳酸钠溶液（约 5 mL）至无二氧化碳气体产生，酯层 pH 试纸显中性。

在分液漏斗中静置分层，分去下层。酯层用 5 mL 饱和氯化钠溶液洗涤（减少酯在水中的溶解度），再分别用 5 mL 饱和氯化钙溶液洗涤两次[2]。

酯层用无水硫酸镁（或无水碳酸钾）干燥。蒸馏，收集 73～78 ℃馏分[3]。

纯乙酸乙酯沸点为 77.06 ℃，$n_D^{20}=1.3727$。

方法二：

在单口圆底烧瓶中加入 8 mL 乙醇、5 mL 乙酸，然后再加入 2 mL 浓硫酸、搅拌子，搅

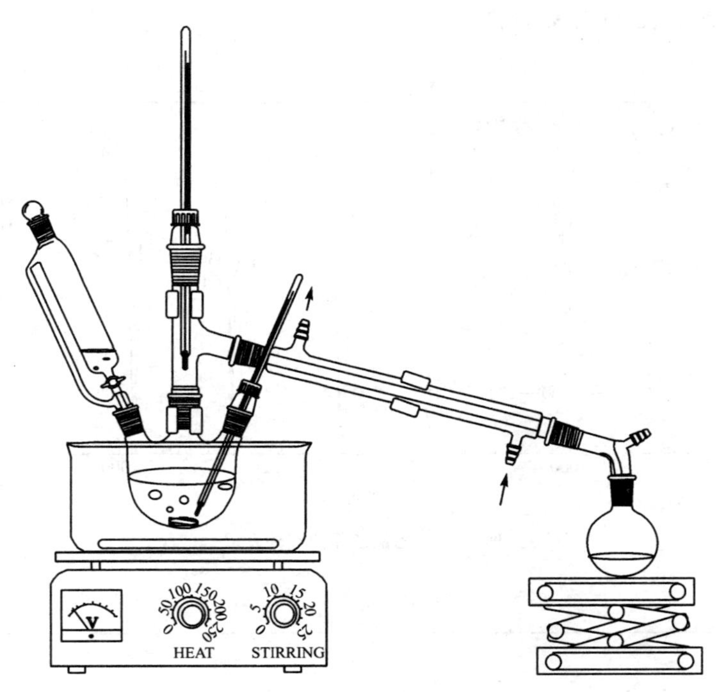

图 3.41　乙酸乙酯的制备装置

拌混合均匀。然后安装球形冷凝管，回流 30 min。

等反应体系冷却后，将回流装置改为蒸馏装置，蒸馏出粗乙酸乙酯。

拆除装置，慢慢向粗产品中加入饱和碳酸钠溶液（约 5 mL）至无二氧化碳气体产生，酯层 pH 试纸显中性。在分液漏斗中静置分层，分去下层。酯层用 5 mL 饱和氯化钠溶液洗涤（减少酯在水中的溶解度）[2]。再分别用 5 mL 饱和氯化钙溶液洗涤两次。

酯层用无水硫酸镁（或无水碳酸钾）干燥。蒸馏，收集 73～78 ℃馏分[3]。计算产率。

注释：

[1] 反应温度不宜过高，否则会增加副产物乙醚的含量。滴加速度太快会使乙酸和乙醇来不及反应而被蒸出。

[2] 如果不先用饱和氯化钠溶液洗涤而直接用饱和氯化钙溶液洗去醇，会产生絮状碳酸钙沉淀，造成分离困难。

[3] 乙酸乙酯与水或醇形成二元和三元共沸物的组成及沸点如表 3.2 所示。

表 3.2　乙酸乙酯与水或醇形成二元和三元共沸物的组成及沸点

沸点/℃	组成/%		
	乙酸乙酯	乙醇	水
70.2	82.6	8.4	9.0
70.4	91.9		8.1
71.8	69.0	31.0	

产物谱图（图 3.42 和图 3.43）：

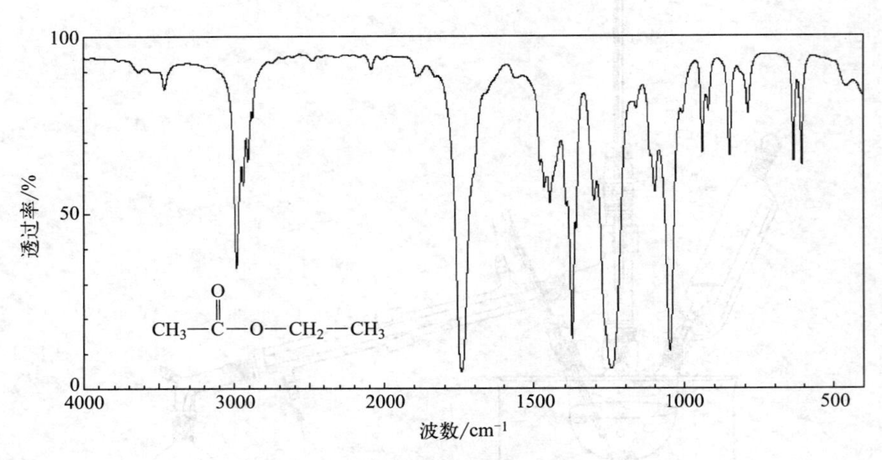

图 3.42 乙酸乙酯的红外光谱

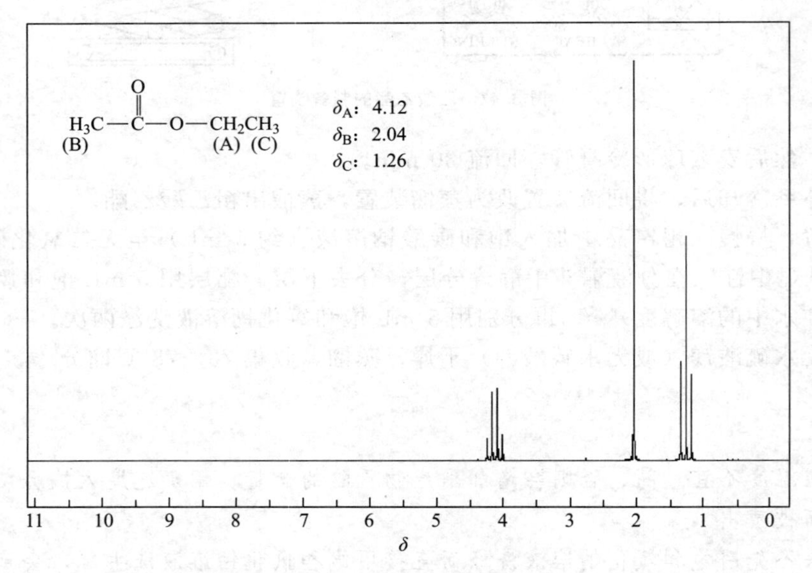

图 3.43 乙酸乙酯的核磁共振氢谱

实验 41 阿司匹林（aspirin）的制备

水杨酸可以从柳树皮中提取，很早人们就已发现其盐具有解热止痛的功效。但是它的盐对胃有较大的刺激作用，后来人们采用合成的方法制成乙酰水杨酸（acetyl salicylic acid）来代替水杨酸作解热止痛的药物，称之为阿司匹林。它是水杨酸的一种酯，能通过胃在肠中分解，即所谓的肠溶片。此药到现在为止仍然是一种广泛使用、疗效较好的品种。用它止痛有一个特点，即只降低对痛的感觉，而不影响其他感觉。

主反应：

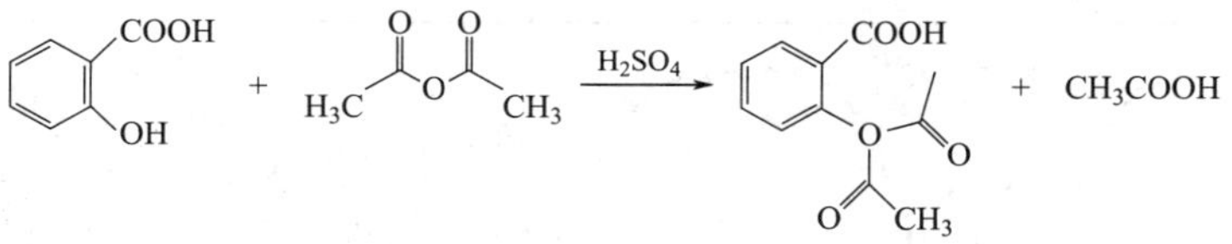

$$\text{(水杨酸, COOH, OH)} + H_3C\text{–CO–O–CO–}CH_3 \xrightarrow{H_2SO_4} \text{(乙酰水杨酸, COOH, OCOCH}_3\text{)} + CH_3COOH$$

副反应：

在生成乙酰水杨酸的同时，水杨酸分子之间可以发生缩合反应，生成少量聚合物：

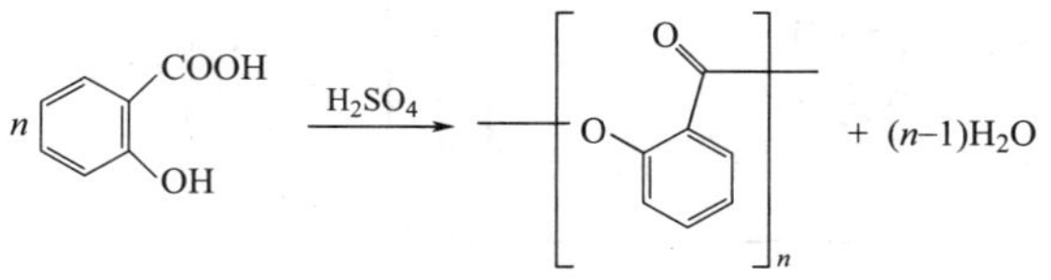

$$n\ \text{(水杨酸, COOH, OH)} \xrightarrow{H_2SO_4} \left[\text{–O–C}_6\text{H}_4\text{–CO–}\right]_n + (n-1)H_2O$$

乙酰水杨酸能与碳酸氢钠反应生成水溶性钠盐，而副产物聚合物不能溶于碳酸氢钠，这种性质上的差别可用于阿司匹林的纯化。

药品及用量：

水杨酸 3 g（0.022 mol）、乙酸酐 6.5 g（6 mL，0.064 mol）、浓硫酸 10 滴、饱和碳酸氢钠溶液、浓盐酸、1%三氯化铁溶液

实验操作：

在 50 mL 圆底烧瓶中装入搅拌子，加入 3 g 水杨酸，再小心加入 6 mL 乙酸酐，搅拌下缓慢滴加 10 滴浓硫酸，并在圆底烧瓶上安装一支不通冷水的球形冷凝器[1]。在 80～90 ℃水浴上加热 15 min，将圆底烧瓶浸入冷水中冷却，并用玻璃棒在圆底烧瓶内壁上摩擦使乙酰水杨酸晶体析出，将 30 mL 冷水加入圆底烧瓶中并搅拌几分钟（除去未反应的乙酸酐）。

待晶体完全析出后，抽滤得粗产品。

将粗产品转移到较大的烧杯中，搅拌下慢慢加入 40 mL 饱和碳酸氢钠溶液，加完后继续搅拌几分钟，直到无二氧化碳气泡生成[2]。抽滤，聚合物被滤掉，将滤液倒入预先盛有 6 mL 浓盐酸和 15 mL 水的烧杯中，搅拌，即有乙酰水杨酸晶体析出。将烧杯置于冰浴中冷却，使结晶完全。抽滤，将晶体转移至表面皿上，干燥，测熔点[3]。取几粒晶体加入盛有 5 mL 水的小烧杯中，并加入 1～2 滴 1%三氯化铁溶液，观察有无颜色反应[4]。

注释：

[1] 所用的玻璃仪器均需烘干，乙酸酐最好是新蒸的。

[2] 若烧杯较小，加入饱和碳酸氢钠溶液过快，放出大量的 CO_2 可能导致产品像泡沫一样溢出。

[3] 纯阿司匹林熔点为 136～140 ℃，微溶于冷水［0.25 g/100 mL（20 ℃）］。

[4] 杂质主要是未反应的水杨酸，因含有一羟基，和其他大多数酚类一样，可与三氯化铁形成深色的络合物，故可用此法检测出产物中有无残余的水杨酸。

产物谱图（图 3.44 和图 3.45）：

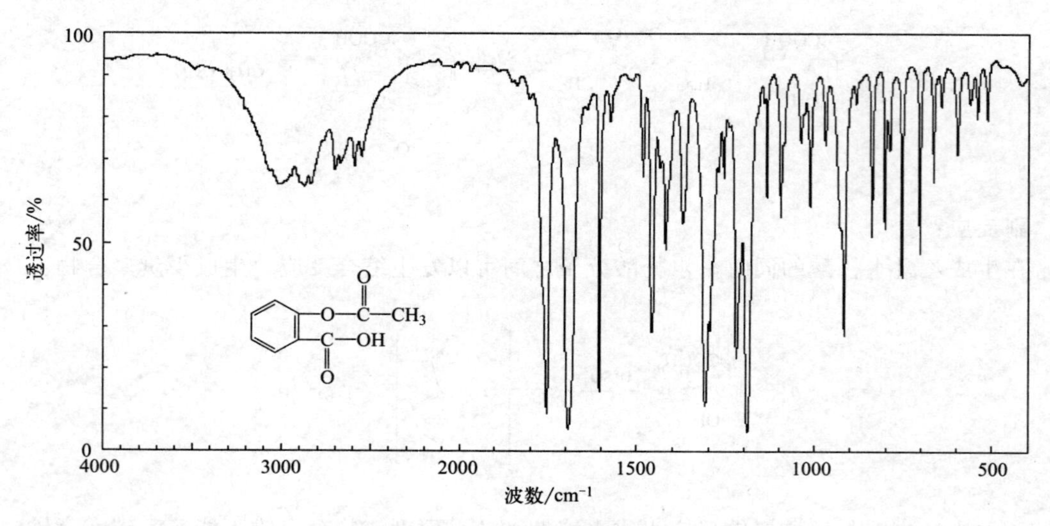

图 3.44　乙酰水杨酸的红外光谱

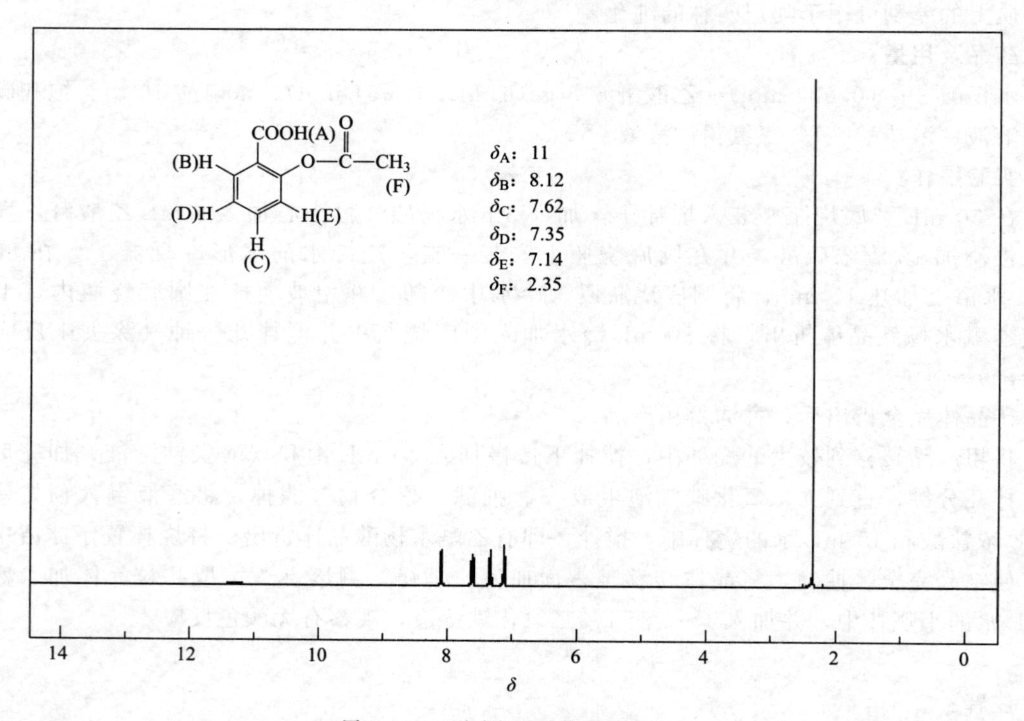

图 3.45　乙酰水杨酸的核磁共振氢谱

实验 42　乙酰苯胺（acetanilide）的制备

在有机合成中，为了保护苯环上的氨基，常采用乙酰化的方法将其转变成乙酰苯胺，以降低苯胺对氧化剂的敏感性；同时氨基酰化后，降低了氨基在亲电取代反应中的活化能力，使其由很强的第Ⅰ类定位基变为中等强度的第Ⅰ类定位基，使反应由多元取代变为有用的一元取代。待其反应完成后，氨基很容易通过酰胺在酸碱催化下水解重新产生。实验室制备乙酰苯胺最常用的乙酰化试剂是冰醋酸（价格便宜、操作方便）。

主反应：

$$C_6H_5{-}NH_2 + CH_3COOH \xrightleftharpoons{\triangle} C_6H_5{-}NHCOCH_3 + H_2O$$

药品及用量：

新蒸馏的苯胺 3.1 g（3 mL，0.033 mol）、冰醋酸 5.3 g（5 mL，0.088 mol）、锌粉

实验操作：

在 50 mL 圆底烧瓶中，加入 3 mL 新蒸馏的苯胺，5 mL 冰醋酸及少许锌粉[1]。装上韦氏分馏柱，其上端安装一温度计，分馏装置如图 3.1 所示。

加热圆底烧瓶[2]，保持分馏柱顶部温度在 105 ℃左右，反应生成的水及少量乙酸被蒸出[3]。当温度下降则表示反应已经完成[4]，在搅拌下趁热将反应物倒入盛有 80 mL 冷水的烧杯中[5]。

冷却后抽滤，用冷水洗涤粗产品。粗产品用水重结晶。在蒸气浴上干燥后测定其熔点。

纯乙酰苯胺的熔点为 114.3 ℃。

注释：

[1] 加少许锌粉的目的是防止苯胺在反应中被氧化。

[2] 加热：采用空气浴，加热温度易调节，先微沸 15 min 后再升温。

[3] 维持温度在 100～110 ℃。低于 100 ℃，反应温度不够，反应进行不好；高于 110 ℃，乙酸蒸出太快，反应不完全。

[4] 判断反应结束：时间大约 1 h；收集的水及乙酸约 2 mL；反应终了时温度计读数明显下降。

[5] 趁热将反应物倒出，因冷却后固体会在反应瓶中析出，不易操作。固体要粉碎后再洗涤，以除去包裹着的杂质。

产物谱图（图 3.46 和图 3.47）：

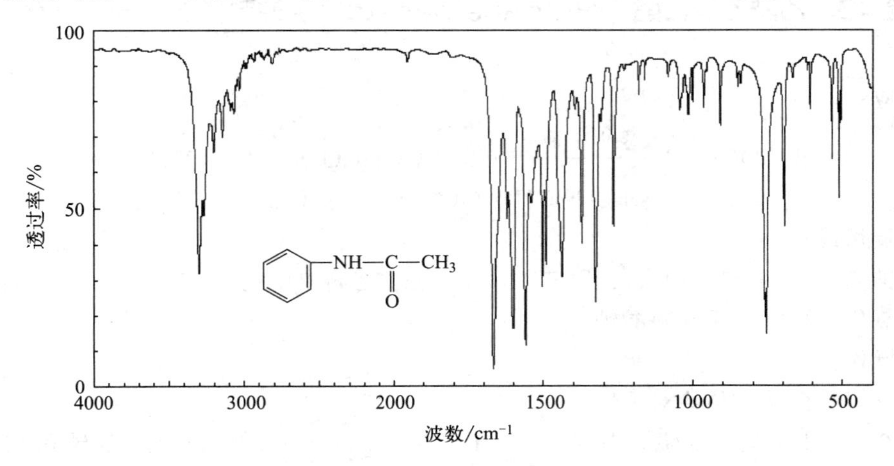

图 3.46　乙酰苯胺的红外光谱

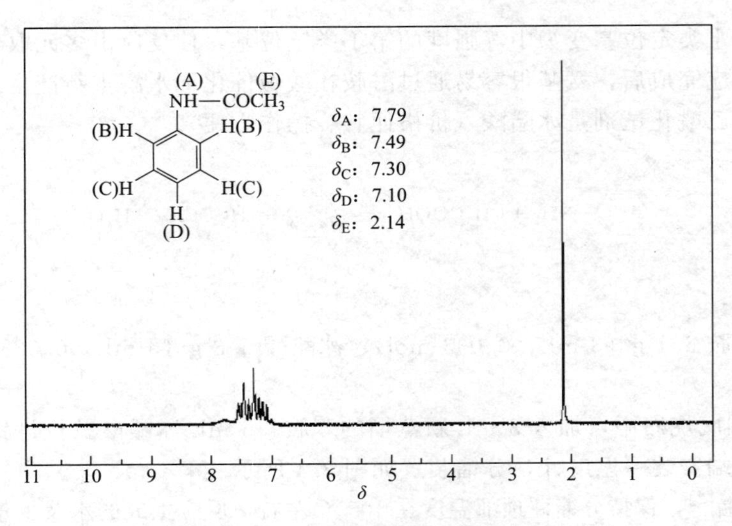

图 3.47 乙酰苯胺的核磁共振氢谱

3.8 乙酰乙酸乙酯的制备及其在合成中的应用

含有 α-氢的酯在碱性催化剂存在下，能和另一分子酯发生克莱森酯缩合反应，生成 β-酮酸酯。通过这个反应，可以得到有机合成的重要原料乙酰乙酸乙酯。

乙酰乙酸乙酯和丙二酸酯分子中都有一个“活泼”的亚甲基，亚甲基上的氢原子可以逐步被烷基和酰基取代，生成相应的烷基和酰基取代的衍生物，这些衍生物在不同条件下发生水解得到酸、酮和二酮等多种化合物，分别被称为乙酰乙酸乙酯合成法和丙二酸酯合成法，它们在有机合成中应用范围很广。2-庚酮的合成就是其中的一例。

实验 43 乙酰乙酸乙酯（ethyl acetoacetate）的制备

主反应：

$$2CH_3COOC_2H_5 \xrightarrow{C_2H_5ONa} [CH_3COCHCOOC_2H_5]^- Na^+ \xrightarrow{HOAc}$$
$$CH_3COCH_2COOC_2H_5 + NaOAc$$

药品及用量：

金属钠 2.5 g（0.11 mol）、二甲苯 12 mL、乙酸乙酯 24.8 g（27.5 mL，0.28 mol）、乙酸、饱和氯化钠溶液、无水硫酸钠

实验操作：

所用仪器和药品必须绝对干燥。

在 100 mL 干燥的圆底烧瓶中放入搅拌子，随后加入 2.5 g 新切开的金属钠和 12 mL 经金属钠干燥过的二甲苯[1]。装上回流冷凝管，在其上口装无水氯化钙干燥管（装置如图 3.48 所

示），开动磁力加热搅拌器加热回流使钠熔融。趁热拆去冷凝管并用塞子塞紧，然后用抹布裹住烧瓶来回不断振摇，直到细粒状钠珠固化为止，光亮的钠珠沉在瓶底。倾出上层的二甲苯（回收）后，迅速加入 27.5 mL 乙酸乙酯[2]，放回已经冷却的磁力加热搅拌器中，重新装上回流冷凝管和干燥管，反应立即开始，并有氢气泡逸出。待反应渐趋缓和时，缓慢加热，保持微沸状态，直至金属钠消失为止，约需 1.5 h，此时生成的乙酰乙酸乙酯钠盐为橘红色透明溶液。

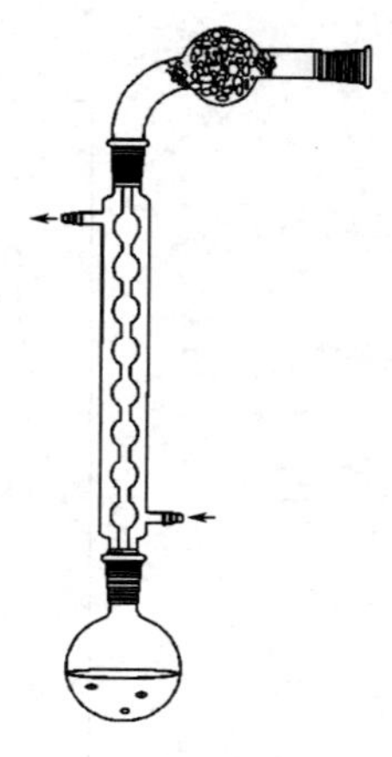

图 3.48 回流装置

待反应物稍冷后，在振摇下加入 50%乙酸，直至反应液呈弱酸性为止[3]，大约需 15 mL，这时所有固体都已溶解。将反应液移入分液漏斗中，加入等体积的饱和氯化钠溶液，用力振摇后静置，使乙酰乙酸乙酯全部析出，分出红色酯层并用无水硫酸钠干燥。

将干燥过的酯层滤入烧瓶中，并用少量乙酸乙酯洗涤干燥剂。在沸水浴中蒸馏，收集未反应的乙酸乙酯。将瓶内残留物转移到 25 mL 烧瓶中进行减压蒸馏[4]，收集 74 ℃/1.84 kPa（14 mmHg）的馏分，产量 6～7 g（产率 42%～49%）。

纯乙酰乙酸乙酯的沸点为 181 ℃，$n_D^{20}=1.4194$。

注释：

[1] 金属钠遇水即燃烧、爆炸，故使用时应严格防止与水接触。称量或切片时应迅速，以免被空气中水汽侵蚀或氧化。

[2] 反应物乙酸乙酯中应含有 1%～2%的乙醇，但必须绝对干燥，即将普通乙酸乙酯用等体积的饱和氯化钙溶液洗涤 2～3 次，洗去其中一部分乙醇，再用无水碳酸钾干燥。在水浴上蒸馏，收集 76～78 ℃馏分。

[3] 在用 50%乙酸分解时，务必小心（当心极少量未反应的钠）。最后得到的是澄清的液体，如有少量乙酸钠固体，可加少量水使之溶解。应避免加入过量乙酸，否则会增加酯在水中的溶解度而降低产量。

[4] 乙酰乙酸乙酯在常压蒸馏时很容易分解，故采用减压蒸馏。产率是按钠计算的。本实验最好连续进行，否则将使产量降低。

产物谱图（图 3.49 和图 3.50）：

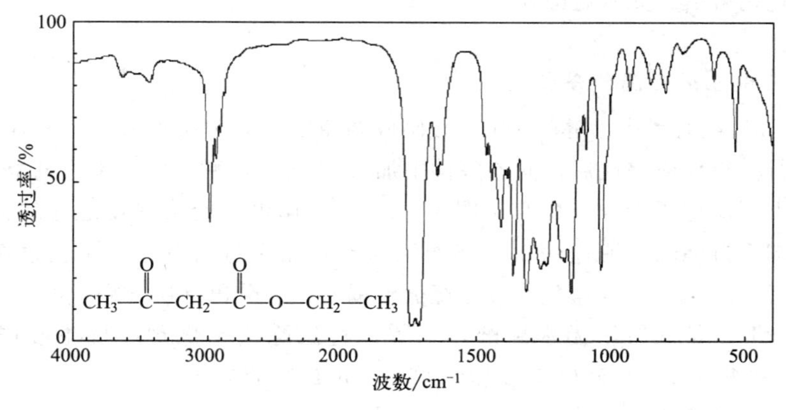

图 3.49 乙酰乙酸乙酯的红外光谱

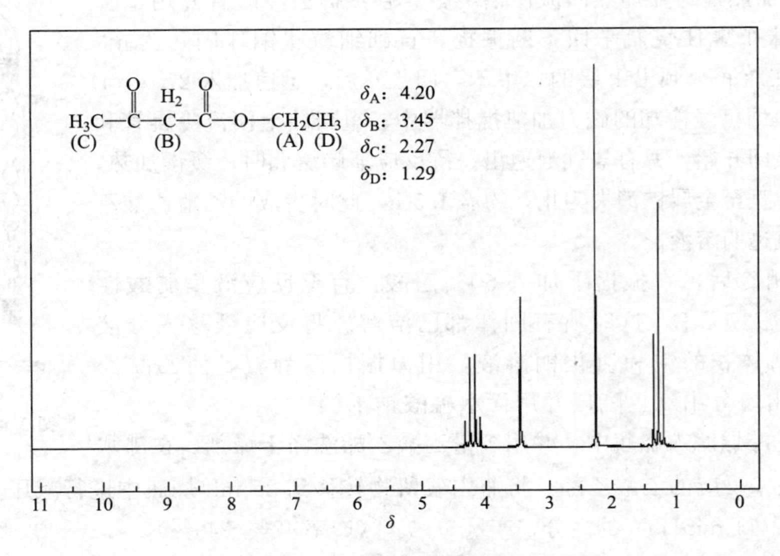

图 3.50 乙酰乙酸乙酯的核磁共振氢谱

实验 44 2-庚酮（2-heptanone）的制备

主反应：

$$C_2H_5OH + Na \longrightarrow C_2H_5ONa + H_2$$

$$CH_3COCH_2COOC_2H_5 \xrightarrow{C_2H_5ONa} [CH_3COCHCOOC_2H_5]^- Na^+ \xrightarrow{n\text{-}BuBr}$$

$$\underset{CH_3COCHCOOC_2H_5}{CH_3CH_2CH_2CH_2} \xrightarrow{OH^-} \xrightarrow[\triangle]{H_3O^+} CH_3COCH_2CH_2CH_2CH_2CH_3$$

药品及用量：

金属钠 1.8 g（0.078 mol）、乙酰乙酸乙酯 10.3 g（10 mL，0.079 mol）、正溴丁烷 11.5 g（9 mL，0.084 mol）、绝对无水乙醇 40 mL、浓盐酸、5%氢氧化钠溶液、33%硫酸溶液、40%氯化钙溶液、无水硫酸镁

实验操作：

1. 正丁基乙酰乙酸乙酯的合成

在盛有 40 mL 绝对无水乙醇的 100 mL 圆底烧瓶中[1]，分批加入 1.8 g 小片金属钠，使反应能不断进行。待反应完成后，向乙醇钠中加入 10 mL 乙酰乙酸乙酯，并立即加入 9 mL 正溴丁烷。装上回流冷凝管和干燥管［图 1.12(a)］，用电热套加热使之缓缓回流，直至反应完成。待冷却后过滤除去溴化钠[2]，将滤液移至烧瓶中进行蒸馏，蒸去过量的乙醇。然后加入 65 mL 水和 0.8 mL 浓盐酸并转移至分液漏斗中，分出水层。剩下的有机层用水洗涤两次，每次 8 mL，有机层用无水硫酸镁干燥。过滤除去干燥剂，将滤液进行减压蒸馏［图 2.11(b)］，收集 120～135 ℃/3.3 kPa（25 mmHg）的馏分。

纯正丁基乙酰乙酸乙酯的沸点为 219～224 ℃。

2. 2-庚酮的合成

在 250 mL 锥形瓶中，放入包有聚四氟乙烯的搅拌子，并置于磁力搅拌器上，然后加入 65 mL 5%氢氧化钠溶液及正丁基乙酰乙酸乙酯，充分搅拌 2 h，再慢慢滴入 11.5 mL 33%硫酸溶液[3]，这时将剧烈放出二氧化碳气体。待气体停止逸出后，将反应液转移到 100 mL 三颈瓶中，蒸馏收集约 33 mL 含水的馏出液。在馏出液中加入粒状氢氧化钠，每次一粒，直到红色石蕊试纸刚呈碱性为止。将此碱性溶液移至分液漏斗中，分出上面的有机层。将下面的水层用二氯甲烷萃取两次，每次 12 mL，蒸去溶剂后还能得到少量 2-庚酮，将它与上述的有机层合并，用 40%氯化钙溶液洗涤三次，每次 5 mL，再用无水硫酸镁干燥。将干燥后的粗产物进行蒸馏，收集 145～152 ℃馏分。称量并计算产率。

纯 2-庚酮的沸点为 151.5 ℃。

注释：

[1] 产率的高低取决于乙醇的纯度。本实验所用的绝对无水乙醇含量为 99.95%。

[2] 应当注意，溴化钠沉淀易引起暴沸，使仪器发生振动。为了测定反应是否完成，可用湿的红色石蕊试纸检验反应液。如果试纸颜色不变，表示反应已经完成。反应完成通常需要 3 h 左右。

[3] 33%硫酸可用 15 mL 水稀释 7.5 mL 浓硫酸来配制。

产物谱图（图 3.51）：

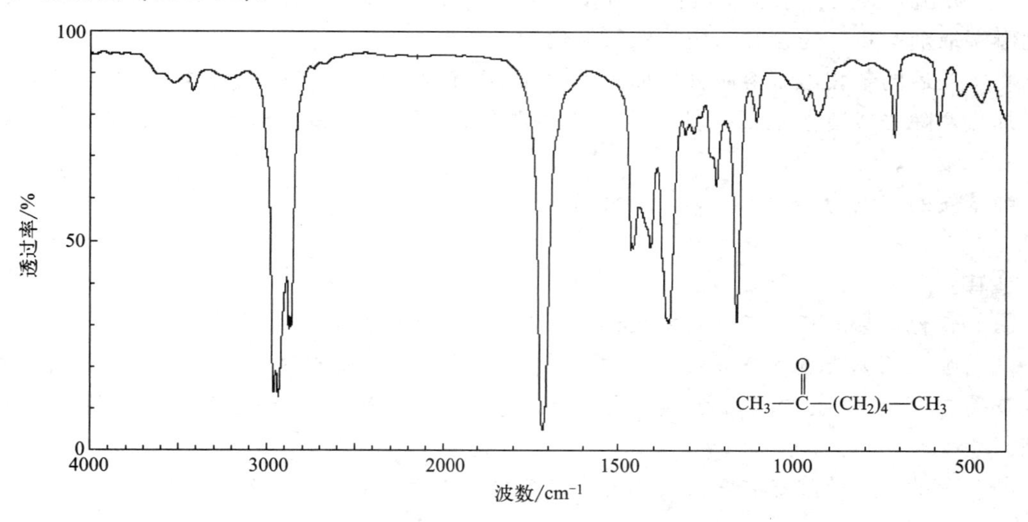

图 3.51 2-庚酮的红外光谱

3.9 芳胺和取代芳胺的制备

芳香族伯胺一般通过硝基化合物的还原制备，因为所需的原料容易由硝化反应得到。例如，以硝基苯为原料，用铁粉还原或催化加氢可以合成苯胺。苯胺是染料工业的最重要的中间体之一，也是医药、橡胶促进剂和抗老化剂的重要原料。芳胺很容易发生亲电取代反应，这也是制备取代芳胺的常用方法。

实验45 苯胺（aniline）的制备

主反应：

$$4C_6H_5NO_2+9Fe+4H_2O \xrightarrow{H^+} 4C_6H_5NH_2+3Fe_3O_4$$

药品及用量：

铁粉 8 g（0.14 mol）、冰醋酸 0.42 g（0.4 mL，0.0070 mol）、硝基苯 5 g（4.2 mL，0.041 mol）、氯化钠、乙醚、粒状氢氧化钠

实验操作：

在 100 mL 三颈瓶中，加入 8 g 铁粉[1]、8 mL 水和 0.4 mL 冰醋酸，并放入搅拌子，装上回流冷凝管，开动磁力加热搅拌器，边搅拌边加热。缓慢煮沸 5 min 后，停止加热[2]，稍冷后分批加入 4.2 mL 硝基苯[3]，不断搅拌使反应物充分混合。该反应强烈放热，足以使溶液沸腾。加完后继续加热搅拌，回流 0.5～1 h，使硝基苯完全还原[4]。

稍冷后将反应瓶改成水蒸气蒸馏装置，进行水蒸气蒸馏，直至馏出液澄清，收集约 40 mL。分出苯胺层，水层用氯化钠饱和（需 10 g 左右）后，用乙醚萃取三次，每次 5 mL。把乙醚萃取液与粗产物合并，用粒状氢氧化钠干燥。

将干燥后的苯胺乙醚溶液分批加入干燥的小蒸馏瓶中，先在水浴上蒸去乙醚。再在石棉网上加热，除去残留溶剂后，换用空气冷凝管继续蒸馏，收集 180～185 ℃的馏分，产量 2.6～2.8 g[5]。

纯苯胺的沸点为 184.4 ℃，$n_D^{20}=1.5863$。

注释：

[1] 铁粉质量好坏对产率影响很大，一般以 40～100 目较为适用。

[2] 加入硝基苯前加热的目的主要是使铁粉活化，乙酸与铁作用产生乙酸亚铁，可使铁转变为碱式乙酸铁的过程加速，缩短还原时间。也可用盐酸代替乙酸，但反应较为剧烈。

[3] 硝基苯和苯胺都有毒，操作时应避免接触或吸入其蒸气。若不慎触及皮肤，应先用水冲洗，再用肥皂和温水洗涤。

[4] 硝基苯为黄色油状物，若冷凝管中的黄色回流液消失而转变为乳白色油珠（由游离苯胺引起），表示反应已经完成。或回流后吸取少量液体，滴入稀盐酸中，若看不到油状的液滴，也说明反应已经完成。

[5] 蒸馏完毕，圆底烧瓶壁上黏附的黑褐色物质可用 1∶1（体积比）盐酸水溶液温热除去。

产物谱图（图 3.52 和图 3.53）：

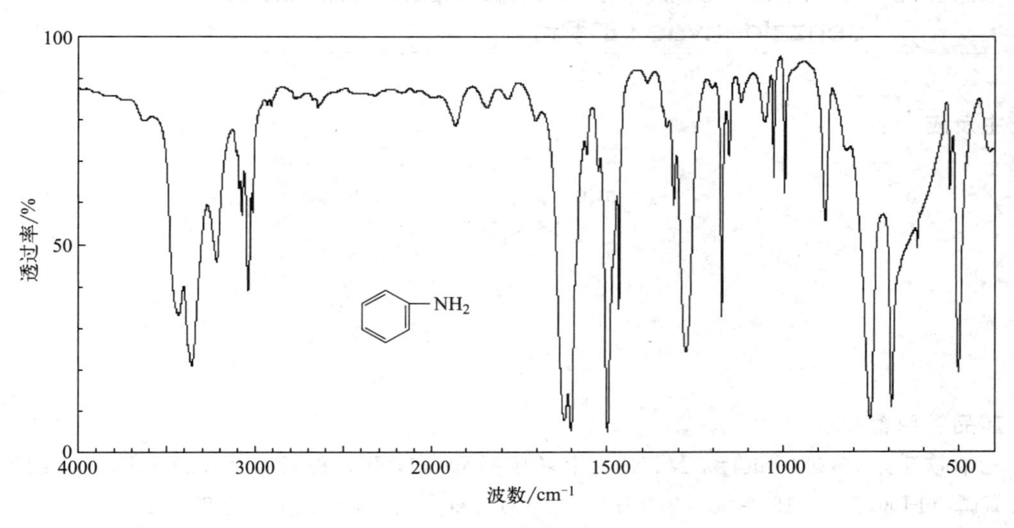

图 3.52　苯胺的红外光谱

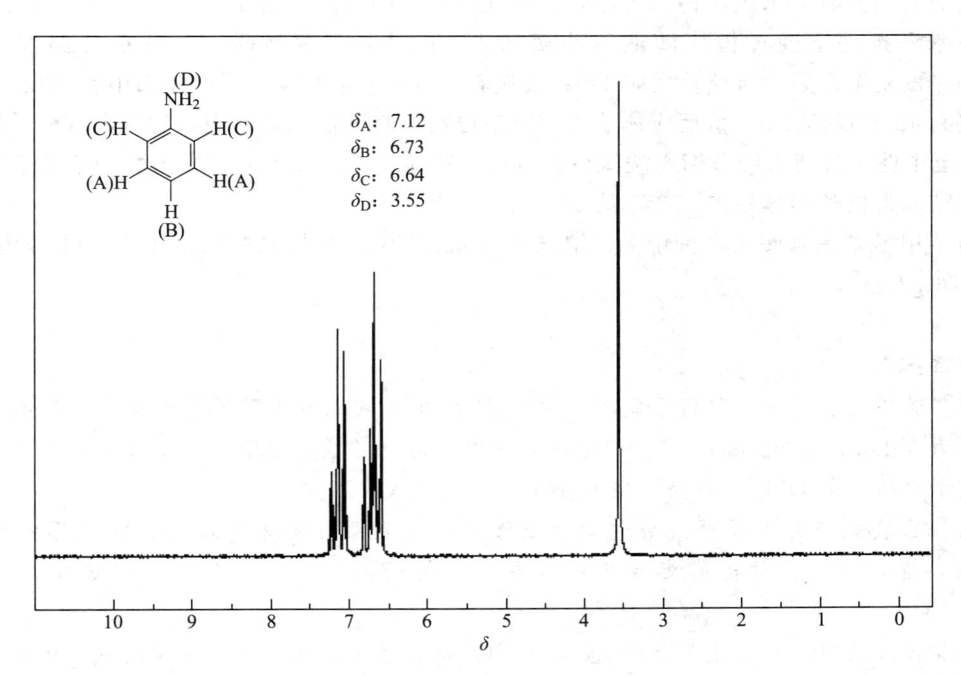

图 3.53　苯胺的核磁共振氢谱

实验46 4-甲酰基三苯胺[4-(*N*,*N*-diphenylamino)benzaldehyde]的制备

主反应[1]：

1) H_3C-N(CH_3)-CHO（DMF），$POCl_3$；2) H_2O

CHO

N

药品及用量：

三苯胺 5 g（0.020 mol）、*N*,*N*-二甲基甲酰胺（DMF）8.72 g（9.23 mL，0.012 mol）、三氯氧磷（$POCl_3$）[2] 15.33 g（9.3 mL，0.010 mol）[3]、1,2-二氯乙烷 80 mL

实验操作：

将 150 mL 三颈瓶置于冰浴中，分别加装球形冷凝管、恒压滴液漏斗和温度计，球形冷凝管上加装填充有无水氯化钙的干燥管。首先将 8.76 g DMF 溶于 80 mL 1,2-二氯乙烷中，然后在冰浴条件下通过恒压滴液漏斗滴加入 15.33 g 三氯氧磷[4]，并在此温度下反应 45 min，恢复至室温后再搅拌反应 1 h；紧接着将 5 g 三苯胺加入反应体系中室温反应 5 h，再加热到 45 ℃反应 2 h。待反应体系冷却至室温后，将其倒入冰水中，用饱和碳酸钠溶液调节 pH 至中性，过滤，经蒸馏水洗涤后得黄色粗产品。粗产品可通过异丙醇和乙酸乙酯混合溶液重结晶得白色固体粉末，产率约 94%。

纯 4-甲酰基三苯胺为白色粉末，熔点 129～133 ℃，沸点 436.8 ℃（101.325 kPa），密度 1.176 g/cm^3，n_D^{20}=1.67。

注释：

[1] 芳香化合物与二取代甲酰胺（如 DMF）在三氯氧磷作用下发生芳环上甲酰化的反应也称为 Vilsmeier-Haack 反应。该反应只适用于活泼底物，如苯酚、苯胺等。三氯氧磷与二取代甲酰胺（如 DMF）称为 VH 试剂。

[2] 三氯氧磷为透明至淡黄色的发烟液体，带刺激性臭味和蒜味，在潮湿空气中剧烈发烟，遇水发热，放出有毒氯化物、磷氧化物气体，所以整个反应应该在通风橱中进行。

[3] 该反应中，当投放 DMF 的量大于 $POCl_3$ 的量时，主要生成 4-甲酰基三苯胺；当投放 DMF 的量小于等于 $POCl_3$ 的量时，就会生成二取代和三取代产物。

[4] VH 试剂在高温下不稳定，一般都是现制现用，或在反应过程中生成后直接参与合成。VH 试剂的生成是一个放热反应，所以要控制好反应的温度和搅拌的速度。

产物谱图（图 3.54 和图 3.55）：

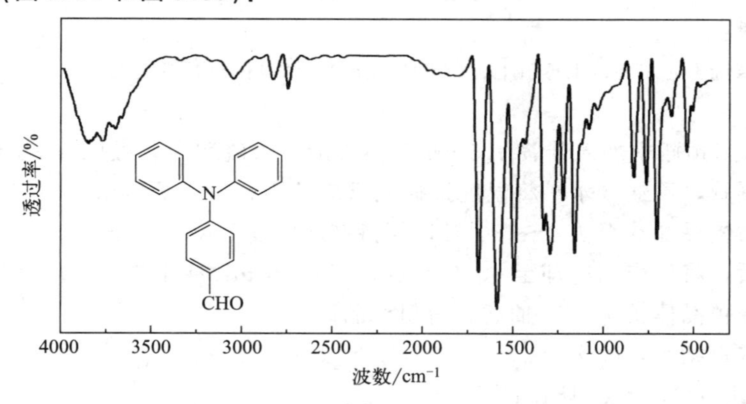

图 3.54 4-甲酰基三苯胺的红外光谱

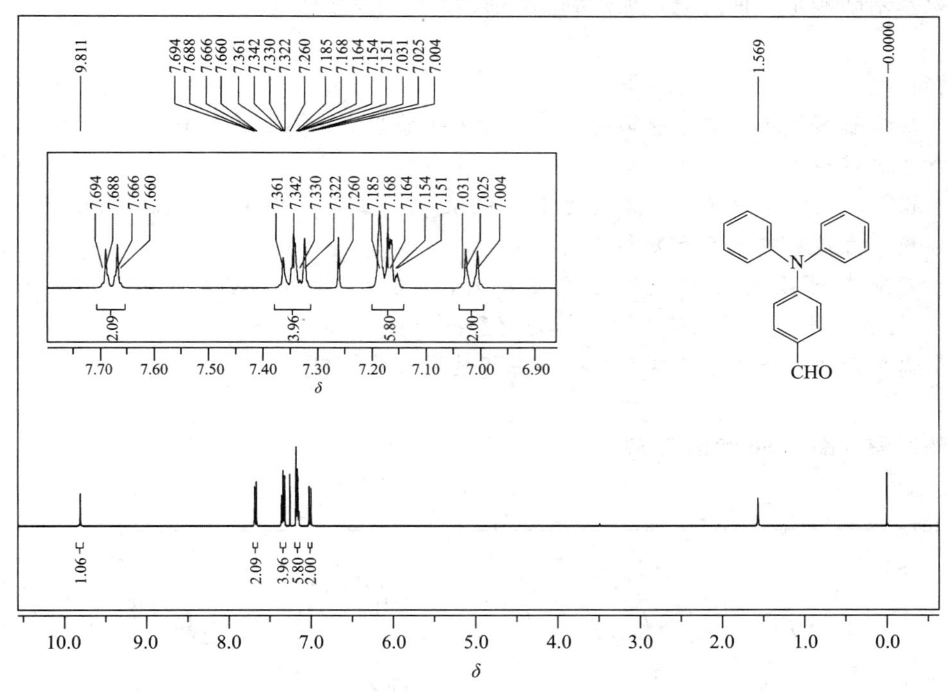

图 3.55 4-甲酰基三苯胺的核磁共振氢谱

3.10 芳香族磺酸的制备

实验 47 对氨基苯磺酸（*p*-aminobenzenesulfonic acid）的制备

主反应：

$$C_6H_5-NH_2 + H_2SO_4 \xrightarrow{\triangle} C_6H_5-\overset{+}{N}H_3[HSO_4]^- \longrightarrow H_2N-C_6H_4-SO_3H + H_2O$$

苯胺在 170～180 ℃的高温下磺化主要得到对位取代产物。

药品及用量：

苯胺（新蒸馏）4.6 g（4.5 mL，0.049 mol）、浓 H_2SO_4 6 mL

实验操作：

在 125 mL 三颈瓶中加入苯胺 4.5 mL，小心加入浓硫酸[1]，按图 3.33 在三颈瓶上安装球形或直形冷凝管，不通冷水。将温度计插入反应液中，另一颈口用空心塞塞住。装置搭建好后，用空气浴慢慢加热至 170～180 ℃，保持在此温度下反应 2 h[2]。

反应结束后，将反应物冷却至 50 ℃左右，倒入 50 mL 冷水中，用玻璃棒充分搅拌，使对氨基苯磺酸灰色晶体析出[3]。抽滤，得粗产品。

粗产品用水重结晶，晾干[4]。

苯胺 $d_4^{20}=1.022$，沸点 184.4 ℃。

对氨基苯磺酸是一种内盐，加热到 280～290 ℃则发生碳化。

注释：

[1] 反应瓶须干燥，有水会影响反应。加入苯胺后，小心加入浓硫酸。有可能会出现固体，但加热之后会溶解。

[2] 操作的关键是保持反应温度为 170～180 ℃，超过 200 ℃，分解严重，容易生成黑色黏稠物质，直接影响产品产量和质量。

[3] 对氨基苯磺酸在水中的溶解度较大，100 ℃ 为 6.6 g/100 mL，20 ℃ 为 1 g/100 mL，故后处理时水不能随意加，否则会影响产量。

[4] 保留产品，作为下次实验——甲基橙的制备的原料。

产物谱图（图 3.56 和图 3.57）：

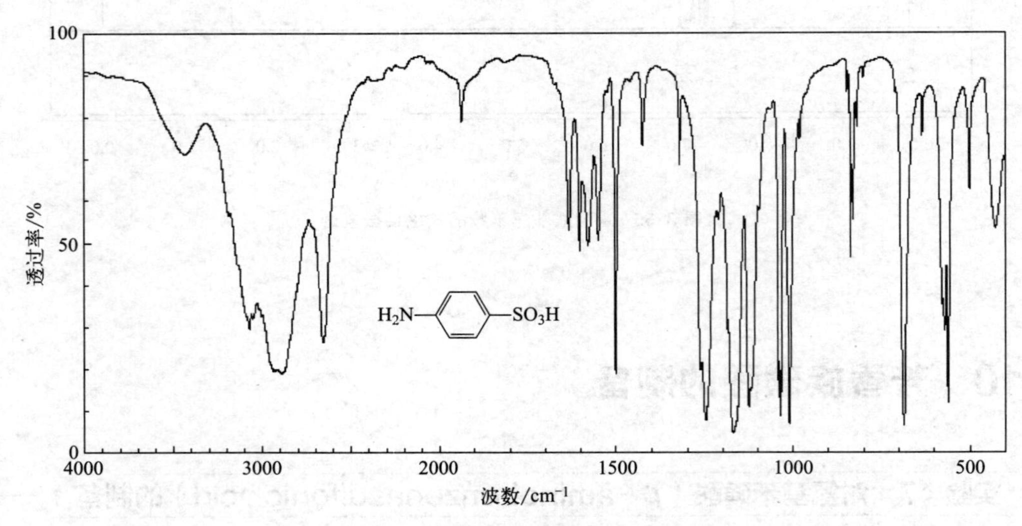

图 3.56 对氨基苯磺酸的红外光谱

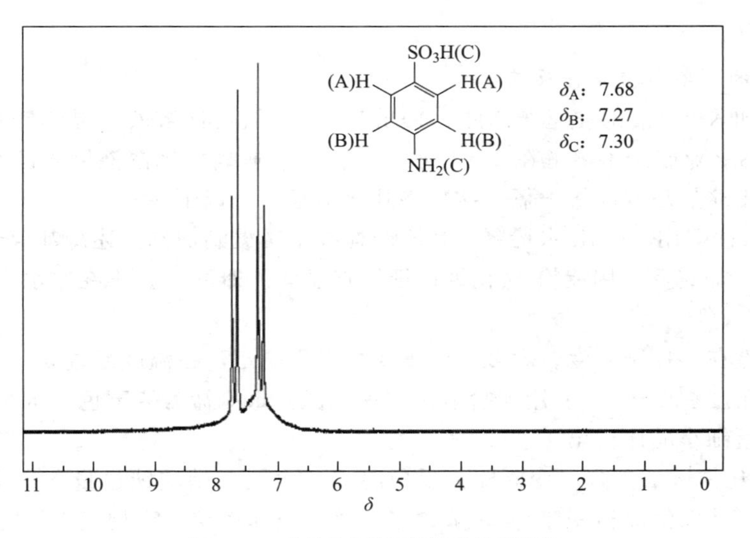

图 3.57 对氨基苯磺酸的核磁共振氢谱

3.11 重氮盐及其衍生物的制备

芳香族伯胺在酸性介质中和亚硝酸钠作用，可生成重氮盐。重氮盐通过去氮的反应，可以制备芳卤、酚和芳腈等；通过偶联反应，制备偶氮染料，这些在工业上或实验室中都具有很重要的价值。

甲基橙是以对氨基苯磺酸钠为原料，通过重氮化反应生成重氮盐，与 *N*,*N*-二甲基苯胺偶联而合成的。它是最常用的测定 pH 的指示剂之一，也用于印染纺织品等。

实验 48 甲基橙（methyl orange）的制备

主反应：

$$H_2N-C_6H_4-SO_3H \xrightarrow{NaOH} H_2N-C_6H_4-SO_3Na \xrightarrow[HCl]{NaNO_2}$$

$$HO_3S-C_6H_4-N_2^+Cl^- \xrightarrow[HOAc]{C_6H_5N(CH_3)_2}$$

$$HO_3S-C_6H_4-N{=}N-C_6H_4-\overset{+}{N}H(CH_3)_2\ OAc^- \xrightarrow{NaOH}$$

$$NaO_3S-C_6H_4-N{=}N-C_6H_4-N(CH_3)_2$$

药品及用量：

对氨基苯磺酸 2.1 g（0.012 mol）、亚硝酸钠 0.8 g（0.012 mol）、*N*,*N*-二甲基苯胺 1.2 g（1.3 mL，0.010 mol）、5%氢氧化钠溶液、浓盐酸、冰醋酸、稀盐酸、乙醚、乙醇

实验操作：

1. 重氮盐的制备（重氮化反应）

在烧杯中加入 2.1 g 对氨基苯磺酸、10 mL 5%氢氧化钠溶液，温热使其溶解。另取一小试管，将 0.8 g 亚硝酸钠溶解在 6 mL 水中。再将该亚硝酸钠溶液倒入已冷却的对氨基苯磺酸溶液中，用冰盐浴（冰块+氯化钠）将其冷却至 5 ℃以下。

将 3 mL 浓盐酸用 10 mL 水稀释，在不断搅拌下缓慢滴加到上述冷却混合液中，保持温度在 5 ℃以下。加完后，用淀粉-碘化钾试纸检查显蓝色即可[1]。再在冰水中放置 15 min 以保证反应完全。

反应的关键在于控制温度。大多数的重氮盐很不稳定，在温度超过 5 ℃时会分解，故要严格控制反应温度在 0～5 ℃。用冰盐浴来实现低温。重氮盐为淡黄色（玉米糊状），在低温时溶解度小，呈细小晶体析出。

用淀粉-碘化钾试纸检查，变蓝即为反应终点（表明亚硝酸钠过量，产生的亚硝酸使碘化钾游离出碘，从而使淀粉变蓝）。一般说来，该反应速率快，产物基本是定量的。

2. 偶联反应

在一试管内混合 1.3 mL *N*,*N*-二甲基苯胺和 1 mL 冰醋酸，将其慢慢加到上述重氮盐溶液中。加完后，继续搅拌 10 min，再慢慢加入 25 mL 5%氢氧化钠溶液，直至反应物变成橙色。粗制的甲基橙呈细粒状沉淀析出。将反应物在沸水浴上加热 5 min，冷至室温，再在冰水浴中冷却，使甲基橙晶体析出完全。抽滤收集晶体，依次用少量水、乙醇、乙醚洗涤，压干。

溶解少许甲基橙于水中，加几滴稀盐酸，接着用稀氢氧化钠溶液中和，观察颜色变化。

注释：

[1] 若试纸不显蓝色，则还需补加亚硝酸钠溶液。

3.12 杂环化合物的制备

实验 49 8-羟基喹啉（8-hydroxyquinoline）的制备

主反应：

邻氨基苯酚（OH, NH_2） + HO–CH₂–CH(OH)–CH₂–OH $\xrightarrow[H_2SO_4]{\text{邻硝基苯酚 (OH, } NO_2)}$ 8-羟基喹啉（OH, N）

喹啉及其衍生物可采用 Skraup 反应制备，本实验是以邻氨基苯酚、邻硝基苯酚、无水甘油和浓硫酸为原料合成 8-羟基喹啉。浓硫酸的作用是使甘油脱水生成丙烯醛，并使邻氨基苯酚与丙烯醛的加成物脱水成环；邻硝基苯酚作为弱氧化剂能将 8-羟基-1,2-二氢喹啉氧化成 8-羟基喹啉，而其本身被还原成邻氨基苯酚。

药品及用量：

邻氨基苯酚 1.4 g（0.013 mol）、邻硝基苯酚 0.9 g（0.0065 mol）、甘油 4.8 g

(3.8 mL，0.052 mol)、浓硫酸 2.3 mL、氢氧化钠、饱和碳酸钠溶液

实验操作：

在 100 mL 三颈瓶中加入无水甘油 3.8 mL[1]、邻硝基苯酚 0.9 g 和邻氨基苯酚 1.4 g，混合均匀后缓慢加入 2.3 mL 浓硫酸，装上回流装置，加热，微沸，撤去热源[2]，待反应缓和后，再继续加热，保持回流 1～1.5 h。

稍冷后，进行水蒸气蒸馏，装置如图 3.36 所示，除去未反应的邻硝基苯酚[3]。将 6 g 氢氧化钠溶于 6 mL 水中，待烧瓶内液体冷却后缓慢加入，接近中性时改用饱和碳酸钠溶液调至中性，再进行第二次水蒸气蒸馏，蒸出 8-羟基喹啉[4]。

待馏出液充分冷却后，抽滤收集析出物，即得粗产品[5]。

粗产品用 4∶1（体积比）的乙醇-水重结晶，将产物进行升华操作[6]。

注释：

[1] 甘油的含水量必须小于 0.5%，三颈瓶一定要是干燥的，在操作中不要将甘油长时间暴露在空气中。因甘油是较为黏稠的液体，有较强的吸水性，在用量筒转移时要注意损失。

[2] 反应刚开始时，微沸后立即停止加热，因为该反应是放热反应，反应一旦开始会放出大量热。

[3] 第一次水蒸气蒸馏。加适量的水，不要超过烧瓶的 2/3，此时是酸性环境（酸性使邻硝基苯酚不会成盐），主要蒸出的是邻硝基苯酚。

[4] 第二次水蒸气蒸馏。8-羟基喹啉既溶于酸又溶于碱，故要小心调 pH 为 7～8，8-羟基喹啉处于游离状态，此时蒸出的 8-羟基喹啉最多。馏出液为 100～125 mL。蒸馏中途再检查一次瓶中残留液的 pH，要使其保持在 7～8，如有变化可再调节。水量不够可中途补加。有时在冷凝管颈部会出现晶体堵塞（析出的产品），可将冷凝水关掉（在操作中冷凝水可适当开小一点），温度升高晶体就会消失。

[5] 充分冷却馏出液，使 8-羟基喹啉完全析出，抽滤收集晶体，得 8-羟基喹啉粗产品。

[6] 升华能得到高纯度的固体有机化合物，当然这种操作损失较大，一般只适合制备 1～2 g 少量的产物。

纯 8-羟基喹啉为针状晶体，熔点为 75～76 ℃。

产物谱图（图 3.58 和图 3.59）：

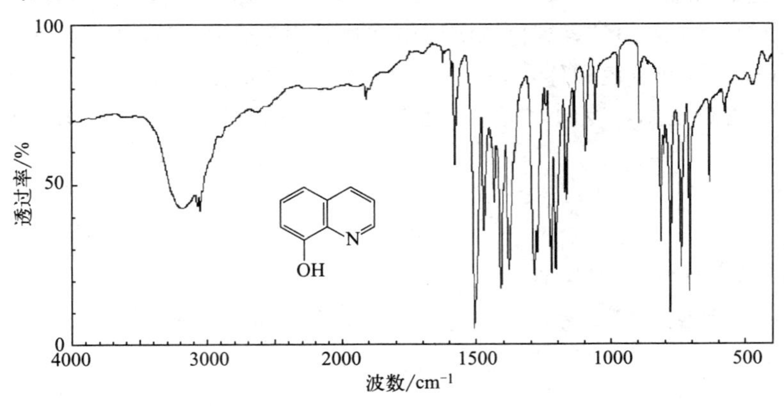

图 3.58 8-羟基喹啉的红外光谱

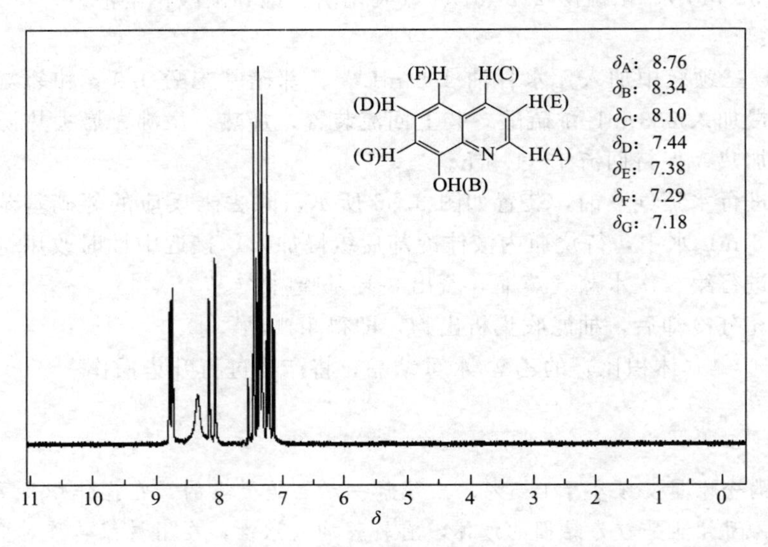

图 3.59　8-羟基喹啉的核磁共振氢谱

实验 50　苯并咪唑（benzimidazole）的制备

主反应：

邻苯二胺 + HCOOH ⟶ 苯并咪唑 + H_2O

药品及用量：

邻苯二胺 2.7 g（0.025 mol）、甲酸 1.9 g（1.6 mL，0.041 mol）、氢氧化钠 1.0 g、10%氢氧化钠溶液

实验操作：

在 25 mL 圆底烧瓶中加入 2.7 g 邻苯二胺和 1.9 g 甲酸，加热至 100～105 ℃[1]，搅拌下反应 2 h。冷却，滴加 10%氢氧化钠溶液中和过量甲酸，使 pH=9（约需 8 mL 10%氢氧化钠溶液）。过滤，得到黄色固体，用 4 mL 水洗涤，再把固体加入 35 mL 水中，用 0.1 g 活性炭脱色[2]，趁热过滤，冷却，析出白色晶体。抽滤，烘干，得到苯并咪唑。熔点 169～170 ℃。

注释：

[1] 油浴加热有利于温度控制。

[2] 若粗产品颜色呈棕褐色，活性炭用量可适当增加。

产物谱图（图 3.60 和图 3.61）：

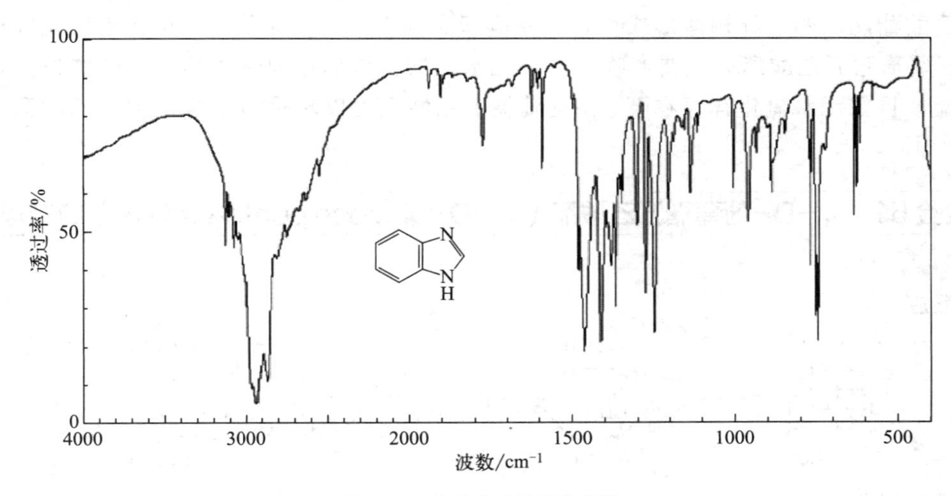

图 3.60 苯并咪唑的红外光谱

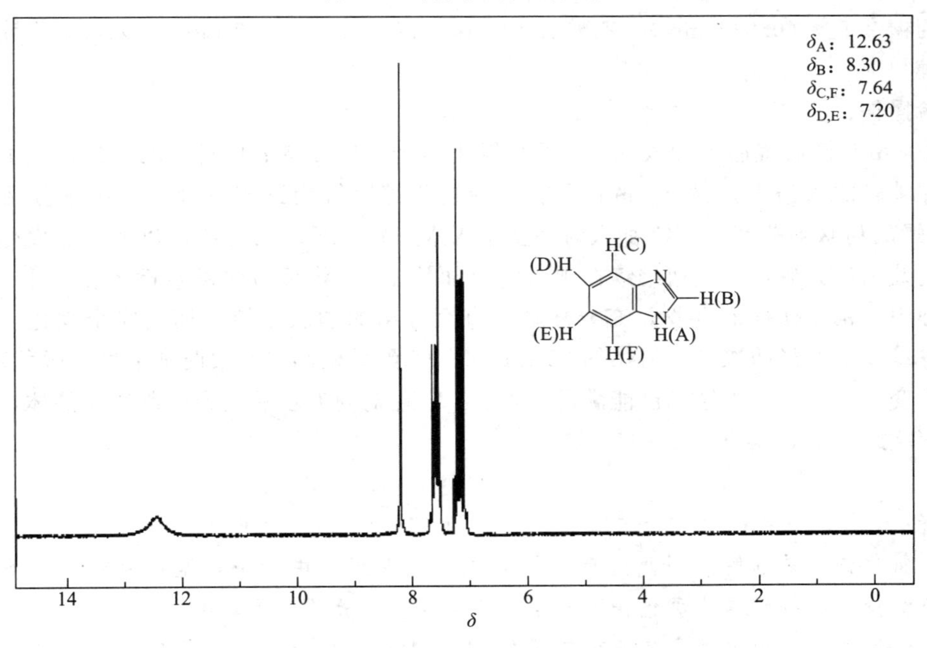

图 3.61 苯并咪唑的核磁共振氢谱

3.13 葡萄糖酯的制备（糖的酯化及异构化）

广泛存在于自然界中的糖类化合物对于维持动植物的生命都是至关重要的。在这些糖类化合物中，单糖是基本组成单位，而最早发现，也最重要的是葡萄糖。无水葡萄糖的熔点为 146 ℃，市售的葡萄糖常含有一分子结晶水，熔点为 83 ℃。

将葡萄糖与过量乙酸酐在催化剂存在下加热，所有的五个羟基均被乙酰基化，产生的葡萄糖五乙酸酯能以两个异构体形式存在，对应于α与β形式的葡萄糖。用无水氯化锌作催化剂时，α-葡萄糖五乙酸酯为主要产物，而用无水乙酸钠作催化剂时，其主要产物为β-葡萄糖五乙酸酯，且在无水氯化锌存在下，β-葡萄糖五乙酸酯可以转化为α-葡萄糖五乙酸酯。

实验 51 α-D-葡萄糖五乙酸酯（α-D-glucose pentaacetate）的制备

主反应：

CHO
H—OH
HO—H
H—OH
H—OH
CH_2OH

⇌

CH_2OH
O
H
OH
HO
OH
HO

$\xrightarrow[ZnCl_2]{(CH_3CO)_2O}$

CH_2OCOCH_3
O
H
H
$OCOCH_3$
CH_3COO
$OCOCH_3$
$OCOCH_3$

药品及用量：

葡萄糖 2.5 g（0.014 mol）、乙酸酐 13.5 g（12.5 mL，0.13 mol）、无水氯化锌 0.7 g、95%乙醇

实验操作：

在 100 mL 圆底烧瓶中加入 0.7 g 无水氯化锌[1] 和 12.5 mL 新蒸乙酸酐，装上回流冷凝管，在沸腾的水浴上加热 10 min 左右，待氯化锌溶解为透明溶液后，慢慢分几次加入 2.5 g 干燥的粉状葡萄糖[2]，在加入时切勿带入水，轻轻摇动反应瓶，以便避免发生激烈的反应。葡萄糖加完后，反应瓶继续在沸水浴上加热 1 h，将反应物趁热倒入盛有 150 mL 冰水的烧杯中，剧烈搅拌混合物，充分冷却，直至分出的油层在搅拌期间完全固化。减压过滤，用少量冷水洗涤两次。然后用约 25 mL 95%乙醇重结晶（必要时加活性炭脱色）[3]，直至熔点不变，一般两次重结晶已能满足要求。α-D-葡萄糖五乙酸酯为白色针状晶体，产量约 3 g（产率约 56%），熔点 112～113 ℃。

注释：

[1] 氯化锌极易潮解，因此应事先将氯化锌在瓷坩埚中加强热至熔融状态，冷却后研碎，迅速称量。或将研碎的氯化锌装入瓶中塞上瓶塞，放入干燥器中备用。

[2] 干燥的葡萄糖可用市售葡萄糖放在 110～120 ℃的烘箱中烘干 2～3 h，然后使用。

[3] 重结晶也可用甲醇，重结晶的醇应回收。

实验 52 β-D-葡萄糖五乙酸酯（β-D-glucose pentaacetate）的制备

主反应：

CHO
H—OH
HO—H
H—OH
H—OH
CH_2OH

⇌

CH_2OH
O
H
OH
HO
OH
HO

$\xrightarrow[乙酸钠]{(CH_3CO)_2O}$

CH_2OCOCH_3
O
$OCOCH_3$
H
$OCOCH_3$
CH_3COO
H
$OCOCH_3$

药品及用量：

葡萄糖 2.5 g（0.014 mol）、乙酸酐 13.5 g（12.5 mL，0.13 mol）、无水乙酸钠 2 g、95%乙醇

实验操作：

将 2 g 无水乙酸钠[1] 与 2.5 g 干燥的葡萄糖混合研碎并转入 100 mL 圆底烧瓶中，加入 12.5 mL 新蒸乙酸酐，在沸水浴上加热直至成为透明溶液，并不停摇动，随后继续加热 1 h，将反应物趁热倒入盛有 150 mL 冰水的烧杯中，剧烈搅拌，诱导油滴固化。抽滤，用少量冷水洗涤两次，然后用 25 mL 95%乙醇重结晶两次，并加入少量活性炭脱色，得白色 *β*-D-葡萄糖五乙酸酯，干燥后重约 3.7 g（产率约 71%），熔点 131～132 ℃。

注释：

[1] 乙酸钠的处理同氯化锌。

实验 53 *β*-D-葡萄糖五乙酸酯转化为 *α*-D-葡萄糖五乙酸酯

主反应：

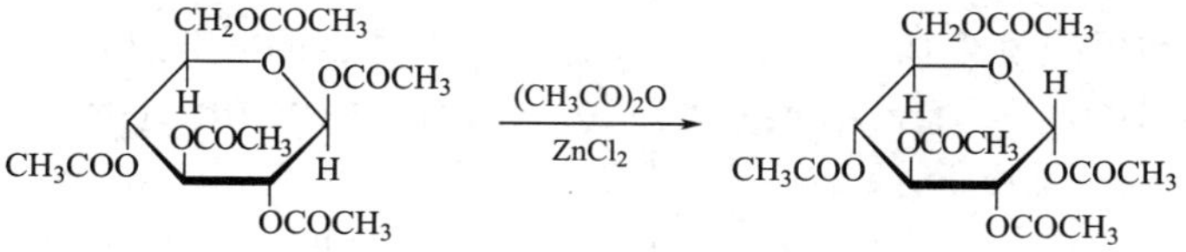

$$\beta\text{-D-葡萄糖五乙酸酯 } (CH_2OCOCH_3,\ OCOCH_3 \times 4) \xrightarrow[ZnCl_2]{(CH_3CO)_2O} \alpha\text{-D-葡萄糖五乙酸酯}$$

药品及用量：

β-葡萄糖五乙酸酯 4 g（0.010 mol）、乙酸酐 20 mL、无水氯化锌 0.5 g、乙醇

实验操作：

在 100 mL 圆底烧瓶中加入 20 mL 乙酸酐，迅速加入 0.5 g 无水氯化锌，装上回流冷凝管，在沸水浴中加热约 10 min，至固体溶解为透明溶液后，加入 4 g 实验 52 制备的 *β*-D-葡萄糖五乙酸酯（必须是干燥的），加入时切勿带入水，其后在沸水浴中加热 1 h，趁热倒入盛有 200 mL 冰水的烧杯中，剧烈搅拌，直到油滴完全固化。抽滤，固体用冷水洗涤两次，用乙醇重结晶并加入活性炭脱色，得白色针状晶体，产量约 2.5 g（转化率约 62%），熔点 112～113 ℃。

高分子合成实验 4

4.1 脲醛树脂

脲醛树脂的用途非常广泛，可作为塑料、热绝缘材料、涂料、纸张处理剂、水溶性黏合剂等使用。脲醛树脂黏合剂在木材加工中的用量占黏合剂总用量的3/4，主要用以制造胶合板、木工板、纤维板、装饰板及家具木器等。脲醛树脂可用作纸张的添加剂——湿强剂，提高纸张的强度，改善其印刷性能。

一定条件下通过尿素和甲醛的缩合反应即得脲醛树脂。

第一步，尿素和甲醛发生加成反应，生成各种羟甲基脲的混合物：

$$H_2N\underset{\underset{\displaystyle O}{\|}}{C}NH_2 + HCHO \longrightarrow \underset{\text{一羟甲基脲}}{HOCH_2NH\underset{\underset{\displaystyle O}{\|}}{C}NH_2} \quad \text{或} \quad \underset{\text{二羟甲基脲}}{HOCH_2NH\underset{\underset{\displaystyle O}{\|}}{C}NHCH_2OH}$$

弱碱性或弱酸性介质对加成反应都有催化作用，但前者更有效。因此，加成反应阶段的pH以7.5～8.0为宜。pH大于9会加速甲醛发生坎尼扎罗反应。

第二步，缩合反应。缩合反应是在羟甲基和氨基或亚氨基中的氢之间脱水，也可以在两个羟甲基之间脱水。

$$H_2NC(=O)NHCH_2OH + H_2NC(=O)NH_2 \xrightarrow{-H_2O} H_2NC(=O)NHCH_2-NHC(=O)NH_2$$

$$H_2NC(=O)NHCH_2OH + HOCH_2NHC(=O)NH_2 \xrightarrow{-H_2O} H_2NC(=O)NHCH_2-NHC(=O)NHCH_2OH$$

$$H_2NC(=O)NHCH_2OH + HOCH_2NHC(=O)NHCH_2OH \xrightarrow{-H_2O} H_2NC(=O)NHCH_2-N(CH_2OH)C(=O)NHCH_2OH$$

$$H_2NC(=O)NHCH_2OH + HOCH_2NHC(=O)NHCH_2OH \xrightarrow{-H_2O} H_2NC(=O)NHCH_2-OCH_2NHC(=O)NHCH_2OH$$

继续反应得到线形低分子量的脲醛树脂：

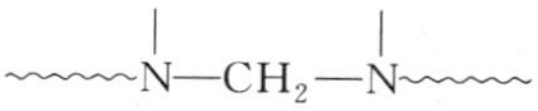

```
            |          |
~~~~~~N—CH2—N~~~~~~
```

这种低分子量的脲醛树脂还可以和甲醛缩合生成低交联度的脲醛树脂。

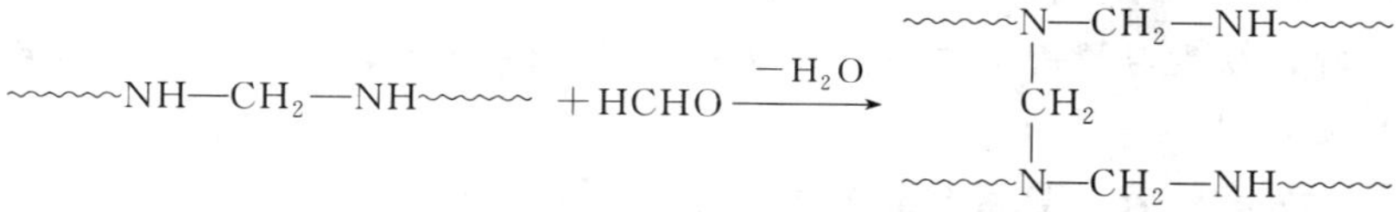

```
                                               ~~~~~N—CH2—NH~~~~~
                                    −H2O            |
~~~~~NH—CH2—NH~~~~~  +HCHO  ————→          CH2
                                                    |
                                               ~~~~~N—CH2—NH~~~~~
```

缩合反应在弱酸性条件下易于进行，但若 pH<5.0，反应太快，难于控制，在缩聚过程中介质的 pH 都不宜太低，通常控制在 5.0～5.5。

上述中间产物的结构并未得到完全的确定，但可认为在分子主链上有不少活性的羟甲基，故可作胶黏剂使用，当进一步加热或在固化剂作用下，羟甲基和氨基进一步缩合交联成复杂的网状体型结构，达到黏接制品的作用。

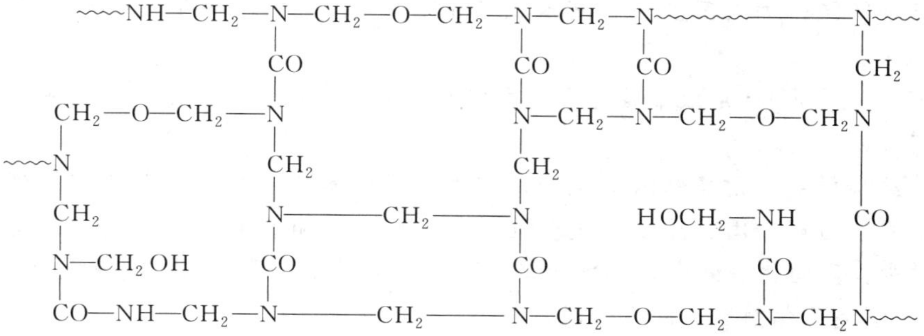

```
  ~~~NH—CH2—N—CH2—O—CH2—N—CH2—N~~~~~~~~~~~~~~~~~~N~~~
              |             |     |                   |
              CO            CO    CO                  CH2
              |             |     |                   |
CH2—O—CH2—N             N—CH2—N—CH2—O—CH2 N
 |                          |                         |
~~~N             CH2        CH2                       |
 |               |          |                         |
CH2              N————CH2————N       HOCH2—NH         CO
 |               |          |               |         |
N—CH2OH          CO         CO              CO        |
 |               |          |               |         |
CO—NH—CH2—N————CH2————N—CH2—O—CH2—N—CH2 N~~~
```

实验 54　脲醛树脂（urea-formaldehyde resin）的合成

实验目的：

学习脲醛树脂的合成原理及方法，掌握缩聚反应。

药品及用量：

甲醛溶液（37%）、六亚甲基四胺、10% NaOH 溶液、尿素 5 g

实验步骤：

在 125 mL 三颈瓶中加入甲醛溶液（37%）和六亚甲基四胺，分别安装电动搅拌器、球形冷凝管和温度计，并把三颈瓶置于水浴中。

开动搅拌器，用 10% NaOH 溶液调反应混合物的 pH 为 7.5[1]，加入尿素[2]，待尿素全部溶解后，水浴缓慢升温至 60 ℃，保温半小时，中途检查 pH 应无明显变化。

继续升温至 90～95 ℃，经过半小时后 pH 缓慢下降至 5.0～5.5[3]，取少量反应液观察冷却后不出现浑浊（若浑浊则需继续加热）为反应结束。将反应液转入烧杯中进行加热脱水，直至用玻璃棒提起反应液向下滴出的液滴末尾略带丝状时为终点。

立即在搅拌下用 10% NaOH 溶液[4] 将反应液调至 pH 为 8～9 即可出料[5]。

注释：

[1] 合成采用 pH 自动调节反应法，一般说来中途不需对 pH 加以调节。可采用百里酚蓝作指示剂，变色范围如下：

pH	7.6	7	6.5	6	5.5	5
色泽	蓝	绿	橄榄绿	黄	橙黄	红

本实验可在反应液中加1～2滴指示剂，便于直接观察。

[2] 制备脲醛树脂时，尿素与甲醛的摩尔比以1∶(1.6～2) 为宜。可按下式计算配料。

计算公式（尿素5 g）：

$$甲醛水溶液的用量=\frac{尿素质量\times尿素含量\times甲醛与尿素的摩尔比}{甲醛含量\times2}$$

$$六亚甲基四胺用量=\frac{尿素质量\times尿素含量\times0.05}{六亚甲基四胺含量}$$

[3] 在恒温的过程中如发现黏度骤增，应立即补救。出现的原因可能是酸度到pH 4.0以下；升温超过100 ℃等。此时应调整pH，或降低温度。补救的方法：加入适量甲醛溶液稀释树脂，使反应液降温；加入氢氧化钠溶液调节pH至7.0，酌情确定出料或继续加热反应。

[4] 应事先将10% NaOH溶液准备好，一旦脱水完成，立即加入终止反应，否则易过度脱水，产品冷却后成冻状。

[5] 如要用其黏接样品，则需加入固化剂，常用的固化剂有氯化铵、硫酸铵、硝酸铵等，以氯化铵和硫酸铵为好。固化速度取决于固化剂的性质、用量和固化温度。若用量过多，胶质变脆；过少，则固化时间太长。故于室温下，一般树脂与固化剂的质量比以100∶(0.5～1.2) 为宜。加完固化剂后，应充分调匀。

黏合操作应在黏合剂凝固以前完成，黏合面要清洁，黏合剂厚度适中，加压可使黏合面紧密。一般在24 h内黏合度达到最大。

该黏合剂对未改性的纤维素材料具有很强的黏合性，能耐有机溶剂，但耐沸水性几乎为零。故在清洗仪器时可用热水煮沸。

思考题：

1. 简述脲醛树脂的合成原理及固化机理。

2. 脲醛树脂合成时为什么不同反应阶段需调至不同的pH？而反应终了时，又需将pH调至8～9储存？

3. 用脲醛树脂黏合剂黏接的木材、装饰板等均存在有害物质游离甲醛超标的问题，采用什么措施可降低游离甲醛的含量？

4.2 聚乙酸乙烯酯乳液

聚合反应分为本体聚合、溶液聚合、悬浮聚合和乳液聚合。聚合所采用的方法是由产物的用途所决定的。

乳液聚合是以水为分散介质，单体在乳化剂的作用下分散，并使用水溶性的引发剂引发单体聚合的方法，所生成的聚合物以微细的粒子状分散在水中呈白色乳液状。

乙酸乙烯酯乳液聚合最常用的乳化剂是聚乙烯醇，它属于非离子型乳化剂。实践中还常把两种乳化剂合并使用，乳化效果和稳定性比单独用一种好。本实验采用聚乙烯醇和十二烷基酚聚氧乙烯醚（OP-10）两种乳化剂。

聚乙酸乙烯酯乳液俗称白乳胶，广泛用作木材、纸张、皮革的黏合剂和建筑涂料等。

聚合反应采用过硫酸盐为引发剂，按自由基聚合的反应历程进行聚合。

反应方程式为

$$nH_2C{=}CH(OCOCH_3) \xrightarrow{K_2S_2O_8} {+}CH_2{-}CH(OCOCH_3){+}_n$$

此反应按反应机理可分为三个基元反应：

（1）链引发

$$-O-SO_2-O-O-SO_2-O- \xrightarrow{\triangle} 2\ -O-SO_2-O\cdot$$

$$-O-SO_2-O\cdot + H_2C{=}CH(OCOCH_3) \longrightarrow -O-SO_2-O-H_2C-CH(OCOCH_3)\cdot$$

（2）链增长

$$-O-SO_2-O-H_2C-CH(OCOCH_3)\cdot + H_2C{=}CH(OCOCH_3) \longrightarrow$$

$$-O-SO_2-O-H_2C-CH(OCOCH_3)-CH_2-CH(OCOCH_3)\cdot \longrightarrow \cdots \longrightarrow \sim\sim CH_2-CH(OCOCH_3)\cdot$$

（3）链终止

$$2\sim\sim CH_2-CH(OCOCH_3)\cdot \longrightarrow \sim\sim CH_2-CH_2(OCOCH_3) + \sim\sim CH{=}CH(OCOCH_3)$$

实验 55　聚乙酸乙烯酯（polyvinyl acetate）乳液的合成

实验目的：

1. 掌握实验室制备聚乙酸乙烯酯乳液的方法。
2. 了解乳液聚合的配方及乳液聚合中各组分的作用。

药品及用量：

乙酸乙烯酯 10 mL、过硫酸钾 0.07 g、聚乙烯醇 2.0 g、OP-10 0.5 mL

实验步骤：

1. 将 2.0 g 聚乙烯醇[1] 溶于 15 mL 水中[2]（注意温度不能超过 90 ℃），并冷却至 60 ℃左右。
2. 将 0.5 mL 乳化剂 OP-10[3] 溶于 4 mL 水中。

3. 将 0.07 g 过硫酸钾溶于 2 mL 水中。

4. 将步骤 1～步骤 3 得到的溶液加入三颈瓶中，装上温度计、回流冷凝管，置于磁力搅拌器的水浴中。

5. 边搅拌边加入乙酸乙烯酯单体[4] 2 mL[5]，使水温升温至 66 ℃进行聚合反应。当反应瓶变浑浊时，反应液温度可升至 66 ℃以上。当温度不再升高并呈下降趋势时，再慢慢加入 2 mL 单体。

6. 重复步骤 5，至单体完全加入，将水浴升温至 80～90 ℃，无回流为止。搅拌下冷却至室温即得成品[6]。

注释：

[1] 聚乙烯醇：通常有 1788 和 1799 两种规格，用于乳液聚合时一般采用 1788。

[2] 聚乙烯醇溶解要完全。

[3] 乳化剂 OP-10：黄色至橙黄色半流动状液体，溶于水，pH 为 5～7，HLB（亲水亲油平衡值）为 15.0，浊点 85～90 ℃，耐酸碱。

[4] 乙酸乙烯酯：无色易燃液体，有甜的醚香味，$d_4^{20}=0.9342$，熔点－93.2 ℃，沸点 72.5 ℃，闪点－9 ℃，$n_D^{20}=1.3956$，在水中的溶解度为 2.5%（20 ℃），与乙醇混溶，能溶于乙醚、丙酮、氯仿、四氯化碳等有机溶剂。

乙酸乙烯酯如果存放太久，须重新蒸馏后使用。

[5] 由于乙酸乙烯酯聚合反应放热较多，反应温度上升显著，一次投料法要想获得高浓度的稳定乳液比较困难，故一般采用分批加入引发剂或者单体的方法。

[6] 为使聚合物在低温下有较好的成膜性，可加入适量的增塑剂如乙二醇乙醚、邻苯二酸二丁酯等。

思考题：

1. 聚合反应时单体为什么要分批加入，为什么要严格控制聚合反应温度？

2. 乙酸乙烯酯乳液有哪些用途？

4.3 本体聚合合成有机玻璃

本体聚合是不加其他介质，只有单体本身在引发剂或光、热、辐射能等作用下进行的聚合反应。所以本体聚合具有产品纯度高、无需后处理、透明性好等特点，尤其适用于制备透明制品。本体聚合的缺点是散热困难，易产生凝胶效应，聚合时可采用分段聚合的方法。

甲基丙烯酸甲酯通过自由基本体聚合，制得聚甲基丙烯酸甲酯（PMMA），俗称有机玻璃。

甲基丙烯酸甲酯聚合时可采用过氧化二苯甲酰（BPO）或偶氮二异丁腈（AIBN）作引发剂，其聚合反应机理如下：

第一步链的引发。BPO 热分解时能形成苯甲酰氧自由基，这种初级自由基能引发单体聚合，同时也会有部分苯甲酰氧自由基进一步分解，放出二氧化碳和苯自由基，后者仍能引发单体聚合。

$$C_6H_5-\overset{O}{\overset{\|}{C}}-O-O-\overset{O}{\overset{\|}{C}}-C_6H_5 \xrightarrow{\triangle} 2\,C_6H_5-\overset{O}{\overset{\|}{C}}-O\cdot \longrightarrow 2\,C_6H_5\cdot + 2CO_2$$

初级自由基R·立即与单体分子结合，生成单体自由基。

$$R\cdot + CH_2{=}C(CH_3)COOCH_3 \longrightarrow R-CH_2-\dot{C}(CH_3)COOCH_3$$

单体自由基活性与初级自由基相同，立即与另一单体分子反应，进入第二步链增长阶段：

$$R-CH_2-\dot{C}(CH_3)COOCH_3 + CH_2{=}C(CH_3)COOCH_3 \longrightarrow R-CH_2-C(CH_3)(COOCH_3)-CH_2-\dot{C}(CH_3)COOCH_3$$

$$\xrightarrow{CH_2{=}C(CH_3)COOCH_3} \sim\sim CH_2-\dot{C}(CH_3)COOCH_3$$

第三步链终止阶段：

(1) $$\sim\sim CH_2-\dot{C}(CH_3)COOCH_3 + \cdot C(CH_3)(COOCH_3)-CH_2\sim\sim \longrightarrow \sim\sim CH_2-C(CH_3)(CH_3OOC)-C(CH_3)(COOCH_3)-CH_2\sim\sim$$

(2) $$2\sim\sim CH_2-\dot{C}(CH_3)COOCH_3 \longrightarrow \sim\sim CH_2-CH(CH_3)(CH_3OOC) + C(CH_3)(COOCH_3){=}CH\sim\sim$$

甲基丙烯酸甲酯的聚合反应容易发生，聚合热为56.5 kJ/mol。

本体聚合中，当单体转化率达到10%～20%时，聚合速率突然加快，物料的黏度骤升，发生局部过热甚至使聚合物即刻成爆米花状，即出现了所谓的“凝胶效应”。由于本体聚合产生的热量的排出比较困难，“凝胶效应”放出大量反应热，使产品含有大量气泡而影响其光学性能和力学性能。所以在聚合过程中要严格控制聚合温度来控制聚合反应速率，以保证有机玻璃产品的质量。

甲基丙烯酸甲酯本体聚合制有机玻璃常采用分段聚合的方法，先在较高聚合温度下预聚合，使单体转化率达到10%左右，再在较低温度下聚合，最后在较高温度下聚合。这样的聚合工艺有利于缩短反应时间，排出反应热，制得透明的制品。

实验56 有机玻璃（polymethyl methacrylate）的合成

实验目的：

1. 了解自由基本体聚合的特点和实验方法。
2. 掌握有机玻璃的聚合原理和制备特点。

药品及用量：

甲基丙烯酸甲酯 20 g、过氧化二苯甲酰 0.02 g

实验步骤：

在装有回流冷凝管的圆底烧瓶中加入 20 g 甲基丙烯酸甲酯[1] 及 0.02 g 过氧化二苯甲酰，在 80～90 ℃的水浴中搅拌加热到瓶内液体黏稠为止。迅速冷却至室温。

将冷却的黏液慢慢倒入试管中[2-3]，并将试管放入 50 ℃的烘箱内聚合反应 6 h，当液体基本变为固体时将温度升高到 100 ℃，恒温 2 h。将试管冷却即得有机玻璃[4]。

注释：

[1] 甲基丙烯酸甲酯：沸点 100.9 ℃，熔点 −48 ℃，$d_4^{20}=0.9440$。

[2] 注意倒入时不要将气体裹入。

[3] 要使最终产品易于从试管中取出，可在试管内涂一薄层硅油，但量一定要少，否则会影响产品的透明度。

[4] 聚甲基丙烯酸甲酯溶于丙酮、氯仿、乙酸及甲酸等低级酸。

思考题：

1. 本体聚合的主要优缺点是什么？如何克服本体聚合中的“凝胶效应”？
2. 本实验的关键是预聚合，如果预聚合反应进行不完全会出现什么问题？

4.4 聚乙烯醇缩甲醛

由于聚乙烯醇（PVA）大分子有许多羟基，所以是亲水性高分子，能溶于热水中，无法实际应用。利用“缩醛化”减少水溶性，使 PVA 有了较大的实际应用价值。因为聚乙烯醇分子链上含有大量的 1,3-二醇结构，可以与醛类反应，生成六元环的缩醛结构，如与甲醛的反应：

$$\sim\sim CH_2-\underset{\displaystyle OH}{\underset{|}{CH}}-CH_2-\underset{\displaystyle OH}{\underset{|}{CH}}\sim\sim + HCHO \xrightarrow{H^+} \sim\sim CH_2-HC\overset{\quad CH_2 \quad}{\frown}CH\sim\sim \;(\text{环：}-HC-O-CH_2-O-CH-，\text{经 }CH_2\text{ 相连}) + H_2O$$

经缩醛化之后，产物能耐沸水。聚乙烯醇缩甲醛（PVF）随缩醛化程度不同，性质和用途有所不同。缩醛度较低的 PVF，由于分子中含有羟基、乙酰基和醛基，因此有较强的黏接性能，可作为黏合剂和建筑涂料，广泛应用在纸张黏接、书籍装帧、纸盒纸袋生产、办公用胶水等许多方面。若控制缩醛度在 35%左右，可得到化学纤维“维纶”（vinylon）。维纶的强度是棉花的 1.5～2.0 倍，吸湿性 5%，接近天然纤维，又称为“合成棉花”。

由于聚乙烯醇溶于水，而反应产物 PVF 随缩醛化程度的增加水溶性降低，所以随反应时间的延长，均相体系将逐渐变为非均相体系。若要合成水溶性聚乙烯醇缩甲醛办公用胶水，制备时要控制适宜的缩醛度，使体系保持均相。

实验 57 聚乙烯醇缩甲醛（polyvinyl formal）的合成

实验目的：

1. 掌握聚乙烯醇缩甲醛的制备方法与反应原理。

2. 了解缩醛化反应的主要影响因素。

药品及用量：

聚乙烯醇（1799）1.7 g、甲醛 3 mL（37%）、10%盐酸、8% NaOH 溶液

实验步骤：

在三颈瓶中加入 1.7 g 聚乙烯醇、9 mL 水，装上回流冷凝管，另外两个口用空心塞塞住，水浴加热[1] 至 90 ℃并不断搅拌，使聚乙烯醇完全溶解。

降温至 85 ℃左右，加入 3 mL 甲醛搅拌 15 min，滴加 10%盐酸溶液，控制反应体系 pH 至 1～3，保持反应温度 90 ℃左右[2]。

继续搅拌，反应体系逐渐变稠，当体系中出现气泡或有絮状物产生时，立即迅速加入 1.5 mL 8% NaOH 溶液[3]，调节 pH 为 8～9，冷却、出料，得无色透明黏稠液体，即为胶水。

注释：

[1] 加热时需采用水浴，否则 PVA 会出现炭化现象。

[2] 注意控制好反应温度和时间，否则过度缩合，反应物将失去黏合力。

[3] 由于缩醛化反应的程度较低，胶水中尚有未反应的甲醛，产物往往有甲醛的刺激性气味。反应结束后胶水的 pH 调至弱碱性有以下作用：可防止分子链间氢键含量过大，体系黏度过高；缩醛基团在碱性环境下较稳定。

思考题：

1. 为什么以较稀的聚乙烯醇溶液进行缩醛化反应？

2. 缩醛化反应能否达到 100%？为什么？

天然有机化合物的提取 5

1. 天然产物研究的意义

天然有机化合物又称天然产物，一般指来源于植物、动物、微生物、海洋生物、矿物等的物质。其中具有药用价值的又称天然药物，药用植物是天然药物的主要来源。自古以来人类在与疾病作斗争的过程中通过“以身试药”的办法，积累了对天然药物应用的丰富经验。我国历史悠久，幅员辽阔，药用植物资源丰富，形成了极富特色的中医药文化。比如东汉时期成书的《神农本草经》以及明代李时珍所著的《本草纲目》都详细记录了我国古代劳动人民对药用植物的认识以及其在中医治疗中的应用。随着科学和技术的进步，人们逐渐认识到植物的药用价值是通过其所蕴含的活性天然产物来体现的，比如现在临床使用的抗癌药物紫杉醇、长春新碱、喜树碱及其衍生物，以及抗疟药物青蒿素及其衍生物等都是天然药物的典型代表。值得一提的是我国科学家屠呦呦因首次发现青蒿素获得了 2015 年诺贝尔生理学或医学奖，这也是中医药对人类健康事业的巨大贡献。近年来随着海洋科学的不断发展，号称“生命的摇篮”，占地球表面积 2/3 的海洋中的生物资源也不断得到开发和利用，其中分离出了大量活性天然产物。此外，随着生命科学的进步，科学家对生物体机能调节机制的认识也不断深化，许多内源性生理活性物质也正在不断地被发现。在此基础上，人们在分子水平上建立起来的生物活性测试体系正趋于完善，更进一步推动了天然产物的开发效率。据著名期刊《天然产物杂志》(*Journal of Natrual Products*) 2020 年报道的统计数据，从 1981 年到 2019 年全球上市的 185 种有机小分子抗肿瘤药物中，有 62 种为天然产物直接成药，占比 33.5%；如果算上 58 种与天然产物分子结构有关的药物，占比可达 64.9%。而在这 39 年间所有新上市的药物中有超过 45%的药物来源于天然产物及其衍生物，这充分说明了天然产物的研究对药物研发的重要性。

新中国成立后尤其是改革开放之后，我国医药工业得到了长足发展，但就我国药物研究的基础、现状和整体实力而言，与西方发达国家相比尚有较大差距，在新药开发方面仍然是任重道远。我国生物资源丰富，而且天然药物的应用历史悠久，具有天然药物研发的自然优势。根据 2020 年公布的第四次全国中药资源普查数据，我国拥有中药资源 18817 种，其中 3151 种为我国特有的药用植物。发挥传统优势，加强中药的化学成分研究，筛选出一些拥有自主知识产权的新药是缩小与发达国家新药研发差距的有效途径。人们通过广泛的筛选，还将会发现更多、更新的天然药物；通过对天然药物结构改性，还将发明更多的疗效好、毒副作用小的新药造福于人类。

2. 天然产物提取的常用方法

中草药所含成分十分复杂，一种中草药常含有十几种类型，上百种成分，我们要将之提取出来，加以分离，以取得其中的一些单体。这个工作大致分为提取、分离和纯化三个阶段。根据所要提取的物质的性质不同应采用不同的方法，天然产物的提取分离大致有下列方法。

（1）溶剂提取法

溶剂提取法又分为水提取和有机溶剂提取两大类。该法选取溶剂是关键，溶剂选择适当，就可以比较顺利地将需要的成分提取出来。选择溶剂要注意以下三点：溶剂对有效成分溶解度大、对杂质溶解度小；溶剂不能与中草药的成分起化学反应；溶剂要经济、易得、使用安全。

（2）水蒸气蒸馏法

该法适用于难溶或不溶于水、与水不会发生反应、能随水蒸气蒸馏而不被破坏的天然产物。

（3）升华法

该法适用于一些有升华特性的天然产物。

（4）压榨法

有些天然产物存在于植物的液汁中，可直接压榨出液汁，然后进行提取。

（5）沉淀法

有些天然产物与某些试剂可产生沉淀，从提取液中析出，通过过滤可与杂质分离。

（6）盐析法

有些天然产物溶于水，但不溶于盐水，因此可加盐使其从水中沉淀，达到与杂质分离的目的。

（7）结晶法

该法是在天然产物提取分离中用得最多的一种。它是利用天然产物在某一溶剂中的溶解度随温度变化很大的特点，通过结晶法达到与杂质分离的目的。

（8）透析法

利用小分子物质在溶液中可通过半透膜，而大分子物质不能通过的性质达到分离纯化的目的。适用于从蛋白质、多肽、多糖、皂苷等大分子中除去无机盐、单糖、双糖等杂质。

（9）萃取法

该法是利用提取物中各成分在两种互不相溶的溶剂中的分配系数不同而达到分离目的的方法。萃取时如果各组分在两相溶剂中的分配系数相差越大，分离效果就越好。

（10）色谱法

色谱法又称层析法，是一种物理方法，就是利用各组分在固定相和流动相之间的分配系数不同而达到分离的目的。

（11）其他方法

如超临界萃取、电泳法、膜分离、超声波以及微波等技术。

5.1 从茶叶中提取咖啡因

茶叶中含有多种生物碱，其中以咖啡碱（又称咖啡因）为主，占1%～15%，另外还含有 11%～12%的单宁酸（又称鞣酸），0.6%的色素、纤维素、蛋白质等。咖啡因是弱碱性化合物，易溶于氯仿（12.5%）、水（2%）及乙醇（2%）等，在苯中的溶解度为 1%（热苯为 5%）。单宁酸易溶于水和乙醇，但不溶于苯。

咖啡因是杂环化合物嘌呤的衍生物，它的化学名称是 1,3,7-三甲基黄嘌呤。含结晶水的咖啡因是无色针状晶体，味苦，能溶于水、乙醇、氯仿等。在 100 ℃时即失去结晶水，并开始升华，120 ℃时升华相当显著，至 178 ℃时升华很快。无水咖啡因的熔点为 234.5 ℃。

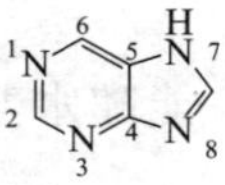

嘌呤

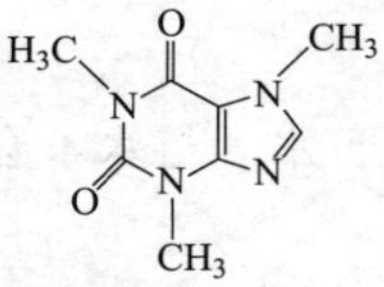

咖啡因
(1,3,7-三甲基黄嘌呤)

为了提取茶叶中的咖啡因，往往利用适当的溶剂（氯仿、乙醇、苯等）在脂肪提取器中连续抽提，然后蒸去溶剂，即得粗咖啡因。粗咖啡因还含有其他一些生物碱和杂质，利用升华可进一步提纯。

工业上，咖啡因主要通过人工合成制得。它具有刺激心脏、兴奋大脑神经和利尿等作用，因此可作为中枢神经兴奋药。它也是复方阿司匹林（APC）等药物的组分之一。

咖啡因可以通过测定熔点及光谱法加以鉴别。此外还可以通过制备咖啡因水杨酸盐衍生物进一步得到确证。咖啡因作为碱，可与水杨酸作用生成水杨酸盐，此盐的熔点为 137 ℃。

实验 58 从茶叶中提取咖啡因

实验目的：

了解和掌握咖啡因等生物碱的一般提取方法。

药品及用量：

碳酸钠、二氯甲烷、无水硫酸镁、丙酮、石油醚

实验操作：

方法一：

在 500 mL 烧杯中，加入 20 g 碳酸钠溶于 250 mL 蒸馏水的溶液。称取 25 g 茶叶，用纱布包好后放入烧杯内，在石棉网上用小火煮沸 0.5 h。注意勿使溶液溢出。稍冷后（约 50 ℃），将黑色提取液小心倾滗至另一烧杯中。冷至室温后，转入 500 mL 分液漏斗。加入 50 mL 二氯甲烷振摇 1 min，静置分层，此时在两相界面处产生乳化层[1]。在一小玻璃漏斗的颈口放置一小团棉花，棉花上放置约 1 cm 厚的无水硫酸镁，直接将分液漏斗下层的有机相滤入一干燥的锥形瓶，并用 2～3 mL 二氯甲烷涮洗干燥剂。水相再用 50 mL 二氯甲烷萃取一次，分层后通过重新加入的干燥剂过滤。如过滤后的有机相混有少量的水，可重复上述操作一次，收集于锥形瓶中的有机相应是清亮透明的。

将干燥后的萃取液分批转入 50 mL 圆底烧瓶，加入几粒沸石，在水浴上蒸馏回收二氯甲烷，并用水泵将溶剂抽干。含咖啡因的残渣用丙酮-石油醚重结晶：将蒸去二氯甲烷的残渣溶于最少量的丙酮[2]，慢慢向其中加入石油醚（60～90 ℃），到溶液恰好浑浊为止，（热

状态下）冷却结晶，用布氏漏斗抽滤收集产物。干燥后称量并计算收率。

方法二：

溶剂浸泡法提取天然产物往往效率不高，且消耗大量溶剂，因此本实验可采用索氏提取器进行连续萃取。按图 2.18 安装好索氏提取器，称取 5 g 茶叶，研成茶叶末后放入索氏提取器的滤纸筒中，在圆底烧瓶中加入 50 mL 95%乙醇，用水浴加热连续提取 1 h，当提取液颜色变浅后停止加热。稍冷后改为蒸馏装置，回收大部分乙醇。趁热将浓缩后的提取液转移到蒸发皿中，拌入 2～3 g 生石灰，搅拌成糊状，在蒸汽浴上蒸干，其间应不断搅拌，并将残留物压碎。最后将蒸发皿放在石棉网上用小火烘焙片刻，出去全部水分。冷却后擦去蒸发皿边缘的粉末，以免升华时污染产物。

在蒸发皿上放置一片有多个刺孔的滤纸，取一只口径合适的玻璃漏斗，罩在隔有滤纸的蒸发皿上［如图 2.24(a)］，用沙浴小心升华。控制升华温度在 220 ℃左右（此时滤纸微黄）。当滤纸上出现许多白色毛状结晶（咖啡因结晶）时，暂停加热，让其冷却至 100 ℃左右。小心取下漏斗，揭开滤纸，将滤纸和器皿周围的咖啡因刮下。残渣可用更高的温度重复上述操作再升华一次，使咖啡因升华完全。合并两次产物，称重，并测定熔点。

附：咖啡因水杨酸盐衍生物的制备

在试管中加入 50 mg 咖啡因、37 mg 水杨酸和 4 mL 甲苯，在水浴上加热振摇使其溶解，然后加入约 1 mL 石油醚（60～90 ℃），在冰浴中冷却结晶。若无晶体析出，可用玻璃棒或刮刀摩擦管壁。用玻璃钉漏斗过滤收集产物，测定熔点。纯盐的熔点为 137 ℃。

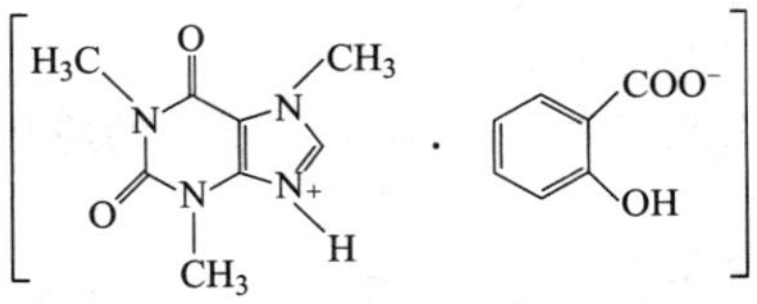

咖啡因水杨酸盐

注释：

［1］乳化层通过干燥剂无水硫酸镁时可被破坏。

［2］如果残渣中加入 6 mL 丙酮温热后仍不溶解，说明其中带入了无水硫酸镁。应补丙酮至 20 mL，用折叠滤纸滤除无机盐，然后将丙酮溶液蒸发至 5 mL，再滴加石油醚。

思考题：

1. 提取咖啡因时，用到碳酸钠，它起什么作用？
2. 从茶叶中提取出的粗咖啡因有绿色光泽，为什么？
3. 蒸馏回收二氯甲烷时，馏出液为什么出现浑浊？

参考文献：

1. 谢一凡，刘慧中，杨若林，等．咖啡因提取的综合性实验教学．化学教育（中英文），2019，40（12）：40-43.

2. 吴云英，谢建新，伍贤学，等．茶叶中咖啡因的提取实验装置的改进与探索．大学化学，2019，34（03）：42-46.

3. 谭大志，厉熙宇，张玲玉，等．从速溶咖啡中提取咖啡因．化学教育（中英文），2018，39（12）：49-51.

5.2 橙油的提取

橙皮精油含有通式为 $C_{10}H_{16}$ 的萜烯类物质，其中占比较高的一些化合物，如柠檬烯则可以通过气相色谱检测出来。

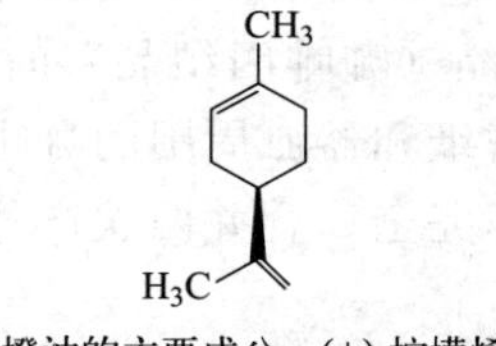

橙油的主要成分：(+)-柠檬烯

实验 59 橙油的提取

实验目的：

掌握水蒸气蒸馏法在提取天然产物——萜类物质中的应用。

药品及用量：

橙子皮（可用血橙皮或甜橙皮）、二氯甲烷 30 mL、无水硫酸钠

实验操作：

将一块橙子皮切成小的碎片（越小越好），把这些碎片放入 100 mL 三颈瓶中进行水蒸气蒸馏，收集 50 mL 馏出液，注意液体的气味和外观。用二氯甲烷提取橙油三次，每次用 10 mL。合并提取液并用无水硫酸钠干燥，然后把液体倾入加有沸石且已称量的蒸馏瓶中，在热水浴上蒸馏以除去溶剂，产品称量。

思考题：

1. 橙油属于天然产物中的哪一类物质？它的主要结构是什么？
2. 橙油为什么可以用水蒸气蒸馏进行提取？

参考文献：

1. 孟荣，杨翠，周怡娴，等．利用挥发油提取器提取柑橘皮中精油．绿色科技，2019，24：218-219.

2. 刘鑫，谭烨，周红审，等．水蒸气蒸馏甜橙油的工艺优化、分析及应用．食品研究与开发，2014，35（10）：66-69.

5.3 胆红素的提取

胆红素是胆汁中最主要的胆色素之一，在血液及胆汁中以可溶性钠盐存在，而在胆结石中则以不溶性的钙盐、镁盐的形式存在。在血液中正常情况下含量极少，但在所有黄疸病中它的量会有所增加。

胆红素在体内代谢及生化方面研究颇多，但有关活性及药用方面的报道较少。胆红素活性研究与牛黄研究密不可分，是目前生产人工牛黄的主要原料。在药理上，它具有促进红细胞新生，解热，抗病毒等作用。

胆红素为橘红或深红色晶体，受热变黑，易被 Fe^{3+} 氧化成胆绿素，溶于氯仿、苯等，不溶于水，难溶于乙醇、乙醚等。分子式为 $C_{33}H_{36}N_4O_6$，分子量 584.65。

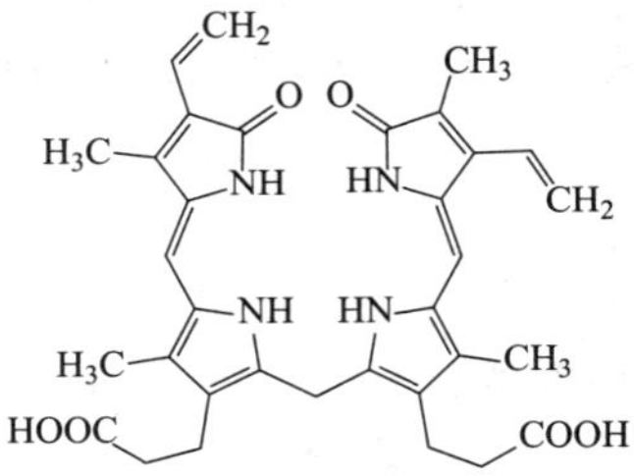

胆红素

实验 60 胆红素的提取

实验目的：

掌握钠盐法提取胆红素。

药品及用量：

新鲜或冷冻的猪苦胆[1]、氢氧化钠溶液、亚硫酸氢钠、氯仿、盐酸、乙醇

实验操作：

1. 用玻璃片或竹片划破猪苦胆皮[2]，取 100 mL 新鲜胆汁，用纱布过滤到 250 mL 烧杯中。

2. 加入 0.1 g 亚硫酸氢钠（抗氧剂）或 0.5 mL 氯仿于上述胆汁中，搅拌。

3. 将上述胆汁在不断搅拌下加热至 65 ℃，再用 6～9 mL 1 mol/L 的氢氧化钠溶液调节溶液 pH 为 11～12（绝不能超过 12）[3]，继续加热至沸腾（90～95 ℃），维持 4 min 左右，保持 pH 在 8～9 之间，冷却。

4. 将 0.15 g 亚硫酸氢钠（抗氧剂）用 10 mL 蒸馏水溶解后加入上述胆汁中，搅拌至均匀，然后加入 25～30 mL 氯仿，搅拌。

5. 在搅拌下加入 4～6 mL 1∶5 稀盐酸，至溶液 pH 为 3.5～4（最佳为 3.7～3.8）。

6. 倒入分液漏斗中静置分层，分层后将下层氯仿液放入蒸馏瓶中。检查上层黄色水层pH是否为3.5，若小于3.5则用1∶5稀盐酸缓慢调节pH为3.5（注意：不能调过），再加氯仿15～20 mL，充分摇荡，然后再静置分层，将下层氯仿液放入蒸馏瓶中，与前次的合并。若第二次氯仿液仍有较深的红色，再加一次氯仿萃取。

7. 在70～80 ℃水浴中蒸馏氯仿，待蒸馏瓶中溶液很浓时（为5 mL左右），向残存液体中加入其体积的5～10倍的95%乙醇，再在85～95 ℃的水浴中进行蒸馏，蒸出残存的氯仿，直至有较多胆红素红色结晶析出，停止加热，冷却。

8. 过滤，晶体在50 ℃下烘干，称量，计算收率。

本实验需2～4 h。

注释：

[1] 猪苦胆应取新鲜的或在冰箱冷冻的，常温过夜的苦胆不能用，否则收率大大降低。

[2] 切开苦胆时不能用铁等金属器具，尤其不能用生锈的铁器，整个实验过程均不能使用任何铁制品，因为Fe^{3+}很容易将胆红素氧化成胆绿素，使实验失败。

[3] 整个实验过程中，相关步骤的pH控制是关键，一旦调过将无法逆转。如实验的第3步，用碱将pH调到11～12，碱度过大，会破坏胆红素的结构。

思考题：

1. 亚硫酸氢钠的作用是什么？
2. 在蒸馏时，为什么加过量的乙醇？

参考文献：

1. 吕红宝，李凯，郭庆．猪胆汁中胆红素提取工艺的研究．辽宁化工，2023，52（04）：506-508.

2. 王嘉琳，周迎春，张迪．从猪胆中提取胆红素．化工中间体，2015，11（02）：49-50.

3. 王玉田．动物性副产品加工利用．北京：化学工业出版社，2019.

5.4 果胶的提取

果胶物质广泛存在于植物中，主要分布于细胞壁之间的中胶层，尤其以果蔬中含量较多。不同的果蔬含果胶物质的量不同，山楂约为6.6%，柑橘为0.7%～1.5%，南瓜含量较多，为7%～17%。在果蔬中，尤其是在未成熟的水果果皮中，果胶多数以原果胶存在，原果胶不溶于水，用酸水解，生成可溶性果胶，再进行脱色、沉淀、干燥即得商品果胶。从柚子皮中提取的果胶是高酯化度的果胶，在食品工业中常用来制作果酱、果冻等食品。

果胶是一种分子中含有几百到几千个结构单元的线形多糖，平均分子量为50000～180000，其基本结构是以α-1,4-苷键结合而成的聚半乳糖醛酸，在聚半乳糖醛酸中，部分羧基被甲醇酯化，剩余部分与钾、钠或铵等离子结合。

在原果胶中，聚半乳糖醛酸可被甲醇部分酯化，并以金属桥（特别是钙离子）与聚半乳糖醛酸分子残基上的游离羧基相连接。原果胶不溶于水，用酸水解时这种金属离子桥（离子键）被破坏，即可得可溶性果胶，再进行纯化和干燥即为商品果胶。

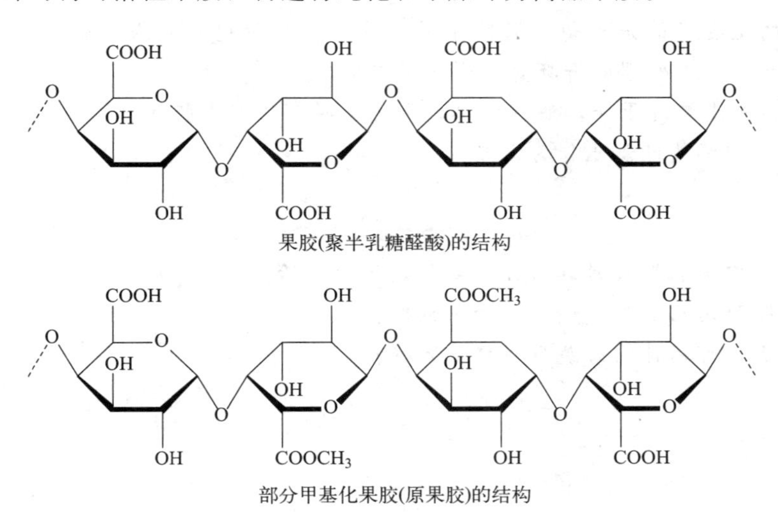

果胶(聚半乳糖醛酸)的结构

部分甲基化果胶(原果胶)的结构

实验 61 从柚子皮中提取果胶

实验目的：

1. 掌握从柚子皮中提取果胶的方法。
2. 了解果胶的性质和提取原理。
3. 了解果胶在食品工业中的用途。

药品及用量：

柚子皮（新鲜）5 g、95%乙醇、浓盐酸、2 mol/L 氨水、活性炭

实验操作：

1. 称取 5 g 新鲜柚子皮，用水冲洗后切成 3～5 mm 大小的颗粒，放入 100 mL 烧杯中，加入 20 mL 水，加热至 90 ℃，保温 5～10 min，使酶失活。把果皮粒用尼龙布挤干，用 50 ℃左右的热水漂洗，直至水为无色，果皮无异味为止。每次漂洗都要把果皮用尼龙布挤干，再进行下一次漂洗[1]。

2. 将处理过的果皮粒放入烧杯中，加入 37 mL 水，滴加浓盐酸调溶液的 pH 至 2.0～2.5 之间。加热至 90 ℃，在恒温水浴中保温 30 min，保温期间要不断地搅动，趁热用垫有 100 目尼龙布（或四层纱布）的布氏漏斗抽滤，收集滤液。

3. 在滤液中加入 0.5%～1%的活性炭于 80 ℃加热 10 min 进行脱色和除异味，趁热抽滤[2]。

4. 滤液冷却后，滴加 2 mol/L 氨水调 pH 至 3～4，在不断搅拌下缓缓地加入 95%乙醇溶液，加入乙醇的量为原滤液体积的 1.5 倍（使其中乙醇的质量分数达 50%～60%）。乙醇加入过程中可看到有絮状果胶物质析出，静置 10 min 后，用尼龙布过滤、挤压。将脱水的果胶放入表面皿中摊开，在 60～70 ℃下烘干。将烘干的果胶磨碎过筛，制得干果胶。

5. 滤液可采用蒸馏法回收乙醇。

注释：

[1] 处理的主要目的是灭酶，以防止果胶酶解。同时也是对果皮进行清洗，以除去泥土、杂质、色素等。该处理的好坏直接影响果胶的色泽和质量。

[2] 如果柚子皮漂洗干净，滤液清澈，则可不脱色。因为胶状物容易堵塞滤纸，这时可加入占滤液 2%～4%的硅藻土作为助滤剂。

思考题：

1. 从柚子皮中提取果胶时，为什么要加热使酶失活？
2. 沉淀果胶除用乙醇外，还可用什么试剂？
3. 在工业上，可用什么果蔬原料提取果胶？

6 有机化合物的性质实验

有机分子在化学反应中直接发生变化的部分大多局限于官能团上，官能团的特性反应往往决定了该化合物的化学性质。于是利用有机化合物中各种官能团的不同特性，与某些试剂反应时产生的特殊现象（颜色变化、产生沉淀等）可证明分子中某些官能团的存在。这些反应可以迅速为鉴定化合物的结构提供重要信息。

6.1 芳烃的性质

凡是含有苯环结构的化合物都具有芳香性，它表现在苯环的稳定性（不易被氧化和加成）和易发生取代反应这两个方面。

实验 62 芳烃的性质实验

实验操作：

1. 苯环的稳定性

（1）与溴作用

取两支试管，分别加入 0.5 mL 苯、甲苯，再各加入 0.5 mL 0.5%溴的四氯化碳溶液。振荡片刻，观察有无反应发生，若无反应发生，则在水浴上加热后，再观察溴水的颜色是否褪去，有无白雾产生。

（2）氧化作用

取两支试管，分别加入 0.5 mL 0.5%的高锰酸钾溶液和 0.5 mL 3 mol/L 硫酸，再分别加入 0.5 mL 苯和甲苯，用力振荡几分钟，观察有什么变化，为什么？

2. 苯环的取代反应

（1）苯的硝化

取 2 mL 浓硫酸（$d_4^{20}=1.84$）于 20 mL 试管中[1]，边振荡边缓慢加入 1 mL 浓硝酸（$d_4^{20}=1.5$）。将混酸用冷水冷却，逐滴加入 1 mL 苯，加苯时要小心，因硝化时放出热量，控制硝化温度在 40～60 ℃[2]，当温度不到 40 ℃时，可将试管放入热水中加热，并剧烈振荡使苯完全溶解。将混合液倾入另一盛有 30 mL 冷水的试管中，硝基苯呈淡黄色的油状物沉降在试管底部。

(2) 苯的磺化

在一支试管中加入 3～4 滴苯，再加入 4 mL 浓硫酸，观察有无分层现象，振荡至反应液呈均一状态后，将反应混合物慢慢倒入水中，再观察有无分层现象，为什么?

(3) 苯的溴化

苯与溴在加热至沸腾时也不发生反应，但在铁或铝催化剂存在下反应迅速进行。

在一支试管中加入 1 mL 苯、10 滴溴和 0.5 g 铁粉[3]。在开始时反应可能很激烈，以后逐渐缓和，这时可用热水略微加热，使反应完全（支管处用导气管接一装水的锥形瓶，导气管的末端接近水面，不要插入水中）。

反应开始后，在导管的附近有白雾出现，反应完毕后，向锥形瓶中滴入硝酸银溶液，观察现象。把试管里的溴苯倒入盛有冷水的烧杯中，溴苯会沉到杯底。

3. 芳烃的显色反应

(1) 甲醛-硫酸实验

取少量芳烃样品（30 mg 固体样品、1～2 滴液体样品）溶于 1 mL 非芳烃溶剂（环己烷、己烷、四氯化碳等）中。取 1～2 滴样品溶液于白色点滴板中，再加一滴甲醛-硫酸试剂[4]，注意观察颜色变化。不同的芳烃与甲醛-硫酸试剂反应的颜色参见表 6.1。

表 6.1 芳烃与甲醛-硫酸试剂反应的颜色

芳烃	颜色
苯、甲苯、正丁苯	红色
仲丁苯	粉红色
叔丁苯、三甲苯	橙色
联苯、三联苯	蓝色或蓝绿色
萘、菲	蓝绿色至绿色
卤代芳烃	粉红色至紫红色
萘醚类	紫红色
蒽	茶绿色
开链烷烃、环烷烃及其卤代物	不发生颜色反应或显淡黄色，偶有沉淀生成

(2) 无水 $AlCl_3$-$CHCl_3$ 实验

在一支干燥试管中加入 0.1～0.2 g 无水 $AlCl_3$，试管口放少许棉花，加热使 $AlCl_3$ 升华并结晶于棉花上。取升华的 $AlCl_3$ 粉末少许置于点滴板上，滴加 2～3 滴样品的氯仿溶液，观察颜色变化。不同的芳烃氯仿溶液与 $AlCl_3$ 反应的颜色参见表 6.2。

表 6.2 芳烃氯仿溶液与 $AlCl_3$ 反应的颜色

芳烃	颜色
苯及其同系物	橙色
芳烃的卤代物	橙色到红色
萘	蓝色
联苯和菲	紫红色
蒽	绿色

注释：

[1] 浓硫酸主要起催化作用。

[2] 苯的硝化作用是放热反应，温度若超过 60 ℃，硝酸将分解，苯部分挥发，并有大量二硝基苯产生，故在操作时要注意控制温度。

[3] 铁催化剂可使用铁屑、铁钉或铁粉。铁屑与溴作用时，比铁钉快，比铁粉慢。催化剂除铁外，还可用铝、金属卤化物或碘，它们与溴作用后，均能产生正溴离子。

[4] 甲醛-硫酸试剂配制方法：取一滴福尔马林（37%～40%甲醛水溶液）加入 1 mL 浓硫酸中，振荡混匀即可。

6.2 卤代烃的性质

不同烃基结构的卤代烃在进行亲核取代反应时表现出不同的活性，这样可以帮助我们判断反应可能按哪种历程进行。但由于绝大多数卤代烃在一般条件下的反应是混合历程，所以在实验中必须注意反应条件。另外，卤原子种类对亲核取代反应活性也有影响。

实验 63 卤代烃的性质实验

实验操作：

与硝酸银的作用

（1）不同烃基结构的反应

在 3 支干燥洁净的试管内分别加入 1 mL 硝酸银乙醇溶液，再分别滴加 1～2 滴 1-氯丁烷、2-氯丁烷和 2-氯-2-甲基丙烷，振荡试管，观察是否有沉淀生成。无沉淀析出的试管可置于约 80 ℃水浴中加热后再观察。记录沉淀出现的先后次序，并分析其原因。

（2）不同卤原子的反应

在 3 支干燥试管中分别加入约 1 mL 硝酸银乙醇溶液，然后再分别滴加 1～2 滴 1-氯丁烷、1-溴丁烷及 1-碘丁烷。如上操作，观察并记录沉淀出现的先后次序。

6.3 醇、酚的性质

醇和酚的特征基因均是羟基，但与羟基相连的烃基结构不同，其中，醇分子中的羟基与脂肪族烃基相连，而酚的羟基与芳环相连，导致了醇与酚在化学性质上有很大的不同。伯醇、仲醇能被氧化，醇还可在浓硫酸催化下发生脱水反应，以及醇羟基的取代反应等；而酚表现出明显酸性（酸性小于碳酸），酚羟基很难被其他基团取代，但酚芳环有较强活性，易发生亲电取代反应。

实验 64 醇、酚的性质实验

实验操作：

1. 醇的性质

（1）醇的氧化

① 取 1 mL 乙醇于 20 mL 试管中。将一端弯成螺丝状的粗铜丝在酒精灯火焰上烧至表面有一层黑色的氧化铜，迅速伸入醇中，注意闻生成物的气味，并观察粗铜丝表面颜色的变化。

② 取 2 mL 5%重铬酸钾溶液、1 mL 1∶5 稀硫酸和 0.5 mL 乙醇，加以混合，小心加热该混合液，溶液的颜色从橙黄（$Cr_2O_7^{2-}$）变成绿色（Cr^{3+}），表明有氧化反应发生，产生特殊气味，表明乙酸的生成，将此气味同上面实验生成的气味相比较。

重铬酸钾的酸性溶液是强氧化剂：

$$H_2Cr_2O_7 + CH_3CH_2OH \xrightarrow{H_2SO_4} Cr_2(SO_4)_3 + CH_3COOH$$

（2）醚的生成

取 1 mL 乙醇于 30 mL 试管中，再取 1 mL 浓硫酸缓缓加入乙醇中，边加边振荡，待加入完毕后，把很热的混合物在酒精灯上小心加热至沸腾，此时将试管离开火焰，闻液体的气味。再小心加入 5～10 滴乙醇，试着再闻一下生成物的气味，与乙醚的气味相比较。

（3）伯醇、仲醇、叔醇的鉴别——盐酸-氯化锌实验[1]

在三支干燥试管中分别加入 0.5 mL 伯醇、仲醇、叔醇的样品，然后各加入 3 mL 盐酸-氯化锌试剂，用塞子塞住试管口，振荡后静置，观察其变化，记下混合液变浑浊和出现分层现象的先后次序。

（4）甘油铜的生成

甘油的分子结构中羟基氢更加活泼，具有很弱的酸性，这种酸性通常的指示剂不能检测出，但能与金属的氢氧化物，如氢氧化铜作用，发生类似于酸碱中和生成盐的反应。

$$\begin{array}{l} CH_2OH \\ | \\ CHOH \\ | \\ CH_2OH \end{array} + Cu(OH)_2 \longrightarrow \begin{array}{l} CHO \diagdown \\ | \qquad\quad Cu \\ CHO \diagup \\ | \\ CH_2OH \end{array} + 2H_2O$$

甘油铜呈绛蓝色，对碱稳定，但能被酸分解成甘油和铜盐。除了甘油外，其他多元醇也都具有这种反应，故此反应可以作为多元醇的定性反应。

取 0.5 mL 5% $CuSO_4$ 溶液于试管中，滴入过量的 5% NaOH 溶液，使铜离子完全生成氢氧化铜沉淀，在此沉淀中逐滴加入甘油，边加边振荡，当沉淀完全溶解时，溶液呈绛蓝色，此即甘油铜溶液。

2. 酚的性质

（1）苯酚的酸性

取绿豆大的一颗苯酚固体或 2～3 滴液体苯酚于试管中，加入 1～2 mL 水，观察溶液的变化。然后在试管中滴加 NaOH 溶液，边加边振荡，直到溶液刚好澄清为止（切勿过量）。再在澄清的溶液中通入 CO_2，观察到澄清的溶液又重新浑浊或分层。

（2）苯酚与溴水的反应

取 0.5 mL 苯酚溶液于试管中，逐滴加入饱和溴水，振荡后观察到有白色沉淀生成。

（3）酚与三氯化铁的反应

大多数的酚与三氯化铁的中性或酸性溶液作用生成络盐，显示出红色、蓝色、紫色等不同颜色，其中苯酚与其显蓝色。

$$6C_6H_5OH + FeCl_3 \longrightarrow [Fe(C_6H_5O)_6]^{3-} + 6H^+ + 3Cl^-$$

取 2 支试管分别加入 0.5 mL 饱和苯酚及饱和对苯二酚[2] 溶液，然后滴加 1% $FeCl_3$ 溶液，观察其现象。

注释：

[1] 盐酸-氯化锌试剂的配制：将 136 g(1 mol) 无水氯化锌在蒸发皿中加热熔融，冷至室温，捣碎溶解于 1 mol 浓盐酸中（90 mL），注意搅拌和冷却，防止氯化氢逸出而影响试剂的灵敏度。

[2] 对苯二酚可被三氯化铁氧化为对苯醌。对苯醌与过量的对苯二酚形成对苯醌和对苯二酚的针状晶体。

6.4 醛、酮的性质

醛、酮的分子中有羰基，羰基的碳氧双键可与许多试剂发生亲核加成反应。其中与 2,4-二硝基苯肼的反应，由于生成溶解度很小的 2,4-二硝基苯腙，可用于羰基的检验。除 2,4-二硝基苯肼外，亚硫酸氢钠、羟胺、氨基脲等试剂也可与醛、酮反应，并且所得产物经适当处理又可得到原来的醛、酮，因而这些反应常用于分离提纯和鉴别醛、酮。区别醛、酮常用托伦（Tollen）试剂、费林（Fehling）试剂和品红醛试剂。此外，甲基酮还可发生碘仿反应。

实验 65 醛、酮的性质实验

实验操作：

1. 醛、酮与羰基试剂和亚硫酸氢钠的反应

（1）取甲醛、乙醛、苯甲醛、丙醛各数滴，分别加入 4 支试管中，再各加几滴 2,4-二硝基苯肼试剂，振荡，观察是否有黄色沉淀生成。

（2）与饱和亚硫酸氢钠溶液反应生成羟基磺酸盐，该盐在饱和亚硝酸钠溶液中易形成晶体而析出，可以用此法来分离提纯醛、酮。但只有脂肪族甲基酮及含碳原子数低于 8 的环酮可生成加成物，其他酮及芳香族甲基酮不起作用。

取 0.5 mL 甲醛、乙醛、苯甲醛、丙酮、2-丁酮于 5 支试管中，各加几滴乙醇，再加入 3 mL 饱和亚硫酸氢钠溶液摇匀，观察有无晶体析出，必要时，可用玻璃棒摩擦试管壁。

2. 醛、酮的鉴别

醛基上的氢原子是比较活泼的，容易被氧化剂氧化，即使弱的氧化剂如氢氧化铜、费林试剂和氧化银等都能氧化醛基氢。费林试剂只能氧化脂肪醛，对芳香醛不起作用，故可用于区别脂肪醛和芳香醛。

（1）银镜反应

在 4 支洁净的试管中各加入 1 mL 新配制的银氨溶液，再在每支试管中分别加入甲醛、乙醛、苯甲醛、丙酮各 0.5 mL，摇匀后置于 60 ℃的水浴中加热，观察有无银镜生成。

（2）氢氧化铜反应

在 4 支试管中各加入 0.5 mL 2%硫酸铜溶液和 3 mL 10%氢氧化钠溶液，则生成蓝色氢氧化铜沉淀，在各试管中分别加入 1 mL 甲醛、乙醛、苯甲醛、丙酮，摇匀后置于 50～80 ℃的水浴中加热，观察各试管的变化。

（3）费林试剂反应

费林试剂分甲、乙两部分，甲是硫酸铜与硫酸的混合溶液，乙是酒石酸钾钠与氢氧化钠的混合溶液。甲、乙等量混合后生成的氢氧化铜沉淀在酒石酸钾钠的作用下溶解为深蓝色溶液。

在 4 支试管中，将费林试剂甲、乙各 1 mL 加入每一支试管中摇匀，再加入甲醛、乙醛、苯甲醛、丙酮各 0.5 mL，振荡后水浴加热，观察现象。

（4）品红醛试剂反应

品红是一种红色染料，其盐酸盐结构式为

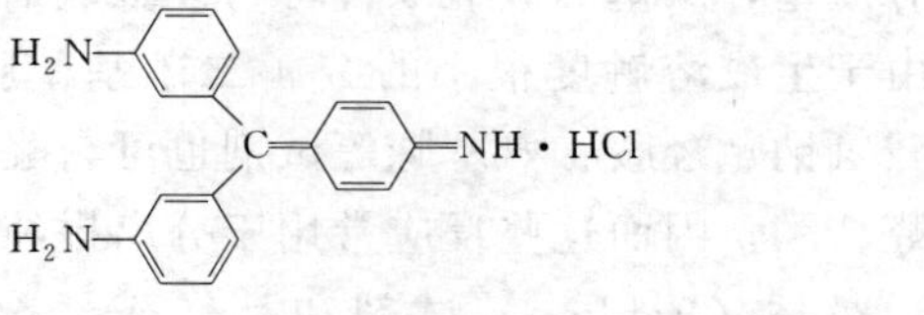

H_2N

C $=NH \cdot HCl$

H_2N

若与亚硫酸加成，可生成无色的品红醛试剂。它与醛能发生加成反应，溶液显示为紫红色。酮不发生此反应，故此反应可以鉴别醛、酮。

操作：在 4 支试管中分别滴几滴甲醛、乙醛、苯甲醛、丙酮，再各滴几滴无色品红醛试剂，观察颜色变化。再加入 H_2SO_4，甲醛与品红醛试剂作用不褪色，其他醛则褪色。

3. 碘仿反应

实验中次碘酸钠是由碘和氢氧化钠作用而得：

$$I_2 + 2NaOH \longrightarrow NaI + NaIO + H_2O$$

在 3 支试管中各加入乙醛、丙酮、乙醇 0.3 mL，用 2～3 mL 水稀释。乙醇要在水浴中加热至 60 ℃左右。在 3 支试管中各加入 2～3 mL 碘液，再逐滴加入 5%氢氧化钠溶液，观察现象。

6.5 羧酸及其衍生物的性质

实验 66 羧酸及其衍生物的性质实验

实验操作：

1. 乙酸的酸性

乙酸分子中羰基中碳氧键的强极性，以及正电性羰基碳的吸电子作用，使得羟基中氧氢键减弱，因而在水溶液中羟基氢容易成质子解离出来，使乙酸水溶液显酸性。

在试管中加入 5%氢氧化钠溶液 2 滴，用 1～2 mL 蒸馏水稀释后滴入 1 滴酚酞试剂，再逐滴加入 10%乙酸溶液，观察试管中溶液颜色的变化。

2. 乙酸铁的生成和水解

乙酸钠与三氯化铁可以发生复分解反应，生成乙酸铁，乙酸铁部分水解为碱式六乙酸铁络离子，使溶液呈棕红色。

$$3CH_3COONa+FeCl_3 \longrightarrow (CH_3COO)_3Fe+3NaCl$$

$$2(CH_3COO)_3Fe+2CH_3COONa+FeCl_3+2H_2O \longrightarrow$$
$$[Fe_3(OH)_2(CH_3COO)_6]Cl+2NaCl+2CH_3COOH$$

若煮沸，则全部水解为碱式乙酸铁红棕色絮状沉淀析出，此法可以作为乙酸根的检验方法。

取 5～10 mg 乙酸钠晶体，溶于 1 mL 蒸馏水中，加入 1～2 滴 1%三氯化铁溶液，振荡观察溶液的颜色变化，然后再加热，观察有何现象产生。

3. 甲酸的还原性

甲酸分子中既有羧基又有醛基，故与其他羧酸不同，具有还原性。当它与氧化剂反应时，在溶液中成为碳酸，碳酸不稳定而分解成水和二氧化碳逸出。可以用石灰水检查二氧化碳的存在，说明反应的发生。

在 10 mL 支管试管中加入 0.5～1 mL 1∶5 的稀硫酸和 2～3 mL 0.5%的高锰酸钾溶液，在支管口接一胶皮管，末端放入装有澄清石灰水的试管中，加热混合液，观察现象。

4. 乙酸乙酯的生成

取两支试管，各加入 2 mL 乙醇和 2 mL 冰醋酸，混匀后在其中一支试管加入 0.5 mL 浓硫酸。振荡后将两支试管都浸在 60～70 ℃水浴中加热 15 min（不要使试管中的液体沸腾），取出试管后在加有浓硫酸的一支试管中加入碳酸钠粉末，边加边振荡（注意将试管浸在冷水中冷却），加到无气泡产生，再在两支试管中各加入 2 mL 饱和氯化钠溶液，试闻生成物的气味及观察分层的情况。

5. 酯的水解

酯的水解是酯化反应的逆反应，无机酸碱可以催化酯的水解，若酯的浓度大于醇和酸的浓度，则有利于平衡向酯的水解方向进行。在碱作催化剂时，由于反应生成的酸与碱生成盐，可使酯的水解反应进行得更彻底。

取 3 支 10 mL 试管，各加入 1 mL 水和 8～10 滴乙酸乙酯，其中一支加入 4～5 滴

3 mol/L 硫酸溶液，另一支加入 4～5 滴 12 mol/L 氢氧化钠溶液，然后将 3 支试管都放入 70～80 ℃水浴中加热（注意勿使管内液体沸腾）。观察酯层消失的速度（与未加酸碱的试管比较）。

6. 酸酐的性质

（1）乙酸酐的水解

乙酸酐遇热水容易水解，生成相应的乙酸，可以用生成乙酸铁的方法检验乙酸的生成。

取 0.1 mL 乙酸酐于试管中，再加入 1 mL 水。将试管在酒精灯上微热，观察分层的消失，闻生成物有乙酸的酸味。然后将碳酸钠（或碳酸氢钠）溶液加入试管以中和乙酸的酸性，再滴加三氯化铁溶液，观察到溶液呈红棕色，加热后有红棕色絮状沉淀出现。

（2）邻苯二甲酸酐在有机合成中的应用——酚酞的制取

邻苯二甲酸酐与苯酚在脱水剂（如硫酸或氯化锌）存在下共热，可经缩合反应生成酚酞。酚酞是无色粉末，不溶于水，可溶于乙醇。酚酞在临床中用作轻泻剂，在分析化学上用作酸碱指示剂，遇碱变红，然而当过量碱存在时，红色消失。

$$\text{邻苯二甲酸酐} + 2\,\text{苯酚(OH)} \xrightarrow[-2H_2O]{H_2SO_4} \text{酚酞}$$

取小试管一支，加入 0.2 g 邻苯二甲酸酐（俗称苯酐）、0.1 g 苯酚和 1 滴浓硫酸，在酒精灯上微热 1 min，冷却后再加入 2 mL 乙醇，振荡摇匀，静置片刻，吸取上层清液即得酚酞试剂。另取试管一支，加入 1 mL 蒸馏水、1 滴制得的酚酞试剂和 1 滴 40%氢氧化钠溶液，观察现象，再滴加 40%氢氧化钠溶液（1～2 mL），用力振荡至酚酞褪色。

6.6 糖的性质

葡萄糖和果糖是主要的单糖，蔗糖和麦芽糖是二糖的代表，淀粉和纤维素是多糖，它们可以发生显色反应、氧化还原反应及成脎反应。根据这些反应的现象，可以判断它们的存在及类型。

实验 67 糖的性质实验

实验操作：

1. 单糖的性质

（1）显色反应

① 糖类化合物的通用鉴别法。

与 α-萘酚反应（俗称莫立许反应）：许多糖类化合物在浓硫酸的作用下，生成糠醛或糠醛的衍生物，它们能与 α-萘酚发生缩合反应，生成有色的缩合物。五碳和六碳的糖类化合物与浓硫酸作用，分别生成醛和羟甲基糠醛；多糖先水解为单糖，再转变为糠醛的衍生物，然后发生缩合反应。这类反应都比较灵敏，无论是自由存在的糖还是结合形式的糖，都有此反应，故可用其鉴别糖类化合物。

取 0.5～1 mL 水于试管中，加入少量试样，然后滴加 2 滴 10%～15%的 α-萘酚的乙醇溶液（此时若出现浑浊为正常现象）。沿管壁加入 1～1.5 mL 浓硫酸，则能观察到在水与酸界面出现紫色环。

② 酮糖与非酮糖的鉴别法：间苯二酚-盐酸实验[1]。

六碳糖在浓盐酸存在下，加热生成羟甲基糠醛（酮糖比醛糖的反应速率快 15～20 倍）。它与间苯二酚反应，生成鲜红色的缩合物，一般说来在 2 min 内生成红色者为酮糖，然而长时间放置或加热，醛糖也能发生反应，但溶液颜色呈黄色或玫瑰色。

取 1 mL 试样于试管中，加入 1 mL 间苯二酚-盐酸试剂，加热至沸腾，在 2 min 内生成红色者为酮糖或可水解为酮糖的低聚糖和多糖。

（2）氧化-还原反应：还原糖的鉴别法

具有游离醛基（包括酮基）或水解后能生成醛基的糖能与托伦试剂发生银镜反应，与费林试剂反应生成红色或黄色沉淀。

① 银镜反应。

取 3 支干净试管，各加入 1 mL 银氨溶液，再分别加入 5～10 滴 2%～5%葡萄糖、果糖、麦芽糖溶液，同时放入热水浴中加热，观察试管壁上有何现象发生。

② 费林反应。

用费林试剂代替银氨溶液，重做以上实验，观察有何现象发生。

（3）成脎反应

还原糖与苯肼可在适宜的条件下反应生成糖脎，糖脎具有特殊的晶形（可以在显微镜下观察到）和灵敏的熔点，这是鉴别糖的类型的重要方法之一。

取 4 支试管（编上号便于识别）依次加入 1 mL 5%的葡萄糖、果糖、麦芽糖、乳糖溶液，再各加入 1 mL 苯肼试剂[2] 摇匀，用棉花塞住试管口（以免水分的挥发）置于沸水浴中加热，注意观察并记录各试管中黄色沉淀（糖脎）出现的快慢，大约 20 min，取出试管冷却，取出少量晶体，于低倍显微镜下观察并记录各种糖脎的晶体形状。

2. 二糖和多糖的性质

二糖和多糖在酸性介质中能水解生成单糖。

先取一支试管，加入 4 mL 蒸馏水及一小角匙蔗糖，振荡至其溶解。再取四支试管，分别编号为 1A、2A、1B、2B。

1A 中加入 2 mL 上述蔗糖溶液及 2 滴 1 mol/L 硫酸。

2A 中加入 2 mL 上述蔗糖溶液。

1B 中加入 2 mL 1%淀粉溶液和 2 滴 1 mol/L 硫酸。

2B 中加入 2 mL 1%淀粉溶液。

将四支试管放入沸水浴中，1A 和 2A 加热 2～3 min，1B 和 2B 加热 10 min，取出试管各加 2 mL 费林试剂再放入沸水浴加热，观察出现红色或黄色沉淀的先后次序。

3. 淀粉与碘的反应

淀粉遇碘能形成蓝色络合物，受热分解蓝色消退，冷却后又会重新出现蓝色。

取 2 mL 0.5%的淀粉溶液，加 0.1%的碘试液，观察有无蓝色出现，将溶液加热，溶液颜色有无变化，冷却后又有何变化。

4. 纤维素硝酸酯和珂罗酊的制备

(1) 纤维素硝酸酯（火棉）的制备

在试管中加入 2 mL 浓硝酸（$d_4^{20}=1.4$），边摇边滴加 4 mL 浓硫酸（$d_4^{20}=1.84$），把一团脱脂棉浸没其中，再将试管放入 70 ℃左右的热水浴中加热，同时不断搅拌，5 min 后取出棉花，用水充分洗涤，挤干水置于表面皿上用水蒸气烘干，即制成纤维素硝酸酯。取一小块干产品用火点燃，并与脱脂棉比较其燃烧速度。

(2) 珂罗酊的制备

把剩余的纤维素硝酸酯溶解在乙醇-乙醚的混合液（1∶3）中，然后将此胶状溶液倾注入另一锥形管中（可用离心试管），并反复摇动使胶液覆盖整个管壁，待溶液挥发后，就可以从管中取出一个锥形薄膜，即珂罗酊。珂罗酊在生产和实验中常用来作封闭瓶口的封口胶。

注释：

[1] 间苯二酚-盐酸试剂的配制：

取 0.01 g 间苯二酚，溶于 10 mL 浓盐酸和 10 mL 水的混合液中即可。

[2] 苯肼试剂的配制：

5 mL 苯肼溶于 50 mL 10%乙酸溶液中，加入适量活性炭，搅拌过滤，滤液保存在棕色试剂瓶中备用。

6.7 蛋白质的性质

实验 68 蛋白质的性质实验

实验操作：

1. 蛋白质的沉淀及盐析作用

蛋白质溶液是胶体溶液，它的稳定性主要受两个因素的影响，一是蛋白质颗粒的水化作用，二是该颗粒所带的电荷。若破坏这两个因素之一，蛋白质胶体的稳定性就会被破坏而产生沉淀。在蛋白质溶液中加入重金属盐、乙酸铅或硫酸铜等，主要是因为蛋白质颗粒所带电荷被中和而产生沉淀，该沉淀是不可逆的。在蛋白质溶液中加入足够浓度的碱金属或碱土金属的盐类，如氯化钠等生成沉淀，其主要原因为蛋白质颗粒周围的水化膜被破坏，致使这些颗粒互相接近和碰撞的机会增多，从而使它们聚沉下来，但这种沉淀与前者不同，往沉淀中加入水，溶液稀释后，沉淀又会溶解，这种作用被称为蛋白质的盐析作用。它没有破坏蛋白质的结构，故可以用来分离蛋白质。

(1) 蛋白质的沉淀

在三支试管中各加入 0.5 mL 蛋白质溶液，其中第 1 支试管中逐渐滴加 2%乙酸铅溶液，第 2 支试管中加入饱和硫酸铜溶液，第 3 支试管中加入 5%硝酸银溶液，边加边振荡，观察有无沉淀生成或溶液是否变浑浊[1]。

(2) 蛋白质的盐析作用

取一支试管加入 1 mL 蛋白质溶液，另加入等体积饱和硫酸铵溶液，观察有无絮状沉淀出现或变浑浊，然后在其中加入 3～4 倍的水观察沉淀是否溶解。

2. 蛋白质的显色反应

(1) 茚三酮[2] 反应

α-氨基酸和蛋白质都能与茚三酮发生反应，生成物具有特殊的蓝色，故此反应可鉴别 α-氨基酸和蛋白质的存在。

取 0.5 mL 蛋白质溶液[3] 于试管中，加入 2～3 滴茚三酮试剂，加热煮沸，观察溶液颜色的变化。

(2) 二缩脲反应

多肽和蛋白质都可以发生二缩脲反应，因为它们分子中都含有肽键，可以与碱性铜溶液反应生成铜的络合物而具有一定的颜色。通常二肽生成的络合物显蓝色，三肽显紫色，四肽显红色，而蛋白质常显紫色。

取 1 mL 蛋白质溶液于试管中，加入同体积的 30% NaOH 溶液，再加 2～3 滴（切勿过量）1%硫酸铜溶液，观察溶液的变色情况。

(3) 黄蛋白反应

蛋白质结构中如果有苯环存在，遇浓硝酸则可发生硝化反应，生成物显黄色，称之为黄蛋白反应。该生成物在碱性环境中因生成阴离子，使颜色加深。

取 0.5 mL 蛋白质溶液，加入几滴浓硝酸，加热，此时有黄色沉淀生成（若无沉淀，溶液为黄色），将此溶液冷却后，加入过量氨水，再观察其变化。

3. 氨基酸纸色谱

纸色谱（或纸上层析、纸上色层）属于分配色谱的一种。

用两个 400 mL 的广口瓶作为扩展容器，在其中一个加入 20 mL 乙醇-水-乙酸混合液（体积比 50∶10∶1），另一个加入正丁醇-水-乙酸混合液（体积比 25∶25∶6）作为扩展剂。取两张 11 cm×13 cm 的纸色谱用 No.1 滤纸（切勿将其污染，手指只能与滤纸边缘接触），在长边画一条距边缘 2～3 cm 的水平线，分别用毛细管在此线上点少量（1 小滴）氨基酸（在下列样品中选择）溶液（斑点直径小于 0.03 cm）及未知样品（各点相距 2～3 cm），并用铅笔对各氨基酸及样品滴点编上号码，做好记录。

氨基酸及样品：

① α-氨基-γ-甲基戊酸（亮氨酸）；

② α-氨基-β-羟基丁酸（苏氨酸）；

③ 氨基丁二酸（天门冬氨酸）；

④ α-氨基-β-苯基丙酸（苯基丙氨酸）；

⑤ 吡咯烷-2-羧酸（脯氨酸）；

⑥ α-氨基丙酸（丙氨酸）。

待各滴点干燥后，将滤纸卷成圆筒形并用回旋针夹住，放入广口瓶中（注意扩展剂上液面应低于各氨基酸滴点的水平线）。

当扩展剂因毛细作用快到达滤纸上端时，取出滤纸并立即在扩展剂前沿线上做记号，放于烘箱在 105 ℃干燥 5～10 min。用吸管吸入显色剂[4] 润湿滤纸，再放入烘箱，在 105 ℃干燥 5～10 min，标记每个斑点中心，计算每个已知样品氨基酸的比移值 R_f，并对未知样品进行鉴别。

注释：

[1] 重金属盐使蛋白质产生不可逆沉淀，然而某些沉淀可溶解在过量的沉淀剂中，如镉盐、铅盐溶液中，这是因为被吸附在蛋白质胶粒上的离子对沉淀产生胶溶作用。

[2] 茚三酮试剂配制：取0.25 g茚三酮，溶解在100 mL蒸馏水中。

[3] 蛋白质溶液配制：将一个鸡蛋清溶于100～120 mL蒸馏水中，用数层纱布过滤即可。

[4] 显色剂配制：向100 g(125 mL) 95%乙醇中加入2 g茚三酮。

7 综合性实验

实验 69 毛发水解

主反应：

$$H_2N-\underset{R_1}{\overset{H}{C}}-\overset{O}{\overset{\|}{C}}-\underset{H}{N}-\underset{R_2}{\overset{H}{C}}-\overset{O}{\overset{\|}{C}}\sim\sim\sim\underset{H}{N}-\underset{R_n}{\overset{H}{C}}-COOH \xrightarrow[\triangle]{\text{浓 HCl}}$$

$$H_2N-\underset{R_1}{\overset{H}{C}}-COOH+NH_2-\underset{R_2}{\overset{H}{C}}-COOH+\cdots+NH_2-\underset{R_n}{\overset{H}{C}}-COOH$$

药品及用量：

头发 0.5 g、19%盐酸 20 mL、活性炭 0.5 g、水、正丁醇、冰醋酸、95%乙醇、茚三酮

实验操作：

1. 蛋白质的水解

用 100 mL 圆底烧瓶与球形冷凝管搭建回流装置。

在烧瓶中加入 0.5 g 剪碎的头发，20 mL 19%的盐酸与搅拌子。将混合物加热回流搅拌 60 min，停止加热后移去热源，取下球形冷凝管，然后加入 0.5 g 活性炭，将溶液加热浓缩至 3～5 mL，过滤得无色或淡黄色溶液，供纸色谱分析用。

2. 用纸色谱法分离鉴别氨基酸

（1）滤纸条的裁剪与折叠

用洁净剪刀剪两条 13 cm×2 cm 滤纸条，用铅笔标出起始线 a 与终点线 b，a 与 b 相距 10 cm，在 d 处打一孔。用三角尺压在滤纸条 1/2 处，用直尺从滤纸条下方向上，将纸条对等折叠，如图 7.1 所示。在整个操作过程中手指不要触到 a、b 线内任何部分，否则可能产生虚假点。

图 7.1　滤纸的折叠方法

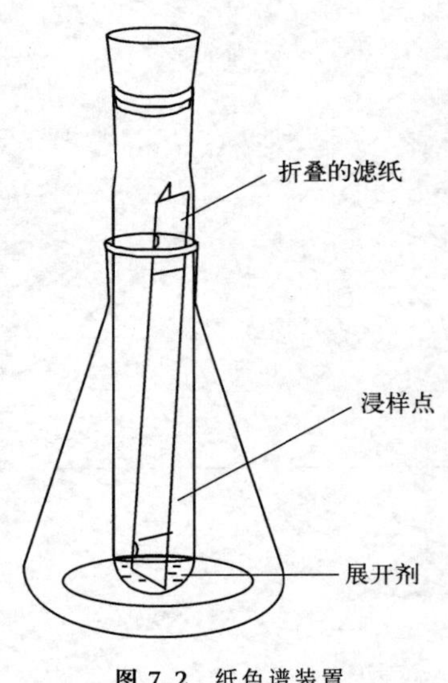

图 7.2 纸色谱装置

(2) 点样

用毛细管蘸水解液点在 o 处，湿点直径不超过 2 mm（可先用其他滤纸试点），待湿点晾干后，再点一次，剪去滤纸条手持部分。

(3) 展开

用镊子将滤纸条斜放入盛有展开剂[1]的试管内，塞住试管口，如图 7.2 所示。注意滤纸条边缘（除滤纸最上端外）不得触碰试管壁。

当展开剂沿滤纸条上升到终点线 b 时，用镊子取出滤纸条并用铅笔标出浸润终线（前沿线），将滤纸条挂在 105 ℃烘箱中烘干，随后按实验 68 操作步骤用显色剂显色、烘干、计算比移值。

$$R_f=\frac{\text{溶质的最高浓度点中心至原点中心 } o \text{ 的距离}}{\text{溶剂前沿线至原点中心 } o \text{ 的距离}}$$

在相同条件下，各种氨基酸经展开剂展开，比较它们的比移值，达到分离与鉴定氨基酸的目的。

注释：

[1] 展开剂按水∶正丁醇∶冰醋酸 ＝ 5∶4∶1（体积比）配制。

思考题：

纸色谱属于吸附色谱还是分配色谱？

实验 70 肥皂的制备

油脂的主要成分为高级脂肪酸甘油酯。将油脂和 NaOH 溶液一起加热可水解为高级脂肪酸钠和甘油，高级脂肪酸钠经加工成型后即可制成肥皂。

实验目的：

1. 了解肥皂的制备过程。
2. 认识油脂的重要性质——皂化反应，多元醇的性质等。
3. 掌握回流反应装置。

主反应：

$$(C_{17}H_{35}COO)_3C_3H_5+3NaOH \longrightarrow 3C_{17}H_{35}COONa+C_3H_5(OH)_3$$

药品及用量：

植物油 8 mL、40% NaOH 溶液 6 mL、10% NaOH 溶液、95%乙醇 15 mL、饱和氯化钠溶液 160 mL、1% $CuSO_4$ 溶液、5% $CaCl_2$ 溶液 2 mL

实验操作：

在 100 mL 圆底烧瓶中，加入 8 mL 植物油、15 mL 95%乙醇、6 mL 40% NaOH 溶液。安装回流装置[1]，加热至沸腾，保持平稳回流 1 h。

皂化反应结束后，稍冷拆除装置，将反应产物倒入装有 80 mL 饱和氯化钠溶液的烧杯中，静置冷却。将充分冷却的皂化液倒入分液漏斗中静止分层，尽量除去水层，继续用饱和氯化钠溶液洗涤除去其中的碱，直到呈弱碱性为止，将固体转移至布氏漏斗中减压抽滤[2]，将滤饼取出，晾干称量，计算产率。

性质实验：

1. 取水层反应溶液 2 mL，加入 10% NaOH 溶液数滴，再加入 1% $CuSO_4$ 溶液数滴，振荡，观察现象。此现象说明水层中存在什么物质？

2. 在滴液漏斗中加入 10 mL 水，再加少许肥皂，塞紧玻璃塞，剧烈振摇 15 s，静置 10 s，观察肥皂泡沫的情况。然后加入 5% $CaCl_2$ 溶液 2 mL，观察现象，再塞紧塞子，振摇 15 s，静置 10 s，观察肥皂泡沫的情况。通过这个实验说明肥皂和 $CaCl_2$ 发生了什么反应？

注释：

[1] 圆底烧瓶与冷凝管玻璃磨口连接处要涂抹硅脂以防止发生粘连。

[2] 布氏漏斗垫入 3 层纱布抽滤。

思考题：

1. 皂化反应为什么要用乙醇和水的混合液，而不用水？
2. 纯化时用饱和氯化钠溶液的目的是什么？
3. 回答性质实验中的两个问题。

实验 71 安息香（benzoin）的辅酶合成及其在合成中的应用

苯甲醛在氰化钾（钠）的催化下，发生分子间的缩合生成二苯羟乙酮（安息香），这类缩合反应被称为安息香缩合。这是一个碳负离子对羰基的亲核加成反应，在反应过程中包含了羰基的极性反转过程。

$$\mathrm{Ph{-}C({=}O){-}H \xrightleftharpoons{CN^-} Ph{-}C(O^{\ominus})(H){-}CN \rightleftharpoons Ph{-}\overset{\ominus}{C}(OH){-}CN \xrightleftharpoons{ArCHO} Ph{-}C(OH)(CN){-}C(O^{\ominus})(H){-}Ph}$$

$$\mathrm{\rightleftharpoons Ph{-}C(O^{\ominus})(CN){-}C(OH)(H){-}Ph \xrightleftharpoons{-CN^-} Ph{-}C({=}O){-}C(OH)(H){-}Ph}$$

维生素 B_1 又称硫胺素，在粗粮、豆类中含量丰富，是生物化学反应中的一种辅酶。用维生素 B_1 代替剧毒的氰化物可实现安息香的辅酶缩合。其结构如下：

$$\left[\text{4-amino-2-methylpyrimidin-5-yl}{-}CH_2{-}\overset{\oplus}{N}\text{(4-}CH_3\text{-5-}CH_2CH_2OH\text{-thiazolium)}\right]Cl^{\ominus}\cdot HCl$$

嘧啶环　噻唑环

维生素 B_1 催化安息香缩合反应历程如下所示。为简便起见，机理中维生素 B_1 的嘧啶环用 R′代替。

首先，维生素 B_1 在碱的作用下失去质子形成叶立德，进而对芳香醛进行亲核加成得到醇负离子 **1**，再发生质子转移后生成碳负离子 **2**。随后碳负离子的共振式即烯醇 **3** 再对苯甲醛进行亲核加成得到中间体 **4**，待质子转移后产生醇负离子 **5**。最后噻唑环与底物解离，生成缩合产物安息香。

安息香具有羟基和羰基两个官能团，是重要的有机合成中间体。本实验将在苯偶因制备的基础上，将产物进一步经过氧化、重排等步骤制备二苯乙醇酸，同时以氧化产物二苯乙二酮为原料制备 2,3-二苯基喹喔啉。

实验目的：

1. 掌握安息香辅酶合成的工艺条件与基本操作。通过本实验加深对绿色化学理念的理解。
2. 掌握催化氧化法制备二苯乙二酮的方法。
3. 掌握二苯乙醇酸制备的机理及工艺。
4. 掌握二苯乙二酮制备 2,3-二苯基喹喔啉的原理及工艺。

药品及用量：

新蒸馏的苯甲醛 4.16 g(4 mL，0.039 mol)、维生素 B_1（盐酸硫胺）1.32 g(0.0039 mol)、聚乙二醇-6000 0.5 g，无水 $FeCl_3$ 6.0 g(0.037 mol)、氢氧化钾 1.6 g(0.029 mol)、氢氧化钠 2.8 g(0.070 mol)、溴酸钠 0.6 g(0.005 mol)、氯化铵 0.013 g(0.24 mmol)、邻苯二胺 0.52 g(0.0048 mol)、95%乙醇、80%乙醇、75%乙醇、40%硫酸、10% NaOH 水溶液、10%碳酸钠溶液、冰醋酸、甲醇、pH 试纸

实验操作：

1. 安息香的合成

$$2\ \mathrm{Ph{-}CHO} \xrightarrow{\text{维生素 } B_1} \mathrm{Ph{-}CH(OH){-}C(=O){-}Ph}$$

在 50 mL 圆底烧瓶中加入 4 mL 新蒸苯甲醛和 1.32 g 维生素 B_1（盐酸硫胺），以及 0.5 g 聚乙二醇-6000[1]，再加入 7 mL 水和 10 mL 95%乙醇，搅拌下将反应体系放在冰水中降温。同时向反应体系中小心缓慢地滴加预先冰浴冷却充分的 10% NaOH 溶液，将反应体系调整至 pH=9～10[2]。随后将反应体系升温至 60 ℃下反应 1～1.5 h。

反应结束后，将反应物倒入 50 mL 锥形瓶中，放置在冰水中冷却结晶。待结晶充分后进行抽滤，粗产品可用 80%冷的乙醇溶液洗涤。苯偶因可用 80%乙醇溶液重结晶，若产品颜色偏深可用活性炭脱色。纯安息香为白色针状结晶，熔点 137 ℃。

产物谱图（图 7.3）：

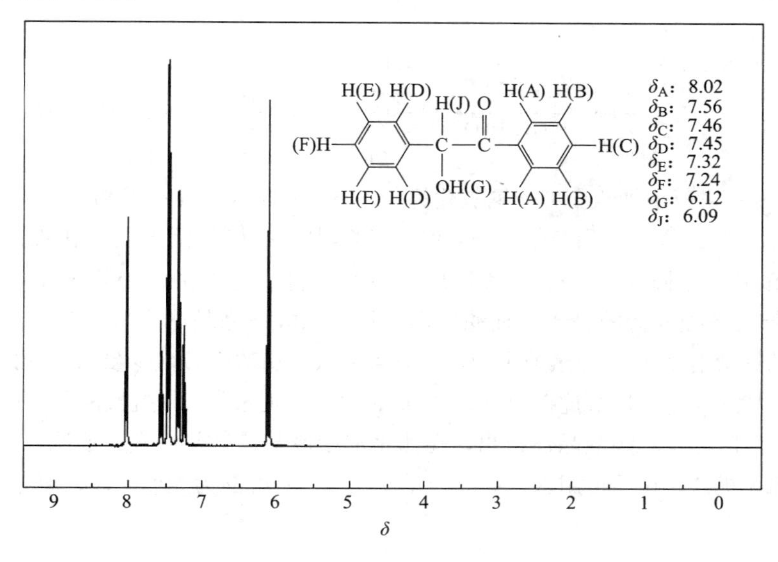

图 7.3　安息香的核磁共振氢谱

2. 二苯乙二酮的合成

$$\text{Ph}-\underset{\text{OH}}{\overset{\text{H}}{\text{C}}}-\overset{\text{O}}{\overset{\|}{\text{C}}}-\text{Ph} \xrightarrow{FeCl_3} \text{Ph}-\overset{\text{O}}{\overset{\|}{\text{C}}}-\overset{\text{O}}{\overset{\|}{\text{C}}}-\text{Ph}$$

称取 6.0 g 无水 $FeCl_3$ 加入 100 mL 的圆底烧瓶中，然后依次加入 20 mL 冰醋酸、10 mL 蒸馏水，安装好回流冷凝装置，加热至三氯化铁溶解。待稍冷后，加入 2.12 g 安息香，继续回流反应 1 h[3]。反应结束后加入 30～50 mL 蒸馏水，继续加热至沸腾，冷却，抽滤，得到粗产品。粗产品可以用 75%乙醇重结晶。纯二苯乙二酮为黄色针状晶体，熔点为 95 ℃。

产物谱图（图 7.4）：

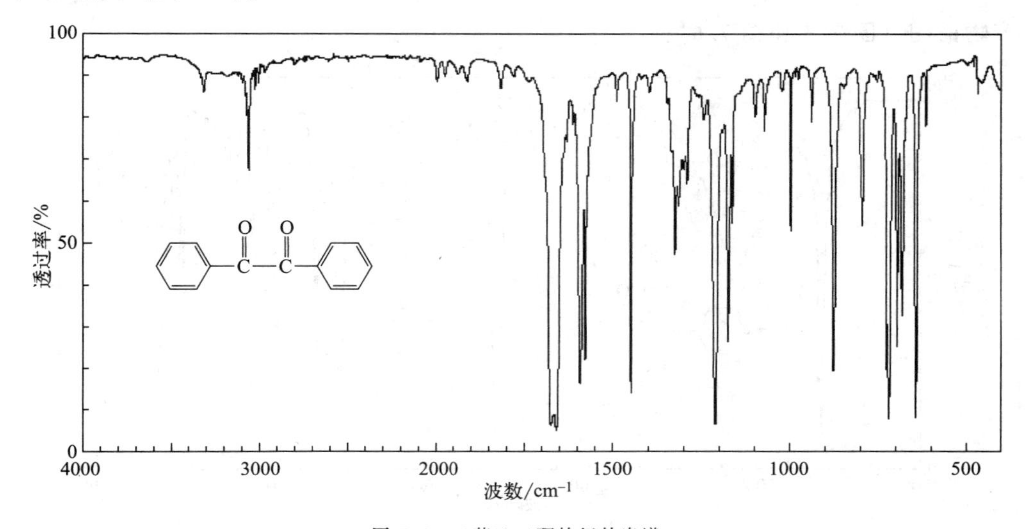

图 7.4　二苯乙二酮的红外光谱

3. 二苯乙醇酸的合成

方法一：

$$\mathrm{Ph{-}\overset{\overset{\displaystyle O}{\|}}{C}{-}\overset{\overset{\displaystyle O}{\|}}{C}{-}Ph} \xrightarrow[\text{EtOH-H}_2\text{O}]{\text{KOH}} \mathrm{Ph{-}\underset{\underset{\displaystyle Ph}{|}}{\overset{\overset{\displaystyle OH}{|}}{C}}{-}\overset{\overset{\displaystyle O}{\|}}{C}{-}OK} \xrightarrow{H^+} \mathrm{Ph{-}\underset{\underset{\displaystyle Ph}{|}}{\overset{\overset{\displaystyle OH}{|}}{C}}{-}\overset{\overset{\displaystyle O}{\|}}{C}{-}OH}$$

在 50 mL 圆底烧瓶中加入 1.6 g 氢氧化钾、3 mL 蒸馏水，搅拌溶解。取另一只 10 mL 磨口锥形瓶，将 1.5 g 二苯乙二酮溶于 5 mL 95%乙醇中，并将其倒入氢氧化钾溶液中，混合均匀后将体系在沸水浴上回流 20 min。待反应结束后，将混合物倒入小烧杯中，在冰水浴下冷却，待析出二苯乙醇酸钾盐的晶体。抽滤后用少量冷乙醇洗涤晶体可得二苯乙醇酸钾盐粗品。

将过滤出的钾盐溶于 40 mL 蒸馏水中，用滴管加入一滴浓盐酸，少量未反应的二苯乙二酮会以胶体状析出，加入少量活性炭搅拌 10 min 后进行过滤。滤液用 5%盐酸酸化至刚果红试纸变蓝（约需 15 mL），此时二苯乙醇酸晶体析出，在冰水浴中冷却使结晶完全。抽滤，用冷水洗涤几次以除去晶体中的无机盐。粗品可用水重结晶纯化。纯二苯乙醇酸为无色晶体，熔点 150 ℃。

方法二：

$$\mathrm{3\ Ph{-}\underset{\underset{\displaystyle OH}{|}}{\overset{\overset{\displaystyle H}{|}}{C}}{-}\overset{\overset{\displaystyle O}{\|}}{C}{-}Ph} + \mathrm{NaBrO_3} + \mathrm{3NaOH} \xrightarrow{H^+} \mathrm{3\ Ph{-}\underset{\underset{\displaystyle Ph}{|}}{\overset{\overset{\displaystyle OH}{|}}{C}}{-}\overset{\overset{\displaystyle O}{\|}}{C}{-}OH} + \mathrm{NaBr} + \mathrm{3H_2O}$$

在一装有磁力搅拌子的圆底烧瓶中加入 2.8 g 氢氧化钠、0.6 g 溴酸钠以及 6 mL 水，搅拌溶解。将圆底烧瓶置于 80 ℃热水浴上[4]，在搅拌下分批加入 2.15 g 安息香，加完后保持此温度并继续反应，中间需不时地补充少量水，以免反应物变得过于黏稠。反应约 1 h 后，取少量反应混合物于试管中，加水后如果几乎完全溶解则反应基本结束。

用 25 mL 水稀释反应混合物，置于冰水浴中冷却后滤去不溶物（脱羧副产物二苯甲醇）。滤液在充分搅拌下，慢慢加入 40%硫酸（约滤液体积的 1/3），到恰好不释放出溴为止（约需 7 mL）。抽滤析出的二苯乙醇酸晶体，用少量冷水洗涤几次，压干。粗产物进一步提纯可用水重结晶。

产物谱图（图 7.5 和图 7.6）：

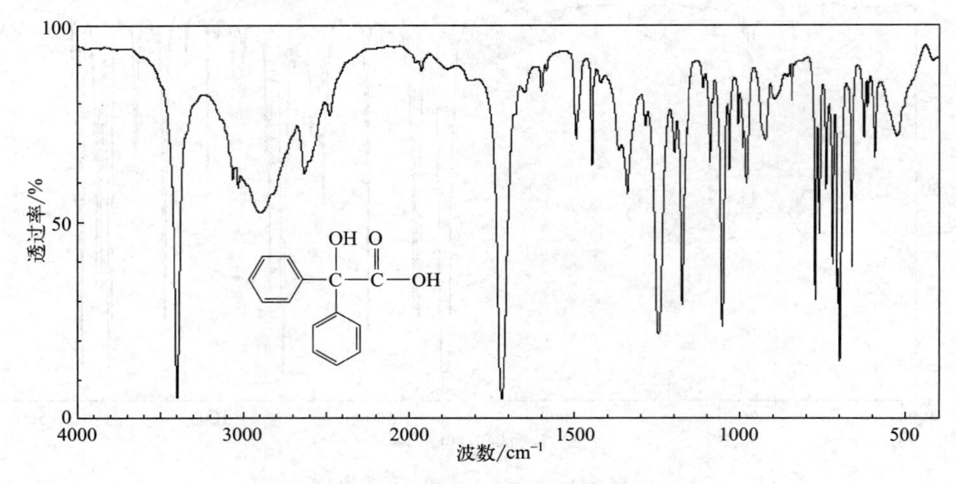

图 7.5 二苯乙醇酸的红外光谱

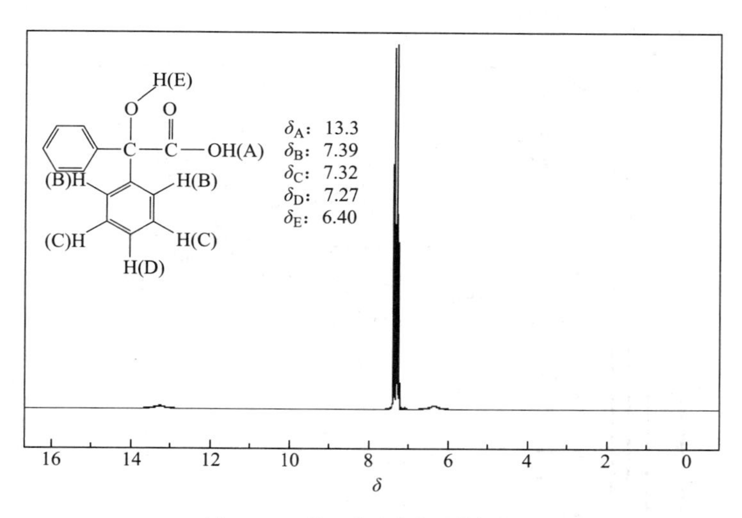

图 7.6 二苯乙醇酸的核磁共振氢谱

4. 2,3-二苯基喹喔啉的合成

在许多药物和材料分子中均包含了喹喔啉结构单元，其常见合成方法主要以缩合反应为主。本实验以二苯乙二酮为原料将其与邻苯二胺进行缩合制备 2,3-二苯基喹喔啉。

$$Ph-\overset{O}{\overset{\|}{C}}-\overset{O}{\overset{\|}{C}}-Ph + \text{(邻苯二胺, } NH_2, NH_2) \xrightarrow{NH_4Cl} \text{2,3-二苯基喹喔啉 (Ph, Ph)}$$

在 15 mL 的圆底烧瓶中依次入二苯乙二酮 1.0 g(0.0048 mol)、氯化铵 0.013 g (0.24 mmol)、邻苯二胺 0.52 g(0.0048 mol)、5 mL 80%乙醇水溶液，在 20 ℃下反应半小时，反应期间可用薄层色谱硅胶板来监测反应进度。反应完毕后将溶液转移至 50 mL 的圆底烧瓶，通过旋转蒸发仪旋干溶剂。向体系中加入 10 mL 10%碳酸氢钠溶液，充分搅拌后抽滤，滤饼用蒸馏水冲洗至中性。粗产物可用无水乙醇重结晶，产物若颜色较深可用活性炭脱色。纯 2,3-二苯基喹喔啉为淡黄色固体，熔点为 125～128 ℃。

产物谱图（图 7.7 和图 7.8）：

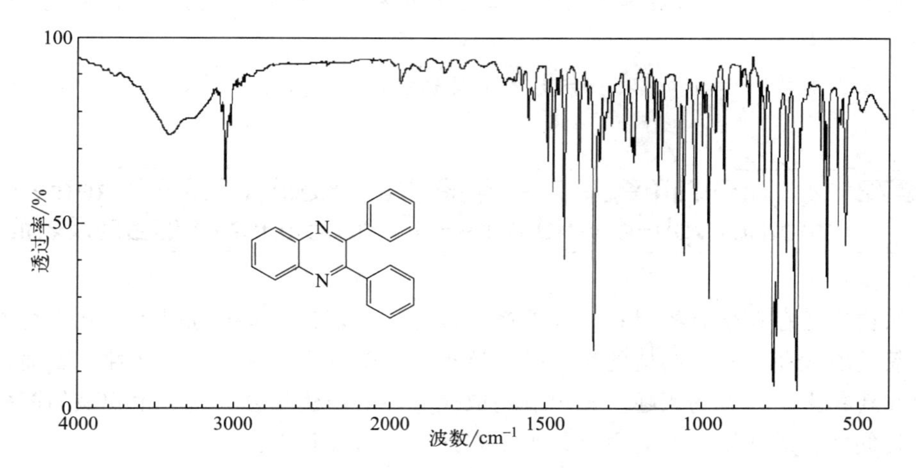

图 7.7 2,3-二苯基喹喔啉的红外光谱

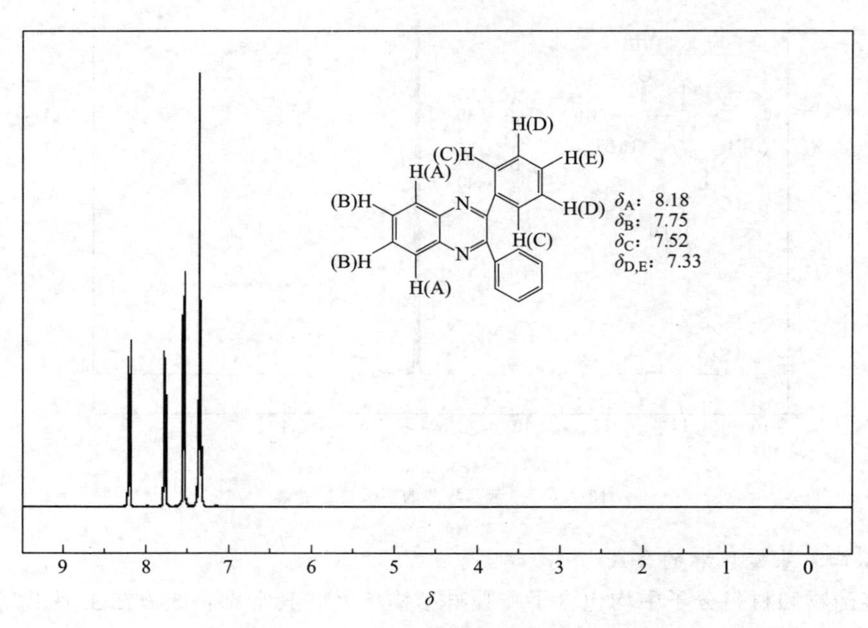

图 7.8 2,3-二苯基喹喔啉的核磁共振氢谱

注释：

[1] 聚乙二醇-6000 是一种良好的相转移催化剂，可促进苯甲醛在反应体系中的溶解，加快反应速率。

[2] 维生素 B_1 在酸性条件下稳定，强碱性条件下易使噻唑环开环失效，高温和金属离子的存在会加速维生素 B_1 氧化分解失效的速度。调控反应体系的 pH 值操作非常关键，中和过程务必充分冷却，缓慢滴加，严密监测。一般情况下大约需要 3～4 mL 10% NaOH 溶液。本实验可用 10% Na_2CO_3 溶液调节 pH，大约需要 8～9 mL。

[3] 反应可以用薄层色谱监测反应进程。每隔半小时，可用胶头滴管吸取少量反应液于试管中，加饱和碳酸氢钠溶液中和，再加数滴乙酸乙酯振荡试管，用毛细管吸取乙酸乙酯层即可进行点样，以乙酸乙酯/石油醚 5∶1 作为展开剂，用紫外灯照射即可判断原料和产物斑点。

[4] 二苯乙醇酸高于 90 ℃以上会发生脱羧分解，生成二苯甲醇。

实验72 2,3,6,7-四甲氧基菲-9-甲酸甲酯（methyl 2,3,6,7-tetra-methoxyph-enanthrene-9-carboxylate）的合成及表征

菲环结构广泛存在于有机材料、天然产物等分子中，其中菲并吲哚里西啶生物碱是一类含有多甲氧基取代菲环骨架结构的生物碱，该类生物碱具有广泛的药理活性，因而引起众多合成化学和药物学工作者的兴趣。多甲氧基取代菲环的构建是合成这类生物碱的瓶颈，采用分子内氧化偶联合成菲甲酸及其甲酯是近年来的一个研究热点。

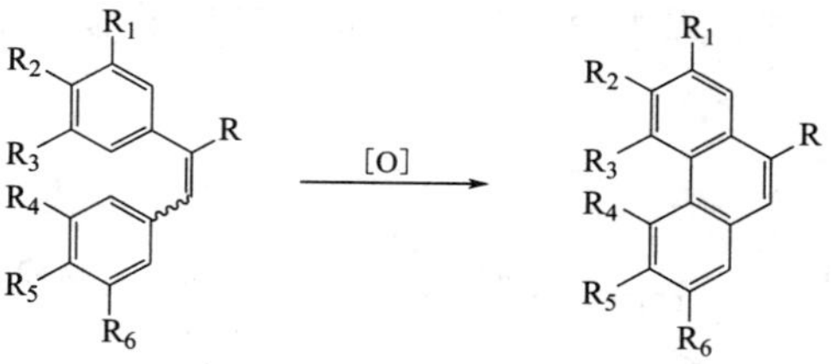

本实验采用催化量的 $FeCl_3$ 作氧化剂，过氧化二叔丁基（DTBP）作助氧化剂，2,3-二-(3,4-二甲氧基苯基）丙烯酸甲酯脱氢偶联生成2,3,6,7-四甲氧基菲甲酸甲酯。其化学反应式如下：

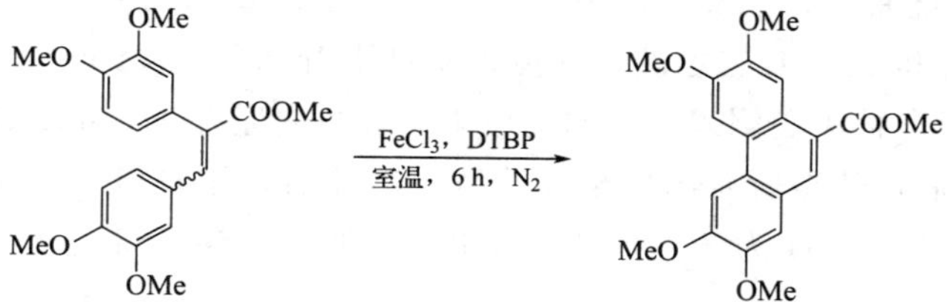

可能的反应机理：

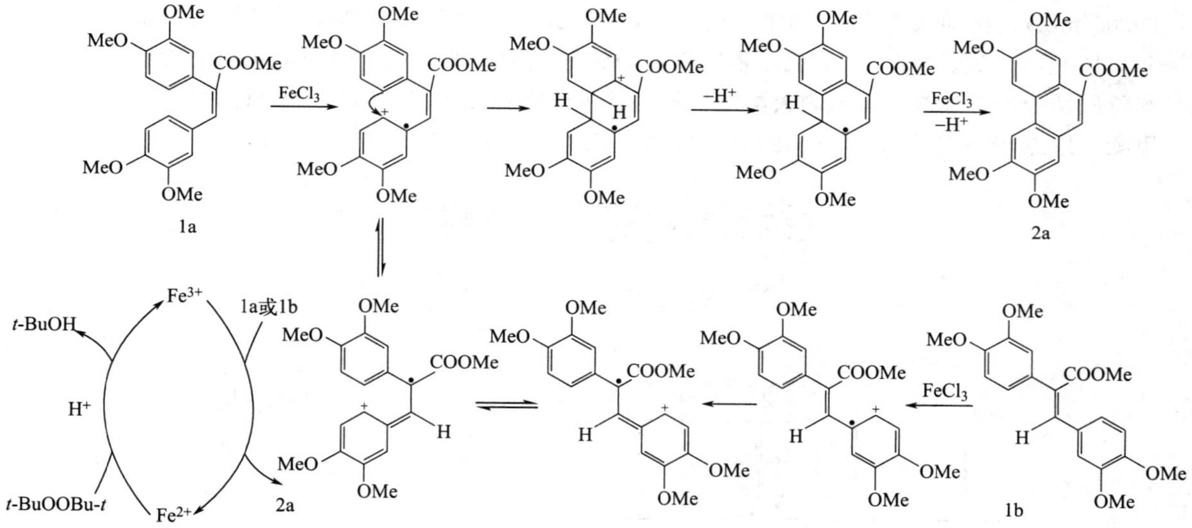

实验目的：

1. 以 $FeCl_3$/DTBP 为氧化体系合成多取代菲甲酸甲酯。
2. 初步掌握薄层色谱和柱色谱的操作方法。
3. 了解有机化合物结构的表征方法。

仪器：

三颈瓶、圆底烧瓶、球形冷凝管、玻璃漏斗、烧杯、玻璃棒、滴管、布氏漏斗、抽滤瓶、表面皿、量筒、干燥管、分液漏斗、带支口反应管、橡胶塞、注射器、色谱柱、锥形瓶、试管、旋转蒸发仪、薄层板、广口瓶、铁架台、试管夹、双排管

药品及用量：

3,4-二甲氧基苯甲醛 9.1 g(0.055 mol)、3,4-二甲氧基苯乙酸 10.0 g(0.051 mol)、乙酸酐 20 mL、三乙胺 10 mL、碳酸钾 75 g、碳酸氢钠、氯化钠、乙醚、二氯甲烷、甲醇、浓盐

酸、硝基甲烷、无水三氯化铁、无水硫酸镁、过氧化二叔丁基、薄层用硅胶

实验操作：

1. 底物的合成

在 250 mL 圆底烧瓶中，依次加入 10.0 g 3,4-二甲氧基苯乙酸，9.1 g 3,4-二甲氧基苯甲醛，20 mL 乙酸酐和 10 mL 三乙胺，在搅拌条件下升温回流 24 h[1]。冷却至室温，加入 50 mL 水，将反应混合物小心倒入 1 L 的烧瓶中（烧瓶内盛有 475 mL 的碳酸钾水溶液，其中碳酸钾 75 g)，然后加热至所有固体全部溶解。冷却后，用每份 100 mL 的乙醚萃取该溶液两次，用浓盐酸酸化至 pH 为 3，待固体析出，抽滤，干燥，得 2,3-二-(3,4-二甲氧基苯基）丙烯酸[2]。

在 500 mL 圆底烧瓶中加入上述制备的 2,3-二-(3,4-二甲氧基苯基）丙烯酸 (0.05 mol)，再加入 150 mL 甲醇和 1 mL 浓硫酸，回流 12 h，冷却，减压脱去溶剂。加入 50～100 mL 二氯甲烷，此有机层依次用饱和碳酸氢钠溶液、水、饱和氯化钠溶液洗涤，无水硫酸镁干燥，抽滤，减压脱去溶剂，经过柱色谱即得 2,3-二-(3,4-二甲氧基苯基）丙烯酸甲酯。熔点 91～92 ℃，^{1}H-NMR(400 MHz，$CDCl_3$）见图 7.9。

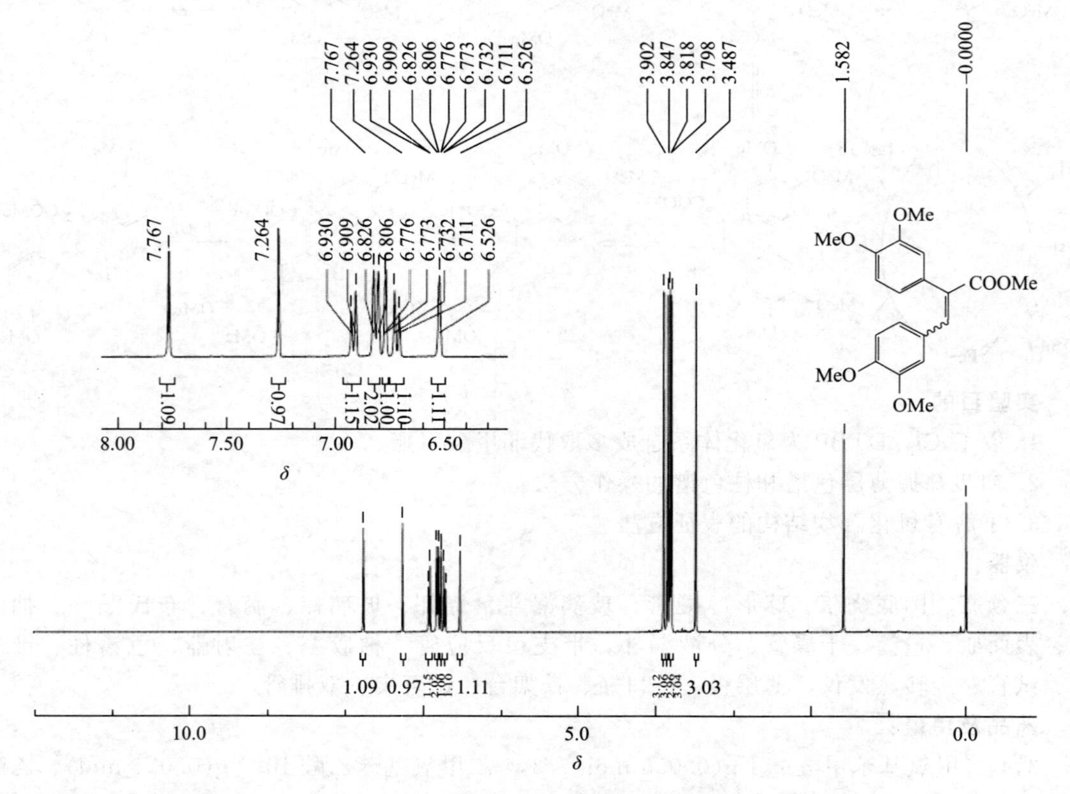

图 7.9 2,3-二-(3,4-二甲氧基苯基) 丙烯酸甲酯的核磁共振氢谱

2. 2,3,6,7-四甲氧基菲甲酸甲酯

在 25 mL 带支口反应管中加入搅拌子、底物 0.2 mmol，置换氮气 3～4 次，氮气保护下加入 0.4 mmol 的 DTBP、0.02 mmol 三氯化铁溶液[3]、9 mL 干燥的二氯甲烷和 1 mL 三氟乙酸（TFA），搅拌下反应 6 h 后停止。加水 20 mL，二氯甲烷萃取 3 次，无水硫酸镁干燥，通过薄层色谱确认柱色谱分离条件后，柱色谱分离得到产物。测定其熔点及核磁共振氢谱。熔点 203～204 ℃，^{1}H-NMR（400 MHz，$CDCl_3$）见图 7.10。

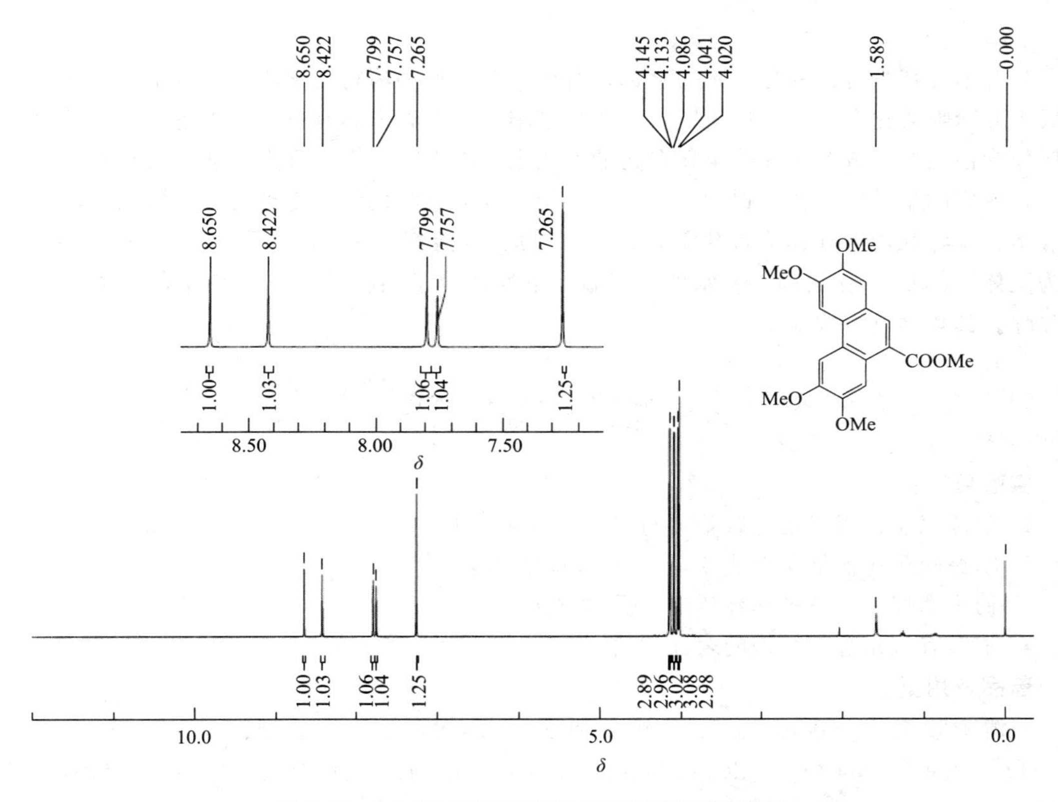

图 7.10　2,3,6,7-四甲氧基菲甲酸甲酯的核磁共振氢谱

注释：

[1] 反应液回流宜在氮气或氩气保护下进行。否则，副反应较为明显，产物纯化较困难。

[2] 所得 2,3-二-(3,4-二甲氧基苯基) 丙烯酸无须进一步纯化。

[3] 量取 3～5 mL 硝基甲烷于 25 mL 带磨口锥形瓶中，迅速称量 100 mg 左右三氯化铁放入其中，计算并记录所得溶液浓度。

思考题：

1. 如何获得 Z 式和 E 式的 2,3-二-(3,4-二甲氧基苯基) 丙烯酸？

2. 设计实验方案支持上述可能的反应机理。

参考文献：

Ji D，Su L，Zhao K，et al. Iron（Ⅲ）chloride catalyzed oxidative coupling reaction of 1,2-diarylethylene derivatives. Chinese Journal of Chemistry，2013，31：1045.

实验73　5-溴-2-苯基苯并咪唑（5-bromo-2-phenylbenzimidazole）的合成及表征

具有苯并咪唑骨架的化合物一直都是有机功能材料和药物化学研究领域中的宠儿，因此合成苯并咪唑类化合物的方法研究备受化学家瞩目。随着金属有机化学的蓬勃发展，用过渡金属作为催化剂合成苯并咪唑类化合物的方法也层出不穷。铜是日常生活中最常见的金属之一，在人们的生活和工作中得到了广泛的运用，其廉价的优势也正被化学家所关注。

本实验将利用 CuI 作为催化剂，H_2O 作为反应溶剂，*N*,*N*-二甲基乙二胺（DMEDA）作为配体，K_2CO_3 作为碱，在水的回流温度下通过分子内构筑 C—N 键合成 5-溴-2-苯基苯并咪唑。其化学反应式如下：

Br I NH N H —CuI(5 mol%)，DMEDA(10 mol%) / K_2CO_3，H_2O，100 ℃，40 h→ Br N N H

实验目的：

1. 掌握三氯化铝促进邻碘苯胺与苯甲腈合成脒类化合物；
2. 掌握碘化亚铜催化合成 5-溴-2-苯基苯并咪唑；
3. 初步掌握薄层色谱和柱色谱的操作方法；
4. 了解有机化合物结构的表征方法。

药品及用量：

对溴苯胺 1.7 g(0.010 mol)、单质碘 2.54 g(0.010 mol)、甲醇、$NaHCO_3$ 1.25 g、Na_2SO_3、NaCl、$NaCO_3$、$AlCl_3$ 266 mg、苯甲腈 200 μL、碘化亚铜、*N*,*N*-二甲基乙二胺、K_2CO_3、薄层色谱硅胶（GF254）、无水 $MgSO_4$、柱色谱硅胶（200～300 目）、二氯甲烷、乙酸乙酯、石油醚

实验操作：

1. 4-溴-2-碘苯胺的合成

NH_2 Br —$NaHCO_3$，I_2 / MeOH/H_2O(1∶1) / 40 ℃，36 h→ NH_2 Br I

向溶解有 1.7 g 对溴苯胺和 1.25 g $NaHCO_3$ 的 40 mL 甲醇/水溶液（1∶1）中缓慢加入 2.54 g 单质碘[1]，在 40 ℃下搅拌 36 h，使用 TLC 监测反应（$V_{石油醚}$∶$V_{乙酸乙酯}$＝15∶1）。用二氯甲烷将反应体系转移至大烧杯中，用饱和 Na_2SO_3 溶液除去未反应的单质碘，分液，用饱和氯化钠溶液洗涤有机相，无水 $MgSO_4$ 干燥，减压旋蒸除去溶剂，得黑色液体。湿法上样（可加入少许二氯甲烷上样），柱色谱得产物 1.5 g(50%的产率)。^{1}H-NMR(400 MHz, $CDCl_3$，图 7.11) δ：7.73(d，*J*＝2.4 Hz，1H)，7.23(dd，*J*＝2.0 Hz，8 Hz，1H)，6.62(d，*J*＝8.4 Hz，1H)，4.11(brs，1H)。

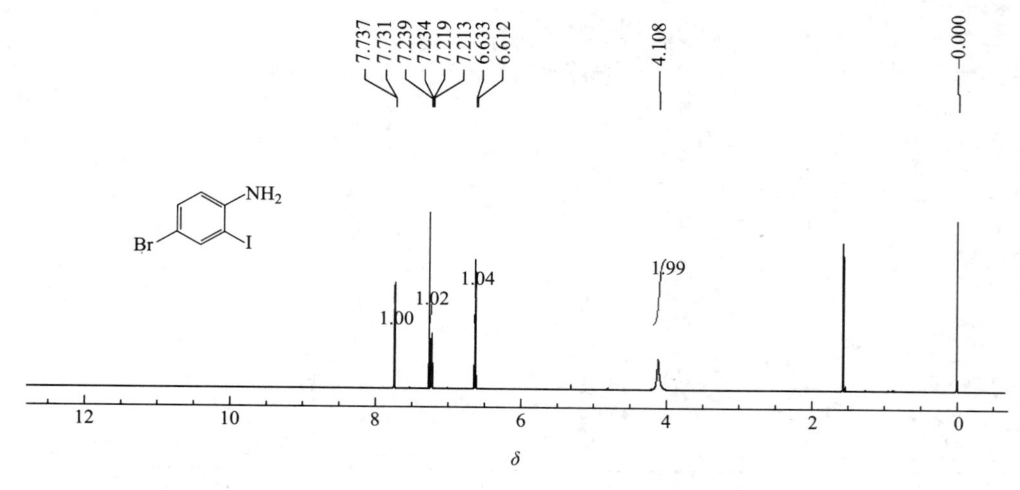

图 7.11 4-溴-2-碘苯胺的核磁共振氢谱

2. *N*-(4-溴-2-碘苯基)苄脒的合成

$AlCl_3$(1.0 eq.)
100 ℃，10 min

先称量 713 mg 的 4-溴-2-碘苯胺加入 25 mL 的 Schlenk 反应管中，加入 200 μL 苯甲腈和 266 mg 的 $AlCl_3$[2]，在 100 ℃下反应 10 min。反应完毕，向反应管中加入 2 mL 的饱和 Na_2CO_3 溶液并在 100 ℃下均匀搅拌至黑色固体消失为止[3]，然后加入 10 mL 蒸馏水。用乙酸乙酯从水相中萃取产物，共萃取 3 次，每次 15 mL[4]，再用 30 mL 蒸馏水洗涤有机相一次，无水 $MgSO_4$ 干燥有机相，抽滤除去 $MgSO_4$，减压旋蒸除去溶剂，干法上样，柱色谱（$V_{石油醚}:V_{丙酮}=10:1$）得 633.2 mg 的 *N*-(4-溴-2-碘苯基)苄脒（产率为 66%）。

3. 5-溴-2-苯基苯并咪唑的合成

CuI(5 mol%)，DMEDA(10 mol%)
K_2CO_3，H_2O，100 ℃，40 h

先称量 240 mg 的 *N*-(4-溴-2-碘苯基)苄脒（0.6 mmol）加入 25 mL 反应管中，依次加入 K_2CO_3（1.2 mmol）、CuI（0.030 mmol）、DMEDA（0.060 mmol），最后加入 4 mL 的蒸馏水，在 100 ℃下反应 40 h。反应完毕，先向其中加入 10 mL 的蒸馏水，用乙酸乙酯从水相中萃取产物，共萃取 3 次，每次 15 mL[4]，最后用 30 mL 蒸馏水洗涤有机相一次，无水 $MgSO_4$ 干燥有机相，抽滤除去 $MgSO_4$，减压旋蒸除去溶剂便直接得到产物 5-溴-2-苯基苯并咪唑（反应结束后可用乙酸乙酯从水相中萃取少许样品，进行薄层色谱操作，观察反应结果，$V_{石油醚}:V_{丙酮}=5:1$ 为展开剂）。^{1}H-NMR（400 MHz，DMSO-d_6）见图 7.12；^{13}C-NMR（100 MHz，DMSO-d_6）见图 7.13。

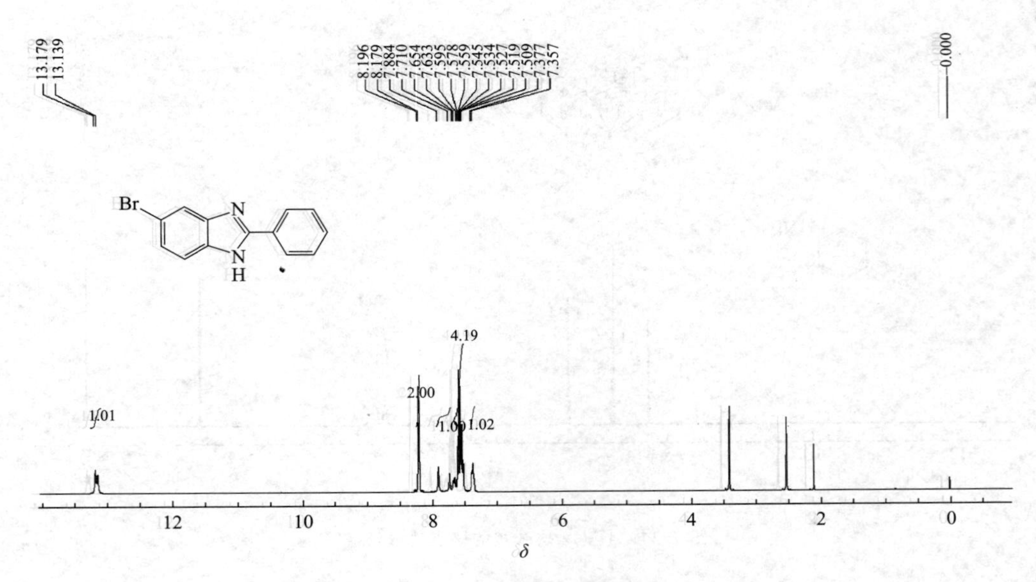

图 7.12 5-溴-2-苯基苯并咪唑的核磁共振氢谱

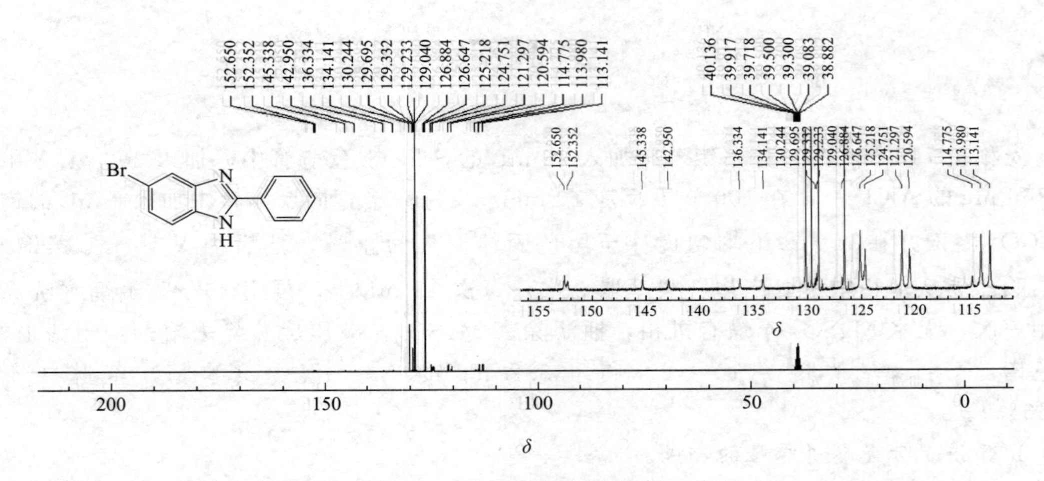

图 7.13 5-溴-2-苯基苯并咪唑的核磁共振碳谱

注释：

[1] 加入单质碘时，要缓慢分批次加入，如每隔 5 min 加入一次。

[2] 称量 $AlCl_3$ 时应特别小心，最好戴上橡胶手套操作。

[3] 合成 *N*-(4-溴-2-碘苯基) 苄脒时，猝灭反应应加入饱和 Na_2CO_3 溶液，并且一定要使生成的黑色固体消失在反应管底部，否则得到的产率将大大降低。

[4] 从水相萃取 *N*-(4-溴-2-碘苯基) 苄脒和 5-溴-2-苯基苯并咪唑时，一定要使用足量的乙酸乙酯，因为这两种化合物对于水有一定的溶解度，再者乙酸乙酯对其的溶解度不是太高。

思考题：

1. 理解碘化亚铜催化合成 5-溴-2-苯基苯并咪唑的反应机理。

2. 思考合成 N-(4-溴-2-碘苯基) 苄脒的反应机理。

3. 请搜集合成5-溴-2-苯基苯并咪唑的其他方法，并比较这些方法与本实验采用的方法的不同之处。

参考文献：

1. Brasche G, Buchwald S L. C—H functionalization/C—N bond formation copper catalyzed synthesis of benzimidazoles from amidines. Angewandte Chemie International Edition, 2008, 47: 1932.

2. Peng J S, Ye M, Zong C J, et al. Copper-catalyzed intramolecular C—N bond formation: a straightforward synthesis of benzimidazole derivatives in water. Journal of Organic Chemistry, 2011, 76: 716.

3. Xiang S K, Tan W S, Zhang D, et al. Synthesis of benzimidazoles by potassium *tert*-butoxide-promoted intermolecular cyclization reaction of 2-iodoanilines with nitriles. Organic & Biomolecular Chemistry, 2013, 11: 7271.

实验74 六甲氧甲基三聚氰胺（hexamethoxy methyl melamine）的合成及表征

含有氨基官能团的化合物与甲醛的缩聚反应制得的热固性树脂称为氨基树脂。它可用作塑料、黏接材料、纸张织物处理剂等，当它作涂料使用时必须用醇醚化改性，使之能溶于有机溶剂，并与主要成膜树脂有良好的相溶性。三聚氰胺甲醛树脂主要分为甲醇醚化和丁醇醚化两类，丁醇醚化三聚氰胺甲醛树脂在1940年合成成功，因其性能优于脲醛树脂，在涂料工业得到了很好的应用。甲醇醚化三聚氰胺甲醛树脂在涂料领域的发展，源于20世纪60年代，为了减少涂料施工中有机溶剂对环境的污染和节省资源，各种水性涂料和高固体涂料得到开发，甲醇醚化三聚氰胺甲醛树脂作为这类涂料的交联剂得到应用，在美国该类树脂已占三聚氰胺类树脂中很大的比例。例如，1985年美国涂料用三聚氰胺类树脂消耗量为3.8万t，甲醇醚化树脂占70%。而我国自80年代中期后，因国内三聚氰胺生产设备的引进，三聚氰胺产量很快上升，三聚氰胺类树脂进入持续全面发展的阶段。随着我国高固体涂料、水性涂料、电泳涂料、卷材涂料等的开发以及对环境保护的日益重视，氨基树脂的品种和产量必将有大幅度的增加。

氨基树脂单独加热固化，涂膜硬而脆，且附着力差，所以常与基体树脂如醇酸树脂、聚酯树脂、环氧树脂等复配组成氨基树脂漆。氨基树脂漆中氨基树脂作为交联剂，可提高基体树脂的硬度、光泽、耐化学性以及烘干速度，而基体树脂则克服了氨基树脂的脆性，改善了附着力。可制得保光保色极佳的高级白色或浅色烘漆，目前在车辆、家电、轻工产品、机床等都得到广泛的应用。

实验原理：

三聚氰胺分子中的氨基具有较强的亲核性，可与甲醛发生亲核加成反应，生成羟甲基三聚氰胺，但要制得六甲氧甲基三聚氰胺（HMMM）需要过量的甲醛与三聚氰胺反应。HMMM外观为针状晶体，熔点55 ℃，可溶于大部分有机溶剂，有良好的热稳定性，在碱性条件下，180 ℃，2.7～4.0 Pa（绝对压强）下可蒸馏不分解。

HMMM合成机理分两步，第一步三聚氰胺和过量的甲醛在碱性介质中进行羟甲基化反应，生成六羟甲基三聚氰胺（HMM）晶体。

$$C_3N_3(NH_2)_3 + 6HCHO \xrightarrow{OH^-} C_3N_3[N(CH_2OH)_2]_3$$

第二步，除去水分和游离甲醛的HMM，在酸性介质中和过量甲醇进行醚化反应，制得HMMM。

$$C_3N_3[N(CH_2OH)_2]_3 \xrightarrow[HCl]{CH_3OH} C_3N_3[N(CH_2OCH_3)_2]_3$$

在上面两步反应中，第一步三聚氰胺中的氨基不可能全部都发生六羟甲基化，第二步也不可能全部羟甲基都醚化为甲氧基。

$$C_3N_3(NH_2)_3 + 6HCHO \xrightarrow{OH^-} C_3N_3(NH{-}CH_2OH)[N(CH_2OH)_2]_2 + C_3N_3(NH{-}CH_2OH)_2[N(CH_2OH)_2] + \cdots$$

$$C_3N_3[N(CH_2OH)_2]_3 \xrightarrow[HCl]{CH_3OH} C_3N_3[N(CH_2OH)(CH_2OCH_3)][N(CH_2OCH_3)_2]_2$$

在羟甲基化和醚化两个步骤中不可避免地会有少量缩聚反应同时发生。

羟甲基化时涉及的缩聚副反应包括以下两种情况。

1. 多羟甲基三聚氰胺之间可进一步缩聚为大分子，可以是一个三嗪环上的羟甲基和另一个三嗪环上未反应的活泼氢原子缩合成亚甲基。

$$HOCH_2\underset{|}{N}CH_2OH + \underset{|}{N}H{-}CH_2OH \longrightarrow HOCH_2\underset{|}{N}{-}CH_2{-}\underset{|}{N}{-}CH_2OH$$

2. 一个三嗪环上的羟甲基和另一个三嗪环上的羟甲基缩聚，先形成醚键，再进一步脱去一分子甲醛。

$$HOCH_2\underset{|}{N}CH_2OH + HOCH_2\underset{|}{N}CH_2OH \xrightarrow{-H_2O} HOCH_2\underset{|}{N}CH_2OCH_2\underset{|}{N}CH_2OH$$

$$\xrightarrow{-HCHO} HOCH_2\underset{|}{N}{-}CH_2{-}\underset{|}{N}{-}CH_2OH$$

工业级的HMMM分子结构中含有极少量的亚氨基和羟甲基，可认为是单体和小分子量树脂的混合物，其熔点低于55 ℃。

实验目的：

1. 掌握带机械搅拌的回流反应、减压蒸馏及酸碱滴定等实验操作。
2. 熟悉红外光谱的测试及谱图识别方法。
3. 熟悉^{1}H-NMR的测试及谱图识别方法。

仪器：

傅里叶变换红外光谱仪、核磁共振仪、磁力加热搅拌器、循环水式多用真空泵

药品及用量：

三聚氰胺 10.1 g（0.080 mol）、37%甲醛水溶液 47.2 mL（0.63 mol）、甲醇 24.6 mL（0.61 mol）、乙醇、浓盐酸、NaOH、百里酚酞、亚硫酸钠、KBr、$CDCl_3$

实验操作：

1. HMM 的合成

在三颈瓶中加入 47.2 mL 37%甲醛水溶液，用 10% NaOH 溶液调节 pH 至 8.0～9.0，开启机械搅拌，再加入 10.1 g 三聚氰胺，加热至 55～60 ℃，溶液清亮透明，保温 3 h 有 HMM 固体生成。冷却使其充分结晶，抽滤，用冷水洗涤得 HMM 粗产品，在低于 50 ℃下干燥到含水量小于 15%[1]。

2. HMMM 的合成

在 HMM 中加入 24.6 mL 甲醇，用浓盐酸调节 pH 至 1.5～2.0，加热到 30～40 ℃醚化 1 h，用 30% NaOH 溶液调节 pH 为 8.0～9.0，过滤除盐，75～80 ℃下减压蒸馏，直到真空度 88 kPa 条件下基本无甲醇蒸出为止，即得 HMMM 树脂产品。

3. HMMM 中游离甲醛含量的测定

采用亚硫酸钠法分析产品中的游离甲醛含量。

（1）原理

甲醛和亚硫酸钠发生亲核加成反应，生成甲醛合亚硫酸钠和氢氧化钠。用盐酸标准溶液滴定生成的氢氧化钠，从而求得甲醛含量。反应方程式如下：

$$HCHO + Na_2SO_3 + H_2O \longrightarrow H-\underset{H}{\overset{OH}{\underset{|}{\overset{|}{C}}}}-SO_3Na + NaOH$$

$$NaOH + HCl \longrightarrow NaCl + H_2O$$

（2）试剂和溶液

氢氧化钠溶液（0.5 mol/L）；盐酸标准溶液（0.5 mol/L）；亚硫酸钠溶液（1.0 mol/L）；百里酚酞指示剂：将 0.5 g 百里酚酞溶于 100 mL 体积分数为 90%的乙醇中（pH 范围 9.3～10.5，从无色至蓝色）。

（3）分析步骤

将 5 g 左右（精确至 0.0001 g）样品放入 250 mL 碘量瓶中，加入 50 mL 蒸馏水，加入 5 滴百里酚酞指示剂，当树脂溶液 pH<9.3 或 pH>10.5 时，可分别用氢氧化钠溶液或盐酸溶液调至很浅的蓝色，加入 50 mL 亚硫酸钠溶液后，立即以盐酸标准溶液快速滴定溶液从蓝色至很浅的蓝色为终点。同时作一空白样。

（4）结果计算

按下面的计算公式，算出游离甲醛的含量：

$$F(\%) = \frac{M(V_2 - V_1 \times 0.03003)}{G} \times 100$$

式中，F 为游离甲醛的质量分数；M 为盐酸标准溶液的浓度，单位为 mol/L；V_2 为试样滴定消耗的盐酸标准溶液体积，单位为 mL；V_1 为空白滴定消耗的盐酸标准溶液体积，单位为 mL；G 为样品的质量，单位为 g。

平行测 3 次，绝对误差不大于 0.04%（质量分数），取其算术平均值。

4. HMMM 样品仪器测试

(1) HMMM 样品红外光谱测定

将样品在 60 ℃鼓风干燥后按 1∶100～1∶200（样品∶KBr）的比例混合研磨均匀，在液压机上压片，制得样品片。把制好的样品片放到傅里叶变换红外光谱仪上进行扫描，得到相关的红外光谱图。图 7.14 为标准的 HMMM 的红外光谱图，将合成的 HMMM 样品的红外光谱图与之比较。

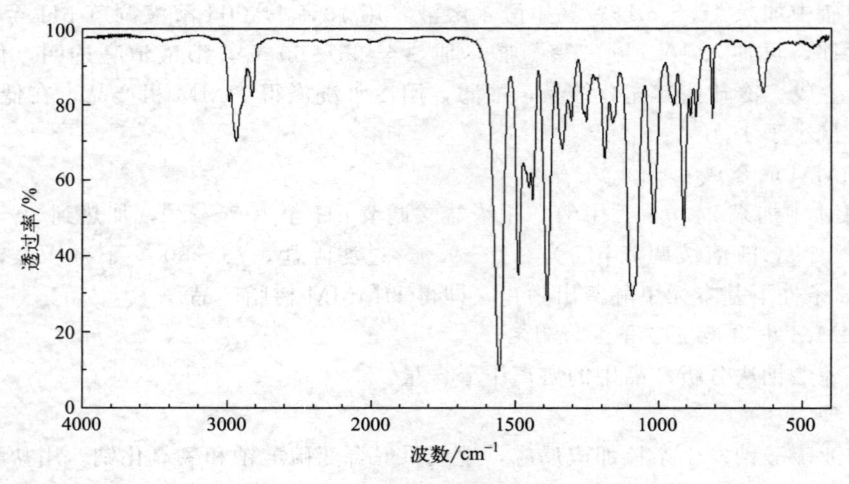

图 7.14 HMMM 的红外光谱图

(2) HMMM 样品核磁共振谱测定

HMMM 样品核磁共振谱测定溶剂用 $CDCl_3$。图 7.15 为标准的 HMMM 的核磁共振氢谱，将合成的 HMMM 样品的核磁共振氢谱与之比较。

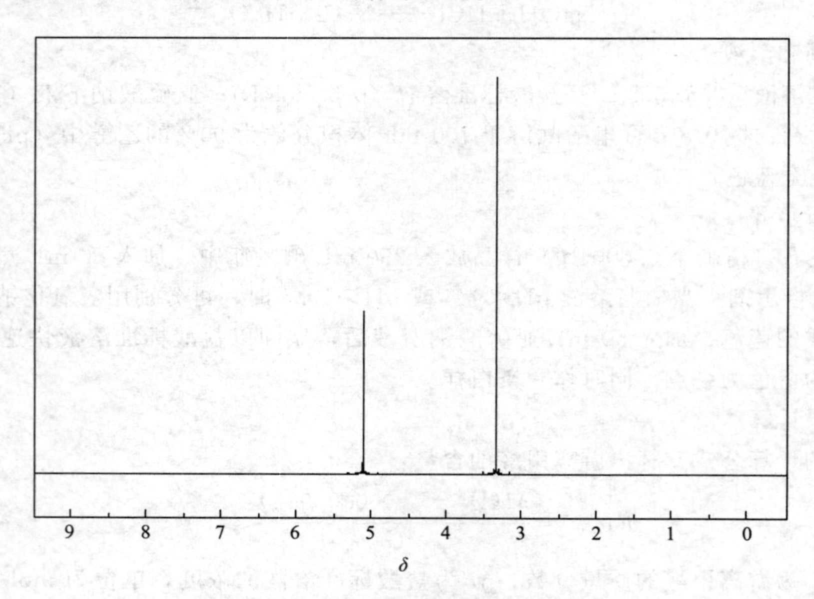

图 7.15 HMMM 的核磁共振氢谱

数据处理：

1. 计算合成的 HMMM 中游离甲醛的量。

2. 对 HMMM 样品的红外光谱图进行分析。

3. 根据 HMMM 样品核磁共振谱图计算甲醚化度（即 HMMM 树脂每个三嗪环上所含甲基的平均个数）。

注释：

[1] 第二步醚化反应是可逆反应，HMM 晶体中包含水，不利于醚化，有利于缩聚。为了避免缩聚和降低树脂中游离甲醛含量，醚化前必须除去 HMM 晶体中包含的水分和游离甲醛。干燥温度高易发生羟甲基三聚氰胺的脱甲醛反应和缩聚反应。

思考题：

1. 氨基树脂包括哪些品种？

2. 合成 HMMM 时，六羟甲基三聚氰胺和甲醇在 pH 为 1.5～2.0 下进行反应，为什么蒸馏前要将 pH 调节为 8.0～9.0？

参考文献：

舒子斌，杨华. HMMM 树脂的合成研究. 四川师范大学学报（自然科学版），2000，23（4）：383.

实验 75 盐酸小檗碱的提取及表征

小檗碱（berberine）又称黄连素，是黄连、黄檗、三颗针等小檗科植物的主要成分。纯净的小檗碱是黄色针状晶体，熔点 205 ℃，分子量 336.37，微溶于水和乙醇，较易溶于热水和热乙醇中，几乎不溶于乙醚。在自然界中，小檗碱多以季铵盐的形式存在，如盐酸盐、氢碘酸盐、硫酸盐、硝酸盐等。

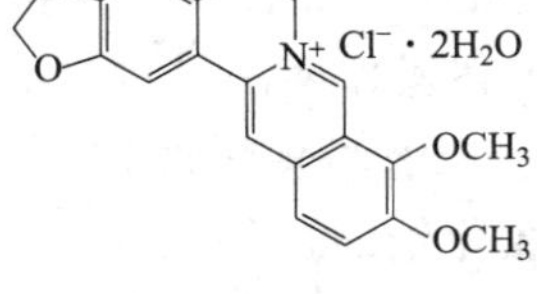

N^+ Cl^- · $2H_2O$ OCH_3 OCH_3

黄连素的结构

小檗碱的盐酸盐微溶于冷水或乙醇中，易溶于沸水，其硫酸盐、枸橼酸盐在水中的溶解度较大。盐酸小檗碱为黄色结晶，含 2 分子结晶水，无臭、味极苦，220 ℃左右开始分解，在 278～280 ℃时完全熔融。盐酸小檗碱为抗菌药物，对溶血性链球菌、金黄色葡萄球菌、淋球菌和弗氏痢疾杆菌、志贺氏痢疾杆菌等均有抗菌作用，并有增强白细胞吞噬作用，对结核杆菌、鼠疫菌也有不同程度的抑制作用，广泛用于治疗胃肠炎、细菌性痢疾等，对肺结核、猩红热、急性扁桃体炎和呼吸道、妇科及外科感染也有一定的疗效，近年来还发现它有抗心律失常的作用，服用后无明显副作用。

本实验利用中药各成分在溶剂中溶解度不同，采用溶剂提取法从黄连中提取小檗碱。小檗碱能缓慢溶于冷水中，微溶于冷乙醇，易溶于热水和热乙醇，微溶或不溶于苯、氯仿和丙酮等有机溶剂；其盐酸盐微溶于冷水，易溶于沸水，其硫酸盐、枸橼酸盐在水中的溶解度较大。而其他杂质在水或醇中的溶解度较小，因此可以利用溶剂提取后，再将小檗碱转化为盐酸盐析出。

实验目的：

1. 掌握盐酸小檗碱的提取。

2. 熟悉紫外光谱、红外光谱的测试方法。

3. 了解盐析法的应用。

仪器：

紫外-可见分光光度计、傅里叶变换红外光谱仪、电子天平、磁力加热搅拌器、循环水式多用真空泵

药品及用量：

黄柏 10 g、黄连 5 g、95％乙醇（AR）、生石灰、浓盐酸（AR）、氯化钠、盐酸小檗碱对照品

实验操作：

1. 小檗碱的提取

方法一：从黄柏中提取小檗碱

称取 2.5 g 生石灰放于 250 mL 烧杯中，加入 100 mL 自来水搅匀[1]。称 10 g 黄柏剪细放入另一 250 mL 烧杯中，慢慢加入石灰水，并不停地搅拌至均匀，用水浴温热 1 h，然后抽滤。再用温水浸泡两次，每次 50 mL，浸泡 30 min。过滤，合并滤液，控制 pH＝9。向上述滤液中加入溶液量 7％的固体食盐，搅拌均匀，静置到沉淀充分析出，过滤，80 ℃下烘干称量，得小檗碱粗品[2]。

将上述粗品小檗碱加适量热水溶解（约 70 ℃，水量约为干品的 30 倍或湿品的 10 倍），加热 30 min。趁热过滤。向滤液中加入浓盐酸，调 pH 至 2 左右，放置 2 h，过滤，沉淀用少量蒸馏水洗至 pH 等于 5。抽干，在 80 ℃下干燥，称量，得盐酸小檗碱纯品[3]。

方法二：从黄连中提取小檗碱

将黄连粉末 5 g 放入 100 mL 圆底烧瓶中，再往圆底烧瓶中加入 70 mL 95％的乙醇，搭建回流装置，加热回流 0.5 h，停止加热，静置 1 h，将圆底烧瓶的混合物倒入抽滤瓶抽滤，滤渣倒回 100 mL 圆底烧瓶中重复上述操作两次，将三次滤液合并[4]。用旋转蒸发器减压蒸馏，得棕红色糖浆状物。加石灰水上清液调浆状物 pH 至 9～10，抽滤，在滤液中加入适量的氯化钠（按照 10 mL 滤液，1 g 氯化钠的比例添加）[2]，立即有细小的黄色晶体析出。加浓盐酸至 pH＝1～2，有大量晶体析出，抽滤、烘干、称量，得到盐酸小檗碱晶体。

2. 盐酸小檗碱紫外光谱纯度测定

（1）用盐酸小檗碱对照品绘制标准曲线

先将对照品配成水溶液（40 μg/mL），再分别吸取 2.0 mL、4.0 mL、6.0 mL、8.0 mL、10.0 mL、12.0 mL 于 25 mL 容量瓶中，用蒸馏水稀释至刻度，摇匀。其浓度分别为 3.2 μg/mL、6.4 μg/mL、9.6 μg/mL、12.8 μg/mL、16.0 μg/mL、19.2 μg/mL。用 12.8 μg/mL 的对照品水溶液，以蒸馏水作空白，测 200～400 nm 范围的紫外吸收谱图，找出最大吸收波长。再在最大吸收波长处用紫外-可见分光光度计测得 3.2 μg/mL、6.4 μg/mL、9.6 μg/mL、12.8 μg/mL、16.0 μg/mL、19.2 μg/mL 对照品水溶液对应的吸光度。以横坐标为浓度，纵坐

标为吸光度绘制盐酸小檗碱对照品标准曲线，用最小二乘法，求出线性回归方程。

（2）测定盐酸小檗碱粗品纯度

用蒸馏水将粗品配制成每毫升含样品 15.0 mg 的溶液，用蒸馏水稀释 1000 倍，摇匀。以蒸馏水作空白，分别测其吸光度计算盐酸小檗碱含量和提取率。

3. 高效液相色谱法测定黄连中盐酸小檗碱的纯度以及提取率

（1）建立盐酸小檗碱对照品标准曲线

按照药典推荐方法，以 C18 硅胶色谱柱为固定相，采用反相液相色谱，通过标准曲线法建立盐酸小檗碱的浓度与色谱峰峰面积间的定量关系。具体色谱条件为：C18 硅胶色谱柱，乙腈（甲醇)-0.02 mol/L 磷酸二氢钠（钾）（30：70，体积比），流速 1 mL/min，检测波长 345 nm，柱温 40 ℃。对照品溶液的配制步骤如下：准确称取盐酸小檗碱 25.0 mg，将配制好的流动相溶解于 50 mL 容量瓶中，定容至刻度，摇匀。准确吸取标准品储备液 1.0 mL、1.5 mL、2.0 mL、2.5 mL、3.0 mL、4.0 mL、5.0 mL 分别置于 25 mL 容量瓶中，加流动相稀释至刻度，摇匀，得到一系列浓度对照品溶液。分别准确各吸取 10 μL，并按照色谱条件测定，记录色谱峰面积，以峰面积为纵坐标，对照品溶液浓度（μg/mL）为横坐标，进行线性回归分析，建立浓度与峰面积间的标准曲线。

（2）测定盐酸小檗碱粗品的纯度

待测溶液经必要过滤后进行 HPLC 分析，采用外标法测定该溶液中盐酸小檗碱的浓度，通过相应计算测定出粗品的纯度以及黄连中盐酸小檗碱的提取率，并将分光光度法和色谱法测定的提取率进行比较。

4. 盐酸小檗碱红外光谱测定

将标准品、粗品、KBr 在 60 ℃鼓风干燥后分别按 1：100～1：200（样品：KBr）的比例混合研磨均匀，在液压机上压片，制得透明样品片。把制好的样品片分别放到傅里叶变换红外光谱仪上进行扫描，得到相关的红外光谱图（图 7.16）。比较标准品和粗品的谱图。

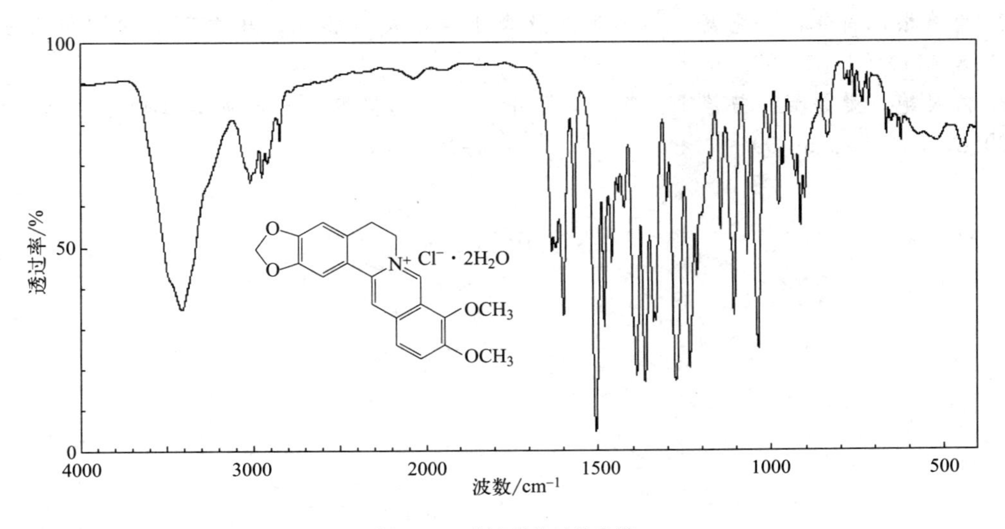

图 7.16 黄连素的红外光谱

注释：

[1] 加石灰水的目的在于沉淀黄连中的黏液质。

[2] 盐析时加盐量以7%～10%为宜，过稀起不到盐析的目的，过浓则沉淀难以析出，均影响收率。

[3] 盐酸含2分子结晶水，220 ℃左右分解为棕红色的小檗红碱。游离小檗碱易和1分子丙酮或1分子氯仿或1.5分子苯结合为黄色络合物晶体。

[4] 从黄连中提取小檗碱也可用索氏提取器进行连续提取。具体操作如下：将6 g粉碎的黄连装入索氏提取器滤纸筒内，在100 mL圆底烧瓶中加入50 mL 95%乙醇和搅拌子，并向索氏提取器筒内加入20 mL 95%乙醇。加热约2 h后，当回流到虹吸液颜色很淡时，停止加热。后续操作和正文一致。

数据处理：

1. 绘制盐酸小檗碱对照品标准曲线，求出线性回归方程。
2. 计算盐酸小檗碱粗品中，盐酸小檗碱的含量。
3. 计算黄连中盐酸小檗碱的提取率。
4. 比较盐酸小檗碱标准品和粗品的红外光谱图。

思考题：

1. 小檗碱为哪种生物碱类的化合物？
2. 为什么要用石灰水来调节pH，用强碱氢氧化钾（钠）行不行？为什么？
3. 查阅文献，选用合适的原料，设计合理的路线合成盐酸小檗碱。

参考文献：

1. 赵洋，姜健，郭楚微，等．溶剂浸提法从黄连中提取黄连素．江西化工，2019，3：68-69.

2. 肖培根，肖伟，许利嘉，等．黄连及含小檗碱类生物碱的中草药．中国现代中药，2016，18（11）：1381-1385.

3. 傅灵艳，爱琴英，曾治军，等．黄连中小檗碱的提取工艺研究．江西中医药大学学报，2018，30（5）：66-69.

附录

附录 1　常用元素原子量表

元素名称		原子量	元素名称		原子量
氢	H	1. 008	铬	Cr	51. 996
锂	Li	6. 941	锰	Mn	54. 938
硼	B	10. 81	铁	Fe	55. 845
碳	C	12. 01	镍	Ni	58. 693
氮	N	14. 007	铜	Cu	63. 546
氧	O	15. 999	锌	Zn	65. 38
氟	F	18. 998	溴	Br	79. 904
钠	Na	22. 99	钼	Mo	95. 95
镁	Mg	24. 305	钯	Pd	106. 42
铝	Al	26. 98	银	Ag	107. 87
硅	Si	28. 085	锡	Sn	118. 71
磷	P	30. 97	碘	I	126. 90
硫	S	32. 064	钡	Ba	137. 33
氯	Cl	35. 45	铂	Pt	195. 08
钾	K	39. 098	汞	Hg	200. 59
钙	Ca	40. 078	铅	Pb	207. 2

附录 2　化学试剂纯度的分级

我国化学试剂纯度分级如下：

等级	化学纯	分析纯	优级纯	高纯	超净高纯
标号	CP 三级品， 蓝色标签	AR 二级品， 红色标签	GR 一级品， 绿色标签	EP	UP
纯度规范	杂质含量不影响一般化学反应	杂质含量不影响化学分析	杂质很少，可用作化学分析鉴定	杂质不超过百万分之几	杂质不超过十亿分之几

附录 3　常用有机试剂的纯化

1. 乙醇（ethyl alcohol）

乙醇的沸点 78.5 ℃，折射率 $n_D^{20}=1.3611$，相对密度 $d_4^{20}=0.7893$。由于 95.5%乙醇与 4.5%水能形成恒沸混合物，所以通常工业用的 95.5%的乙醇不能通过分馏方法制得无水乙醇。

制备无水乙醇可根据对无水乙醇质量的要求而选择不同的方法。

（1）制备 99.5%的乙醇

在 250 mL 圆底烧瓶中，放入 45 g 块状生石灰和 100 mL 95%乙醇，装上回流冷凝管，在冷凝管上口接一个无水氯化钙干燥管。在水浴上回流 2～3 h，然后改为蒸馏装置，弃去少量前馏分后，用干燥的吸滤瓶或蒸馏瓶作接收器，其支管接一氯化钙干燥管，使之与大气相通。水浴加热蒸馏至几乎无液滴流出为止。计算回收率。

（2）制备 99.95%的乙醇（绝对乙醇）

① 用金属镁制备。在 250 mL 圆底烧瓶中，放入 0.8 g 干燥镁条和 10 mL 99.5%乙醇。装上回流冷凝管，并在冷凝管上口接一个无水氯化钙干燥管，水浴加热至微沸，移去热源，立即加入几小粒碘粒（注意不要振荡），随即在碘粒周围发生反应，逐渐可达到剧烈程度。若反应太慢，可适当加热，如果在加碘之后，作用仍不开始，则可再加入数粒碘（一般来讲，乙醇与镁的作用是缓慢的，若所用乙醇含水量超过 0.5%则作用尤其困难）。待镁条作用完全后，加入 100 mL 99.5%乙醇及几粒沸石，回流 1 h，改成蒸馏装置，收集馏出液即得绝对乙醇。

② 用金属钠制备。在 250 mL 圆底烧瓶中加入 100 mL 99%的乙醇，然后将 2 g 金属钠加入乙醇中，并加几粒沸石，装上回流冷凝管，上端接无水氯化钙干燥管，回流 30 min 后，改装成蒸馏装置，进行蒸馏，收集馏出液即得无水乙醇。若要得到纯度更高的绝对乙醇，可在回流后再加入 4 g 邻苯二甲酸二乙酯，回流 10 min，再进行蒸馏，产品即为纯度更高的绝对乙醇。

注：加入邻苯二甲酸二乙酯的目的，是利用它和氢氧化钠进行如下反应，消除了乙醇和氢氧化钠生成乙醇钠和水的作用，这样制得的乙醇可达到极高纯度。

$$C_6H_4(COOC_2H_5)_2 + 2NaOH \longrightarrow C_6H_4(COONa)_2 + 2C_2H_5OH$$

2. 无水乙醚（absolute ether）

乙醚的沸点 34.5 ℃，折射率 $n_D^{20}=1.3526$，相对密度 $d_4^{20}=0.7138$。市售乙醚通常含有乙醇和水，久藏的乙醚常含有少量过氧化物。

（1）过氧化物的检验及除去

取少量乙醚，加等体积的 2%碘化钾水溶液和几滴稀硫酸，振荡，再加入一滴淀粉溶液，出现蓝紫色即表示有过氧化物存在。

除去乙醚中的过氧化物可采用酸性硫酸亚铁溶液（配制方法：100 mL 水、6 mL 浓硫酸和 60 g $FeSO_4 \cdot 7H_2O$）洗涤乙醚数次，然后用水洗涤，用无水氯化钙干燥除去大部分水，蒸馏即得无过氧化物的乙醚。

(2) 无水乙醚的制备

① 将 100 mL 乙醚放在干燥的锥形瓶中，加入 20～25 g 无水氯化钙，瓶口塞紧，放置一天以上，并间断摇动。滤去干燥剂，然后蒸馏收集 33～37 ℃ 馏分。再用压钠机将 1 g 金属钠直接压成钠丝放于盛乙醚的瓶中，用带有氯化钙干燥管的软木塞塞住，放置至无气泡生成即可。

② 在 250 mL 圆底烧瓶中加入 100 mL 乙醚，并按照图 1.12 (c) 搭建好实验装置。在恒压滴液漏斗中加入 7 mL 浓硫酸，搅拌下将其缓慢滴加到乙醚中，酸的溶解放热使乙醚开始回流。硫酸滴加完毕，将装置改为蒸馏装置，并加入几粒沸石，在真空接液管的抽气口连接一个氯化钙干燥管，以防乙醚受潮。用水浴加热蒸馏，蒸馏速度宜慢，以免乙醚蒸气不能被完全冷凝。收集的乙醚中加入钠丝，用带有氯化钙干燥管的软木塞塞住，放置至无气泡生成即可。

3. 丙酮 (acetone)

丙酮的沸点 56.2 ℃，折射率 $n_D^{20}=1.3591$，相对密度 $d_4^{20}=0.7899$。普通丙酮常含有少量水、甲醇和乙醇等杂质。丙酮的纯化方法为：

在 100 mL 丙酮中加入 0.5 g 高锰酸钾回流，以除去还原性杂质，若高锰酸钾紫色很快消失，需再加入少量高锰酸钾继续回流，直至紫色不再消失为止。蒸出丙酮，用无水硫酸钙或无水碳酸钾干燥，过滤，蒸馏收集 55～56.5 ℃的馏分。

4. 苯 (benzene)

苯的沸点 80.1 ℃，折射率 $n_D^{20}=1.5011$，相对密度 $d_4^{20}=0.8790$。由煤焦油加工得到的苯通常含有少量噻吩（沸点 84 ℃）和水，不能用分馏方法除去。若要制得无水、无噻吩的苯可采用下列方法：

在分液漏斗中将普通苯及相当于苯体积 1/7 的浓硫酸一起振摇，静置弃去下层酸液，再加入新的浓硫酸，重复操作，直至酸层呈无色或淡黄色且检验无噻吩为止。苯层依次用 10%碳酸钠溶液、水洗涤至中性，用无水氯化钙干燥，蒸馏收集 80 ℃的馏分，最后加入钠丝进一步去水即得无水、无噻吩苯。由石油加工得来的苯一般可省去除噻吩的步骤。

噻吩的检验：取 1 mL 苯加入 2 mL 吲哚醌的浓硫酸溶液，振荡片刻，若酸层呈墨绿色或蓝色，即表示有噻吩存在。

5. 无水甲醇 (absolute methyl alcohol)

甲醇的沸点 64.96 ℃，折射率 $n_D^{20}=1.3288$，相对密度 $d_4^{20}=0.7914$。甲醇与水不形成共沸物，可直接用分馏方法除去少量水，纯度达 99.9%。亦可用 3Å 型分子筛或 4Å 型分子筛干燥。

6. 乙酸乙酯 (ethyl acetate)

乙酸乙酯的沸点 77.06 ℃，折射率 $n_D^{20}=1.3723$，相对密度 $d_4^{20}=0.9003$。市售的乙酸乙酯中含有少量水、乙醇和乙酸，精制方法：

① 在 100 mL 乙酸乙酯中加入 10 mL 乙酸酐，1 滴浓硫酸，加热回流 4 h，除去乙醇及水等杂质，然后进行分馏。馏出液用 2～3 g 无水碳酸钾振荡干燥后蒸馏，最后产物的沸点为 77 ℃，纯度为 99.7%。

② 将乙酸乙酯先用等体积 5%碳酸钠溶液洗涤，再用饱和氯化钙溶液洗涤，然后用无水碳酸钾干燥后蒸馏。

7. 四氢呋喃 (tetrahydrofuran)

四氢呋喃的沸点 67 ℃，折射率 $n_D^{20}=1.4071$，相对密度 $d_4^{20}=0.8892$。市售四氢呋喃常含有少量水及过氧化物。检验和去除过氧化物可参照无水乙醚制备中的方法。制备无水四氢呋喃可用氢化锂铝在隔绝潮气下回流（通常 1000 mL 需 2～4 g 氢化锂铝）除去其中的水和过氧化物，常压下蒸馏，收集 67 ℃的馏分。精制后的液体应在氮气中保存，如需较久放置，应加 0.025%的 2,6-二叔丁基-4-甲基苯酚作为抗氧化剂。

8. 氯仿（chloroform）

氯仿的沸点 61.7 ℃，折射率 $n_D^{20}=1.4459$，相对密度 $d_4^{20}=1.4832$。氯仿暴露在日光下会慢慢氧化为剧毒的光气，为防止光气生成，氯仿应储存在棕色瓶中，并加入 1%乙醇作为稳定剂。

除去氯仿中乙醇可用一半体积的水洗涤数次，分出下层氯仿，用无水氯化钙干燥数小时后蒸馏。

9. *N*,*N*-二甲基甲酰胺（*N*,*N*-dimethyl formamide）

N,*N*-二甲基甲酰胺沸点 149～156 ℃，折射率 $n_D^{20}=1.4305$，相对密度 $d_4^{20}=0.9487$。*N*,*N*-二甲基甲酰胺含有少量水分，在常压蒸馏时会部分分解。可采用硫酸钙、硫酸镁、氧化钡、硅胶或分子筛干燥后，减压蒸馏收集 76 ℃/36 mmHg(4.8 kPa) 的馏分。

附录 4　水的饱和蒸气压（1～100 ℃）

温度/℃	饱和蒸气压/Pa	温度/℃	饱和蒸气压/Pa	温度/℃	饱和蒸气压/Pa	温度/℃	饱和蒸气压/Pa
1	6.57×10^2	19	2.2×10^3	37	6.23×10^3	55	1.57×10^4
2	7.06×10^2	20	2.34×10^3	38	6.62×10^3	56	1.65×10^4
3	7.58×10^2	21	2.49×10^3	39	6.99×10^3	57	1.73×10^4
4	8.13×10^2	22	2.64×10^3	40	7.37×10^3	58	1.81×10^4
5	8.72×10^2	23	2.81×10^3	41	7.78×10^3	59	1.9×10^4
6	9.35×10^2	24	2.98×10^3	42	8.2×10^3	60	1.99×10^4
7	1.0×10^3	25	3.17×10^3	43	8.64×10^3	61	2.08×10^4
8	1.07×10^3	26	3.36×10^3	44	9.09×10^3	62	2.18×10^4
9	1.15×10^3	27	3.56×10^3	45	9.58×10^3	63	2.28×10^4
10	1.23×10^3	28	3.78×10^3	46	1.01×10^4	64	2.39×10^4
11	1.31×10^3	29	4.0×10^3	47	1.06×10^4	65	2.49×10^4
12	1.4×10^3	30	4.24×10^3	48	1.12×10^4	66	2.61×10^4
13	1.5×10^3	31	4.49×10^3	49	1.17×10^4	67	2.73×10^4
14	1.6×10^3	32	4.75×10^3	50	1.23×10^4	68	2.86×10^4
15	1.7×10^3	33	5.03×10^3	51	1.29×10^4	69	2.98×10^4
16	1.81×10^3	34	5.32×10^3	52	1.36×10^4	70	3.12×10^4
17	1.94×10^3	35	5.62×10^3	53	1.43×10^4	71	3.25×10^4
18	2.06×10^3	36	5.94×10^3	54	1.49×10^4	72	3.39×10^4

续表

温度/℃	饱和蒸气压/Pa	温度/℃	饱和蒸气压/Pa	温度/℃	饱和蒸气压/Pa	温度/℃	饱和蒸气压/Pa
73	3.54×10^4	80	4.73×10^4	87	6.25×10^4	94	8.14×10^4
74	3.69×10^4	81	4.93×10^4	88	6.49×10^4	95	8.45×10^4
75	3.85×10^4	82	5.13×10^4	89	6.75×10^4	96	8.77×10^4
76	4.02×10^4	83	5.34×10^4	90	7.0×10^4	97	9.09×10^4
77	4.19×10^4	84	5.56×10^4	91	7.28×10^4	98	9.42×10^4
78	4.36×10^4	85	5.78×10^4	92	7.56×10^4	99	9.77×10^4
79	4.55×10^4	86	6.01×10^4	93	7.85×10^4	100	1.013×10^5

附录 5　常用试剂的共沸混合物

组分名称	组分沸点/℃	共沸物沸点/℃	共沸物组成/%
溴化氢 水	−73.0 100.0	126.0	47.5 52.5
氯仿 水	61.0 100.0	56.1	97.2 2.8
苯 水	80.1 100.0	69.25	91.17 8.83
乙醇 水	78.5 100.0	78.17	95.5 4.5
正丁醇 水	117.8 100.0	92.4	62 38
乙醚 水	34.5 100.0	34.2	98.7 1.3
乙酸乙酯 水	77.1 100.0	70.4	91.8 8.2
苯甲酸乙酯 水	212.4 100.0	99.4	16.0 84.0
乙酸乙酯 乙醇	77.1 78.3	72.0	70.0 30.0
苯 乙醇 水	80.1 78.3 100.0	64.9	74.1 18.5 7.4
乙酸乙酯 乙醇 水	77.1 78.3 100.0	70.3	83.2 9.0 7.8

附录 6　常用酸碱溶液的质量分数、相对密度和溶解度

表 1　硫酸

质量分数/%	相对密度 d_4^{20}	溶解度/(g/100 mL H_2O)	质量分数/%	相对密度 d_4^{20}	溶解度/(g/100 mL H_2O)
1	1.0051	1.005	65	1.5533	101.0
2	1.0118	2.024	70	1.6105	112.7
3	1.0184	3.055	75	1.6692	125.2
4	1.0250	4.100	80	1.7272	138.2
5	1.0317	5.519	85	1.7786	151.2
10	1.0661	10.66	90	1.8144	163.3
15	1.1020	16.53	91	1.8195	165.6
20	1.1394	22.79	92	1.8240	167.8
25	1.1783	29.46	93	1.8279	170.2
30	1.2185	36.56	94	1.8312	172.1
35	1.2599	44.10	95	1.8337	174.2
40	1.3028	52.11	96	1.8355	176.2
45	1.3476	60.64	97	1.8364	178.1
50	1.3951	69.76	98	1.8361	179.9
55	1.4453	79.49	99	1.8342	181.6
60	1.4983	89.90	100	1.8305	183.1

表 2　硝酸

质量分数/%	相对密度 d_4^{20}	溶解度/(g/100 mL H_2O)	质量分数/%	相对密度 d_4^{20}	溶解度/(g/100 mL H_2O)
1	1.0036	1.004	65	1.3913	90.43
2	1.0091	2.018	70	1.4134	98.94
3	1.0146	3.044	75	1.4337	107.5
4	1.0201	4.080	80	1.4521	116.2
5	1.0256	5.128	85	1.4686	124.8
10	1.0543	10.54	90	1.4826	133.4
15	1.0842	16.26	91	1.4850	135.1
20	1.1150	22.30	92	1.4873	136.8
25	1.1469	28.67	93	1.4892	138.5
30	1.1800	35.40	94	1.4912	140.2
35	1.2140	42.49	95	1.4932	141.9
40	1.2463	49.85	96	1.4952	143.5
45	1.2783	57.52	97	1.4974	145.2
50	1.3100	65.50	98	1.5008	147.1
55	1.3393	73.66	99	1.5056	149.1
60	1.3667	82.00	100	1.5129	151.3

表 3 乙酸

质量分数 /%	相对密度 d_4^{20}	溶解度 /(g/100 mL H_2O)	质量分数 /%	相对密度 d_4^{20}	溶解度 /(g/100 mL H_2O)
1	0. 9996	0. 9996	65	1. 0666	69. 33
2	1. 0012	2. 002	70	1. 0685	74. 80
3	1. 0025	3. 008	75	1. 0696	80. 22
4	1. 0040	4. 016	80	1. 0700	85. 60
5	1. 0055	5. 028	85	1. 0689	90. 86
10	1. 0125	10. 13	90	1. 0661	95. 95
15	1. 0195	15. 29	91	1. 0652	96. 93
20	1. 0263	20. 53	92	1. 0643	97. 92
25	1. 0326	25. 82	93	1. 0632	98. 88
30	1. 0384	31. 15	94	1. 0619	99. 82
35	1. 0438	36. 53	95	1. 0605	100. 7
40	1. 0488	41. 95	96	1. 0588	101. 6
45	1. 0534	47. 40	97	1. 0570	102. 5
50	1. 0575	52. 88	98	1. 0549	103. 4
55	1. 0611	58. 36	99	1. 0524	104. 2
60	1. 0642	63. 85	100	1. 0498	105. 0

表 4 盐酸

质量分数 /%	相对密度 d_4^{20}	溶解度 /(g/100 mL H_2O)	质量分数 /%	相对密度 d_4^{20}	溶解度 /(g/100 mL H_2O)
1	1. 0032	1. 003	22	1. 1083	24. 38
2	1. 0082	2. 006	24	1. 1187	26. 85
4	1. 0181	4. 007	26	1. 1290	29. 35
6	1. 0279	6. 167	28	1. 1392	31. 90
8	1. 0376	8. 301	30	1. 1492	34. 48
10	1. 0474	10. 47	32	1. 1593	37. 10
12	1. 0574	12. 69	34	1. 1691	39. 75
14	1. 0675	14. 95	36	1. 1789	42. 44
16	1. 0776	17. 24	38	1. 1885	45. 16
18	1. 0878	19. 58	40	1. 1980	47. 92
20	1. 0980	21. 96			

表 5　氨水

质量分数/%	相对密度 d_4^{20}	溶解度/(g/100 mL H_2O)	质量分数/%	相对密度 d_4^{20}	溶解度/(g/100 mL H_2O)
1	0.9939	9.94	16	0.9362	149.8
2	0.9895	19.79	18	0.9295	167.3
4	0.9811	39.24	20	0.9229	184.6
6	0.9730	58.38	22	0.9164	201.6
8	0.9651	77.21	24	0.9101	218.4
10	0.9575	95.75	26	0.9040	235.0
12	0.9501	114.0	28	0.8980	251.4
14	0.9430	132.0	30	0.8920	267.6

表 6　碳酸钠

质量分数/%	相对密度 d_4^{20}	溶解度/(g/100 mL H_2O)	质量分数/%	相对密度 d_4^{20}	溶解度/(g/100 mL H_2O)
1	1.0086	1.009	12	1.1244	13.49
2	1.0190	2.038	14	1.1463	16.05
4	1.0398	4.159	16	1.1682	18.50
6	1.0606	6.364	18	1.1905	21.33
8	1.0816	8.653	20	1.2132	24.26
10	1.1029	11.03			

表 7　氢氧化钠

质量分数/%	相对密度 d_4^{20}	溶解度/(g/100 mL H_2O)	质量分数/%	相对密度 d_4^{20}	溶解度/(g/100 mL H_2O)
1	1.0095	1.010	26	1.2848	33.40
2	1.0207	2.041	28	1.3064	36.58
4	1.0428	4.171	30	1.3279	39.84
6	1.0648	6.389	32	1.3490	43.17
8	1.0869	8.695	34	1.3696	46.57
10	1.1089	11.09	36	1.3900	50.04
12	1.1309	13.57	38	1.4101	53.58
14	1.1530	16.14	40	1.4300	57.20
16	1.1751	18.80	42	1.4494	60.87
18	1.1972	21.55	44	1.4685	64.61
20	1.2191	24.38	46	1.4873	68.42
22	1.2411	27.30	48	1.5065	72.31
24	1.2629	30.31	50	1.5253	76.27

参考文献

[1] 北京大学化学系有机化学教研室. 有机化学实验. 3版. 北京：北京大学出版社，2019.
[2] 高占先. 有机化学实验. 5版. 北京：高等教育出版社，2016.
[3] 关烨第，葛树丰，李翠娟，等. 小量-半微量有机化学实验. 北京：北京大学出版社，2002.
[4] 韩哲文. 高分子科学实验. 上海：华东理工大学出版社，1998.
[5] 黄涛，张治民. 有机化学实验. 3版. 北京：高等教育出版社，1998.
[6] 兰州大学. 有机化学实验. 4版. 北京：高等教育出版社，2017.
[7] 李霁良. 微型半微型有机化学实验. 北京：高等教育出版社，2003.
[8] 李兆陇. 有机化学实验. 北京：清华大学出版社，2000.
[9] 曾昭琼，曾和平. 有机化学实验. 3版. 北京：高等教育出版社，2000.
[10] 张兴英，李齐方. 高分子科学实验. 2版. 北京：化学工业出版社，2007.
[11] Bell C，Clark K，Taber D. Organic Chemistry Laboratory：Standard & Microscale Experiments. 3rd ed. New York：Books Cole，2000.
[12] Mohrig J R，Hammond C N，Morrill T C，et al. Experimental Organic Chemistry：a Balanced Approach，Macroscale and Microscale. New York：W H Freeman，1998.
[13] Pavia D L，Lampman G M，Kriz G S. Introduction to Organic Laboratory Techniques. 3rd ed. Philadelphia：Saunders College Publishing，1988.